AutoCAD 2022 中文版机械制图快速入门实例教程

胡仁喜　沈炳振　编著

机 械 工 业 出 版 社

本书以应用实例为媒介，在实战演练的过程中融入了 AutoCAD 2022 知识的精髓，介绍了 AutoCAD2022 的新功能与应用，并重点介绍了 AutoCAD 2022 的各种基本方法和操作技巧。全书共分为 10 章，完整地讲解了 AutoCAD 2022 入门、二维图形命令、基本绘图工具、二维编辑命令、文本与表格、尺寸标注、图块、零件图与装配图、绘制与编辑三维表面、实体建模。每章最后均以一个综合性应用实例对该章的理论知识进行了具体应用和演练，而且还配有上机实验和思考练习题，以帮助读者提高实际操作能力，及时巩固所学知识。

本书适用于各级大、中专以及职业培训机构用作课堂讲解教材，也可以作为 AutoCAD 爱好者的自学教材。

图书在版编目（CIP）数据

AutoCAD 2022 中文版机械制图快速入门实例教程/胡仁喜，沈炳振编著. —北京：机械工业出版社，2021.9

ISBN 978-7-111-69110-5

Ⅰ．①A… Ⅱ．①胡… ②沈… Ⅲ．①机械制图—AutoCAD 软件—中等专业学校—教材 Ⅳ．①TH126

中国版本图书馆 CIP 数据核字(2021)第 185082 号

机械工业出版社（北京市百万庄大街 22 号　邮政编码 100037）

策划编辑：曲彩云　　　　　责任编辑：曲彩云
责任校对：刘秀华　　　　　责任印制：李　昂
北京中兴印刷有限公司印刷
2021 年 9 月第 1 版第 1 次印刷
184mm×260mm · 21.75 印张 · 534 千字
标准书号：ISBN 978-7-111-69110-5
定价：79.00 元

电话服务　　　　　　　　　客服网址
客服电话：010-88361066　　机 工 官 网：www.cmpbook.com
　　　　　010-88379833　　机 工 官 博：weibo.com/cmp1952
　　　　　010-68326294　　金 书 网：www.golden-book.com
封底无防伪标均为盗版　机工教育服务网：www.cmpedu.com

前　言

AutoCAD 是美国 Autodesk 公司推出的，集二维绘图、三维设计、渲染及通用数据库管理和互联网通信功能为一体的计算机辅助绘图软件。该软件自 1982 年推出，从初期的 1.0 版本，经多次版本更新和性能完善，已发展到现在的 AutoCAD 2022 版本，其不仅在机械、电子和建筑等工程设计领域得到了大规模的应用，而且在地理、气象、航海等特殊图形的绘制，甚至乐谱、灯光、幻灯和广告等领域也得到了广泛的应用，目前已成为 CAD 系统中应用较为广泛和普及的图形软件。

本书以应用实例为媒介，在实战演练的过程中融入了 AutoCAD 2022 知识的精髓，介绍了 AutoCAD 2022 的新功能与应用，并重点介绍了 AutoCAD 2022 的各种基本方法和操作技巧。全书共分为 10 章，完整地讲解了 AutoCAD 2022 入门、二维图形命令、基本绘图工具、二维编辑命令、文本与表格、尺寸标注、图块、零件图与装配图、绘制与编辑三维表面、实体建模。每章最后均以一个综合性应用实例对该章的理论知识进行了具体应用和演练，而且还配有上机实验和思考练习题，以帮助读者提高实际操作能力，及时巩固所学知识。

本书在介绍内容的过程中，注意由浅入深，从易到难，各章节既相对独立又前后关联。编者根据自己多年的经验及学习心得，及时给出了总结和相关提示，以帮助读者快捷地掌握所学知识。全书解说翔实，图文并茂，循序渐进。

本书的配套电子资料包括了全书所有实例的源文件和操作过程录音讲解动画。为了开阔读者的视野，促进读者的学习，还免费赠送了多年积累的AutoCAD工程案例学习录音讲解动画教程和相应的实例源文件，以及凝结编者多年心血的AutoCAD使用技巧集锦电子书和各种实用的 AutoCAD 工程设计图库。读者可以登录百度网盘地址（https://pan.baidu .com/s/ 1wM1c1b1ar1HEpePm0Cs1XA，密码：swsw）进行下载。

由于编者水平有限，书中不足之处在所难免，望广大读者予以指正，编者将不胜感激。读者若有问题可以联系 714491436@qq.com，也欢迎加入三维书屋图书学习交流群(QQ: 575520269)交流探讨。需要授课 PPT 文件的老师还可以联系编者索取。

编　者

目　录

第 1 章　AutoCAD 2022 入门

 导读

　　本章将循序渐进地学习 AutoCAD 2020 绘图的基本知识，了解如何设置图形的系统参数和样板图，熟悉建立新的图形文件及打开已有文件的方法等。

学 习 要 点

- ◎ 绘图环境与操作界面
- ◎ 文件管理
- ◎ 基本输入操作
- ◎ 缩放与平移

1.1 绘图环境与操作界面

本节主要介绍初始绘图环境的设置、操作界面和绘图系统的设置。

1.1.1 操作界面简介

AutoCAD 的操作界面是 AutoCAD 显示、编辑图形的区域。一个完整的 AutoCAD 的操作界面如图 1-1 所示，包括标题栏、十字光标、快速访问工具栏、菜单栏、绘图区、功能区、坐标系、命令窗口、状态栏、布局标签和导航栏等。

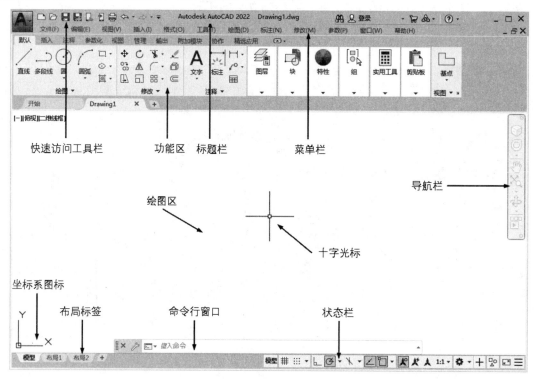

图 1-1　AutoCAD 2022 中文版的操作界面

1. 标题栏

在 AutoCAD 2022 中文版绘图窗口的最上端是标题栏。在标题栏中显示了系统当前正在运行的应用程序（AutoCAD 2022）和用户正在使用的图形文件。在用户第一次启动 AutoCAD 时，在 AutoCAD 2022 绘图窗口的标题栏中将显示 AutoCAD 2022 在启动时创建并打开的图形文件的名称"Drawing2.dwg"，如图 1-1 所示。

2. 绘图区

绘图区是指在标题栏下方的大片空白区域。绘图区域是用户使用 AutoCAD2022 绘制图形的区域。用户完成一幅设计图形的主要工作都是在绘图区域中进行的。

✎ 注意

　　安装 AutoCAD 2022 后，默认的界面如图 1-1 所示。在绘图区中右击鼠标，打开快捷菜单，如图 1-2 所示，①选择"选项"命令，打开"选项"对话框，选择"显示"选项卡，②在"窗口元素"选项组中的"颜色主题"中设置为"明"，如图 1-3 所示。③单击确定按钮，退出对话框，其操作界面如图 1-4 所示。

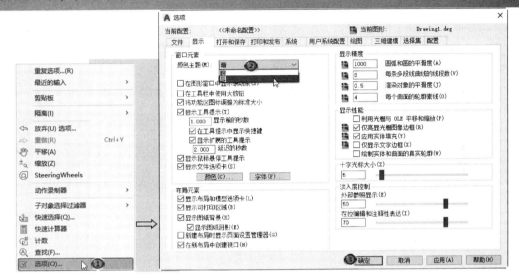

图 1-2　快捷菜单　　　　　　　　图 1-3　"选项"对话框

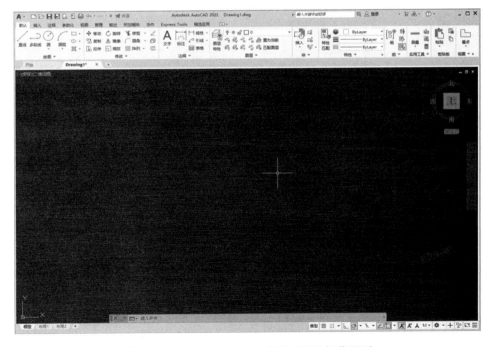

图 1-4　AutoCAD 2022 中文版的"明"操作界面

在绘图区域中，还有一个作用类似光标的十字线，其交点反映了光标在当前坐标系中的位置。在 AutoCAD 2022 中，将该十字线称为光标，AutoCAD 通过光标显示当前点的位置。十字线的方向与当前用户坐标系的 X 轴、Y 轴方向平行，十字线的长度系统预设为屏幕大小的百分之五，如图 1-1 所示。

3．菜单栏

在 AutoCAD 快速访问工具栏处调出菜单栏，如图 1-5 所示，调出后的菜单栏如图 1-6 所示。同其他 Windows 程序一样，AutoCAD 的菜单也是下拉形式的，并在菜单中包含子菜单。AutoCAD 的菜单栏中包含 13 个菜单："文件""编辑""视图""插入""格式""工具""绘图""标注""修改""参数""窗口""帮助"和"Express"，这些菜单几乎包含了 AutoCAD 的所有绘图命令。在后面的章节中将对这些菜单功能做详细的讲解。

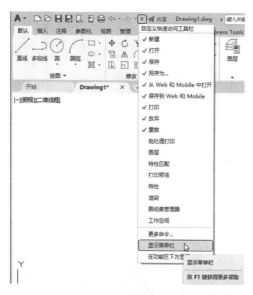

图 1-5　调出菜单栏

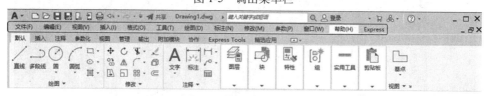

图 1-6　菜单栏显示界面

4．工具栏

工具栏是一组按钮工具的集合，选择菜单栏中的工具→工具栏→AutoCAD，调出所需要的工具栏，把光标移动到某个按钮上，稍停片刻即在该按钮的一侧显示相应的功能提示，同时在状态栏中显示相应的说明和命令名，此时，单击按钮就可以启动相应的命令了。

5．坐标系图标

在绘图区域的左下角，有一个直线指向图标，称为坐标系图标，表示用户绘图时正在使用的坐标系形式，如图 1-1 所示。坐标系图标的作用是为点的坐标确定一个参照系。

根据工作需要，用户可以选择将其关闭。方法是选择菜单命令：视图→显示→UCS 图标→开。

6．命令窗口

命令窗口是输入命令名和显示命令提示的区域，默认的命令窗口布置在绘图区下方，是若干文本行，如图 1-1 所示。对命令窗口，有以下几点需要说明：

1）移动拆分条，可以扩大与缩小命令窗口。

2）可以拖动命令窗口，布置在屏幕上的其他位置。默认情况下布置在图形窗口下方。

3）对当前命令窗口中输入的内容，可以按 F2 键用文本编辑的方法进行编辑，如图 1-7 所示。AutoCAD 文本窗口和命令窗口相似，它可以显示当前 AutoCAD 进程中命令的输入和执行过程，在执行 AutoCAD 某些命令时，它会自动切换到文本窗口，列出有关信息。

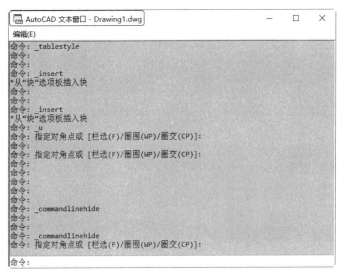

图 1-7　文本窗口

4）AutoCAD 通过命令窗口反馈各种信息，包括出错信息。因此，用户要时刻关注在命令窗口中出现的信息。

7．布局标签

AutoCAD 2022 系统默认设定一个模型空间布局标签和"布局 1""布局 2"两个图纸空间布局标签。这里有两个概念需要解释一下：

1）布局。布局是系统为绘图设置的一种环境，包括图纸大小、尺寸单位、角度设定和数值精确度等，在系统预设的三个标签中，这些环境变量都按默认设置。用户可根据实际需要改变这些变量的值。例如，默认的尺寸单位是米制的毫米，如果所绘制图形的单位是英制的英寸，就可以改变尺寸单位环境变量的设置，具体方法将在后面章节介绍。用户也可以根据需要设置符合自己要求的新标签，具体方法也将在后面章节介绍。

2）模型。AutoCAD 的空间分模型空间和图纸空间。模型空间是通常绘图的环境，而在图纸空间中，用户可以创建叫作"浮动视口"的区域，以不同视图显示所绘图形。用户可以在图纸空间中调整浮动视口并决定所包含视图的缩放比例。如果选择图纸空间，则可打印多

个视图，用户可以打印任意布局的视图。在后面的章节中，将专门详细地讲解有关模型空间与图纸空间的知识。

AutoCAD 2022 系统默认打开模型空间，用户可以通过鼠标左键单击选择需要的布局。

8．状态栏

状态栏在屏幕的底部，依次有"坐标""模型空间""栅格""捕捉模式""推断约束""动态输入""正交模式""极轴追踪""等轴测草图""对象捕捉追踪""二维对象捕捉""线宽""透明度""选择循环""三维对象捕捉""动态 UCS""选择过滤""小控件""注释可见性""自动缩放""注释比例""切换工作空间""注释监视器""单位""快捷特性""锁定用户界面""隔离对象""图形性能""全屏显示"和"自定义"30 个功能按钮。左键单击部分开关按钮，可以实现这些功能的开关。通过部分按钮也可以控制图形或绘图区的状态。

✏️ 注意

> 默认情况下，不会显示所有工具，可以通过状态栏上最右侧的按钮，选择要从"自定义"菜单显示的工具。状态栏上显示的工具可能会发生变化，具体取决于当前的工作空间以及当前显示的是"模型"选项卡还是布局选项卡。下面对部分状态栏上的按钮做简单介绍，如图 1-8 所示。

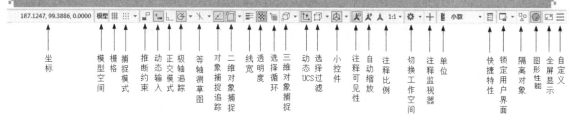

图 1-8　状态栏

（1）模型或图纸空间：在模型空间与布局空间之间进行转换。

（2）显示图形栅格：栅格是覆盖用户坐标系 (UCS) 整个 XY 平面的直线或点的矩形图案。使用栅格类似于在图形下放置一张坐标纸。利用栅格可以对齐对象并直观显示对象之间的距离。

（3）捕捉模式：对象捕捉对于在对象上指定精确位置非常重要。不论何时提示输入点，都可以指定对象捕捉。默认情况下，当光标移到对象的对象捕捉位置时，将显示标记和工具提示。

（4）正交限制光标：将光标限制在水平或垂直方向上移动，以便于精确地创建和修改对象。当创建或移动对象时，可以使用"正交"模式将光标限制在相对于用户坐标系的水平或垂直方向上。

（5）按指定角度限制光标（极轴追踪）：使用极轴追踪，光标将按指定角度进行移动。创建或修改对象时，可以使用"极轴追踪"来显示由指定的极轴角度所定义的临时对齐路径。

（6）等轴测草图：通过设定"等轴测捕捉/栅格"，可以很容易地沿三个等轴测平面之一对齐对象。尽管等轴测图形看似三维图形，但它实际上是二维表示，因此不能期望提取三维距离和面积、从不同视点显示对象或自动消除隐藏线。

（7）对象捕捉追踪（显示捕捉参照线）：使用对象捕捉追踪，可以沿着基于对象捕捉点的对齐路径进行追踪。已获取的点将显示一个小加号 (+)，一次最多可以获取七个追踪点。获取点之后，当在绘图路径上移动光标时，将显示相对于获取点的水平、垂直或极轴对齐路径。例如，可以基于对象端点、中点或者对象的交点，沿着某个路径选择一点。

（8）将光标捕捉到二维参照点（对象捕捉）：使用执行对象捕捉设置（也称为对象捕捉），可以在对象上的精确位置指定捕捉点。选择多个选项后，将应用选定的捕捉模式，以返回距离靶框中心最近的点。按 Tab 键可以在这些选项之间循环。

（9）显示注释对象：当图标亮显时表示显示所有比例的注释性对象，当图标变暗时表示仅显示当前比例的注释性对象。

（10）在注释比例发生变化时，将比例添加到注释性对象：注释比例更改时，自动将比例添加到注释对象。

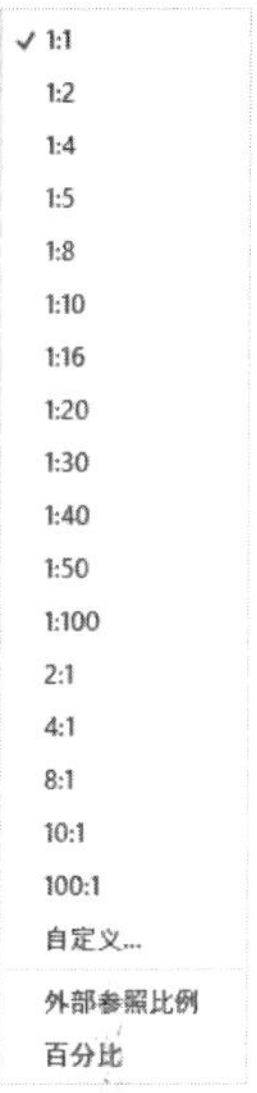

（11）当前视图的注释比例：左键单击注释比例右下角小三角符号，弹出注释比例列表，如图 1-9 所示。可以根据需要选择适当的注释比例。

图 1-9　注释比例列表

（12）切换工作空间：进行工作空间转换。

（13）注释监视器： 打开仅用于所有事件或模型文档事件的注释监视器。

（14）隔离对象：当选择隔离对象时，在当前视图中显示选定对象，所有其他对象都暂时隐藏；当选择隐藏对象时，在当前视图中暂时隐藏选定对象，所有其他对象都可见。

（15）硬件加速：设定图形卡的驱动程序以及设置硬件加速的选项。

（16）全屏显示：该选项可以清除 Windows 窗口中的标题栏、功能区和选项板等界面元素，使 AutoCAD 的绘图窗口全屏显示，如图 1-10 所示。

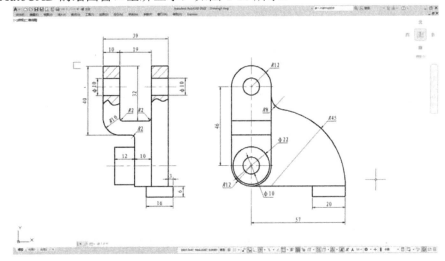

图 1-10　全屏显示

（17）自定义：状态栏可以提供重要信息，而无须中断工作流。使用 MODEMACRO 系统变量可将应用程序所能识别的大多数数据显示在状态栏中。使用该系统变量的计算、判断和编辑功能可以完全按照用户的要求构造状态栏。

9．滚动条

在打开的AutoCAD 2022默认界面上是不显示滚动条的，我们需要把滚动条调出来，方法是选择菜单栏中的"工具"→"选项"命令，❶系统打开"选项"对话框，❷选择"显示"选项卡，❸将"窗口元素"中的"在图形窗口中显示滚动条"勾选上，如图1-11所示。

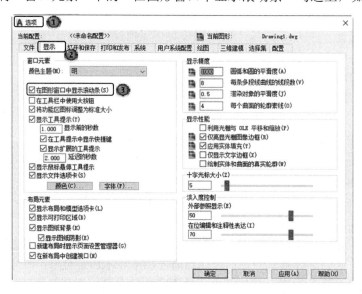

图1-11　"选项"对话框中的"显示"选项卡

滚动条包括水平滚动条和垂直滚动条，用于上下或左右移动绘图窗口内的图形。用鼠标拖动滚动条中的滑块或单击滚动条两侧的三角按钮即可移动图形，如图1-12所示。

10．快速访问工具栏和交互信息工具栏

（1）快速访问工具栏：该工具栏包括"新建""打开""保存""另存为""打印""放弃""重做"和"工作空间"等几个最常用的工具。用户也可以单击本工具栏后面的下拉按钮设置需要的常用工具。

（2）交互信息工具栏：该工具栏包括"搜索"、Autodesk360、Autodesk Exchange应用程序、"保持连接"和"帮助"等几个常用的数据交互访问工具。

11．功能区

在默认情况下，功能区包括"默认"选项卡、"插入"选项卡、"注释"选项卡、"参数化"选项卡、"视图"选项卡、"管理"选项卡、"输出"选项卡、"附加模块"选项卡、"协作"选项卡、"Express Tools"选项卡、"精选应用"选项卡，如图 1-13 所示（所有的选项卡显示面板如图 1-14 所示）。每个选项卡集成了相关的操作工具，方便了用户的使用。用户可以单击功能区选项后面的 按钮控制功能的展开与收缩。

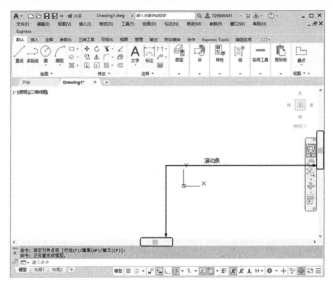

图 1-12　显示滚动条

图 1-13　默认情况下出现的选项卡

图 1-14　所有的选项卡

1）设置选项卡。将光标放在面板中任意位置处，单击鼠标右键，①打开如图1-15所示的快捷菜单。②单击某一个未在功能区显示的选项卡名，系统将自动在功能区打开该选项卡。反之，则关闭选项卡。调出面板的方法与调出选项板的方法类似，这里不再赘述。

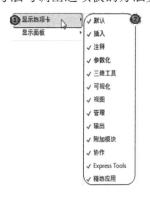

图 1-15　快捷菜单

2）选项卡中面板的"固定"与"浮动"。面板可以在绘图区中"浮动"（见图 1-16），将鼠标放到浮动面板的右上角位置处，显示"将面板返回到功能区"，如图 1-17 所示。单击此处，可使它变为"固定"面板。也可以把"固定"面板拖出，使它成为"浮动"面板。

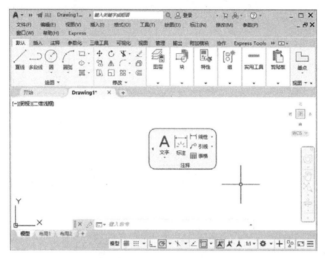

图1-16   "浮动"面板

图1-17   "绘图"面板

1.1.2　初始绘图环境设置

进入 AutoCAD 2022 绘图环境后首先设置绘图单位，步骤如下：

【执行方式】

- 命令行：DDUNITS（或 UNITS）
- 菜单：格式→单位
- 功能区：单击主菜单→图形实用工具→单位命令

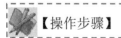【操作步骤】

执行上述命令后，系统打开"图形单位"对话框，如图 1-18 所示。该对话框用于定义单位与角度格式的类型和精度。

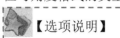【选项说明】

- "长度"与"角度"选项组：指定测量的长度与角度当前单位的类型精度。

■ "插入时的缩放单位"下拉列表框：控制使用工具选项板（如 DesignCenter 或 i-drop）拖入当前图形的块的测量单位。

如果块或图形创建时使用的单位与该选项指定的单位不同，则在插入这些块或图形时，将对其按比例缩放。插入比例是源块或图形使用的单位与目标图形使用的单位之比。如果插入块时不按指定单位缩放，可选择"无单位"。

■ "方向"按钮 方向(D)... ：单击该按钮，系统将弹出"方向控制"对话框，如图 1-19 所示。在该对话框中可进行方向控制设置。

图 1-18 "图形单位"对话框

图 1-19 "方向控制"对话框

设置完绘图单位后，还需要进行绘图边界的设置，具体步骤如下：

【执行方式】

■ 命令行：LIMITS
■ 菜单：格式→图形界限

【操作步骤】

命令：LIMITS✓（在命令行输入命令，与菜单执行功能相同，命令提示如下）

重新设置模型空间界限：

指定左下角点或 [开(ON)/关(OFF)] <0.0000,0.0000>：（输入图形边界左下角的坐标后按 Enter 键）

指定右上角点 <12.0000,9.0000>：（输入图形边界右上角的坐标后按 Enter 键）

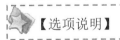【选项说明】

■ 开(ON)：使绘图边界有效。系统将在绘图边界以外所拾取的点视为无效。
■ 关（OFF）：使绘图边界无效。用户可以在绘图边界以外拾取点或实体。
■ 动态输入角点坐标：可以直接在屏幕上输入角点坐标，输入横坐标值后，按下"，"

键，接着输入纵坐标值，如图 1-20 所示。也可以按光标位置直接按下鼠标左键确定角点位置。

图 1-20　动态输入

1.1.3　配置绘图系统

由于每台计算机所使用的显示器、输入设备和输出设备的类型不同，用户喜好的风格及计算机的目录设置也不同，所以每台计算机都是独特的。一般来讲，使用 AutoCAD 2022 的默认配置就可以绘图，但为了使用用户的定点设备或打印机，以及为提高绘图的效率，AutoCAD 推荐用户在开始作图前先进行必要的配置。

【执行方式】

- 命令行：PREFERENCES
- 菜单：工具→选项
- 右键快捷菜单：选项（单击鼠标右键，系统打开右键快捷菜单，其中包括一些最常用的命令，如图 1-21 所示）

【操作步骤】

执行上述命令后，系统自动打开"选项"对话框。用户可以在该对话框中选择有关选项，对系统进行配置。下面只就其中主要的几个选项卡做一下说明，其他配置选项将在后面用到时再作具体说明。

"选项"对话框中的第五个选项卡为"系统"，如图 1-22 所示。该选项卡用来设置 AutoCAD 系统的有关特性。

图 1-21　"选项"右键快捷菜单

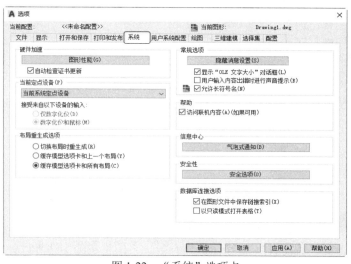

图 1-22　"系统"选项卡

"选项"对话框中的第二个选项卡为"显示"，该选项卡用来控制 AutoCAD 窗口的外观。

该选项卡可设定屏幕菜单、屏幕颜色、光标大小、滚动条显示与否、固定命令窗口中文字行数、AutoCAD 的版面布局设置、各实体的显示分辨率以及 AutoCAD 运行时的其他各项性能参数等。有关选项的设置读者可自己参照"帮助"文件学习。

在默认情况下，AutoCAD 2022 的绘图窗口是白色背景、黑色线条。有时需要修改绘图窗口颜色。修改绘图窗口颜色的步骤为：

1）在绘图窗口中选择"工具"菜单中的"选项"命令，①屏幕上将弹出"选项"对话框。②**选择**"显示"选项卡，如图 1-23 所示。③单击"窗口元素"选项组中的"颜色"按钮，④将打开图 1-24 所示的"图形窗口颜色"对话框。

图 1-23　"显示"选项卡

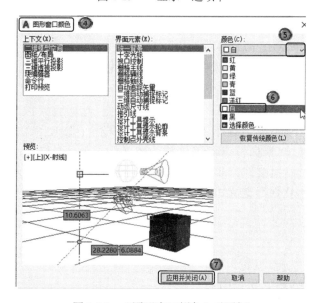

图 1-24　"图形窗口颜色"对话框

2）⑤单击"图形窗口颜色"对话框中"颜色"下拉列表框右侧的下拉箭头，⑥在打开的下拉列表中选择需要的窗口颜色，⑦然后单击"应用并关闭"按钮，此时 AutoCAD 2022 的绘图窗口变成了窗口背景色。

1.2 文件管理

本节将介绍有关文件管理的一些基本操作方法，包括新建文件、打开已有文件、保存文件和删除文件等。这些都是进行 AutoCAD 2022 操作最基础的知识。

1.2.1 新建文件

- 命令行：NEW
- 菜单：文件→新建或主菜单→新建
- 工具栏：标准→新建 或快速访问→新建

执行上述命令后，系统将立即按所选的图形样板创建新图形，而不显示任何对话框或提示。

1.2.2 打开文件

- 命令行：OPEN
- 菜单：文件 → 打开或主菜单→打开
- 工具栏：标准 → 打开 或快速访问→打开

执行上述命令后，①打开"选择文件"对话框（见图 1-25），②在"文件类型"列表框中用户可选.dwg 文件、.dwt 文件、.dxf 文件和.dws 文件。.dws 文件是包含标准图层、标注样式、线型和文字样式的样板文件。.dxf 文件是用文本形式存储的图形文件，能够被其他程序读取，许多第三方应用软件都支持.dxf 格式。

1.2.3 保存文件

- 命令名：QSAVE(或 SAVE)
- 菜单：文件→保存或主菜单→保存

■ 工具栏：标准→保存█或快速访问→保存█

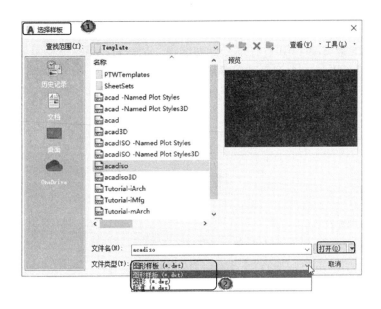

图 1-25 "选择文件"对话框

【操作步骤】

执行上述命令后，若文件已命名，则 AutoCAD 将自动保存；若文件未命名（即为默认名 drawing1.dwg），则系统❶打开"图形另存为"对话框（见图 1-26），用户可以命名保存。❷在"保存于"下拉列表框中可以指定保存文件的路径，❸在"文件类型"下拉列表框中可以指定保存文件的类型。

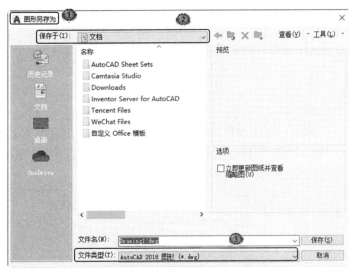

图 1-26 "图形另存为"对话框

为了防止因意外操作或计算机系统故障导致正在绘制的图形文件丢失，可以对当前图形文件设置自动保存。步骤如下：

1）利用系统变量 SAVEFILEPATH 设置所有"自动保存"文件的位置，如 C:\HU\。

2）利用系统变量 SAVEFILE 存储"自动保存"文件名。该系统变量储存的文件名文件是只读文件，用户可以从中查询自动保存的文件名。

3）利用系统变量 SAVETIME 指定在使用"自动保存"时多长时间保存一次图形，单位是分。

1.2.4 另存为

【执行方式】

- 命令行：SAVEAS
- 菜单：文件→另存为或主菜单→另存为
- 工具栏：快速访问→保存🖫

【操作步骤】

执行上述命令后，打开"图形另存为"对话框（见图 1-26），AutoCAD 用另存名保存，并把当前图形更名。

1.2.5 退出

【执行方式】

- 命令行：QUIT 或 EXIT
- 菜单：文件→退出
- 按钮：AutoCAD 操作界面右上角的"关闭"按钮❌

【操作步骤】

命令：QUIT✓（或 EXIT✓）

执行上述命令后，若用户对图形所做的修改尚未保存，则会出现图 1-27 所示的系统警告对话框。选择"是"按钮系统将保存文件，然后退出；选择"否"按钮系统将不保存文件。若用户对图形所做的修改已经保存，则直接退出。

图 1-27　系统警告对话框

1.3 基本输入操作

本节将介绍 AutoCAD 的一些基本输入操作命令或知识。这些知识属于学习本软件的一些最基础，同时又是非常重要的知识，了解这些知识，有助于方便快捷地操作本软件。

1.3.1 命令输入方式

AutoCAD 交互绘图必须输入必要的指令和参数。有多种 AutoCAD 命令输入方式（以画直线为例）：

1．在命令窗口输入命令名

命令字符可不区分大小写。例如，命令：LINE✓。执行命令时，在命令行提示中经常会出现命令选项，如输入绘制直线命令"LINE"后，命令行中的提示为：

命令：LINE✓

指定第一个点：（在屏幕上指定一点或输入一个点的坐标）

指定下一点或 [放弃(U)]：

选项中不带括号的提示为默认选项，因此可以直接输入直线段的起点坐标或在屏幕上指定一点，如果要选择其他选项，则应该首先输入该选项的标识字符，如"放弃"选项的标识字符"U"，然后按系统提示输入数据即可。在命令选项的后面有时候还带有尖括号，尖括号内的数值为默认数值。

2．在命令窗口输入命令缩写字

如 L（Line）、C（Circle）、A（Arc）、Z（Zoom）、R（Redraw）、M（More）、CO（Copy）、PL（Pline）、E（Erase）等。

3．选取绘图菜单直线中的选项

选取该选项后，在状态栏中可以看到相应的命令说明及命令名。

4．选取工具栏中的相应图标

选取该图标后在状态栏中也可以看到相应的命令说明及命令名。

5．在命令行打开右键快捷菜单

如果在前面刚使用过要输入的命令，可以在命令行打开右键快捷菜单，❶在"最近使用的命令"子菜单中❷选择需要的命令，如图 1-28 所示。"最近使用的命令"子菜单中储存最近使用的 6 个命令，如果经常重复使用某个 6 次操作以内的命令，这种方法就比较快速简捷。

图 1-28　命令行右键快捷菜单

6. 在绘图区右击鼠标

如果用户要重复使用上次使用的命令，可以直接在绘图区右击鼠标，系统立即重复执行上次使用的命令。这种方法适用于重复执行某个命令。

1.3.2　命令的重复、撤销、重做

1. 命令的重复

在命令窗口中按 Enter 键可重复调用上一个命令，不管上一个命令是完成了还是被取消了。

2. 命令的撤销

在命令执行的任何时刻都可以取消和终止命令的执行。

【执行方式】

- ■　命令行：UNDO
- ■　菜单：编辑→放弃
- ■　快捷键：Esc

3. 命令的重做

已被撤销的命令还可以恢复重做。恢复撤销的最后一个命令的步骤如下：

【执行方式】

- ■　命令行：REDO
- ■　菜单：编辑→重做
- ■　快捷键：CTRL+Y

AutoCAD 2022 可以一次执行多重放弃和重做操作。单击 UNDO 或 REDO 列表箭头，可以选择要放弃或重做的操作，如图 1-29 所示。

图 1-29　多重放弃或重做

1.3.3　数据的输入方法

在 AutoCAD 2022 中，点的坐标可以用直角坐标、极坐标、球面坐标和柱面坐标表示，每一种坐标又分别具有两种坐标输入方式：绝对坐标和相对坐标。其中直角坐标和极坐标最为常用，下面主要介绍一下它们的输入。

1. 直角坐标法

直角坐标即用点的 X、Y 坐标值表示的坐标。例如，在命令行中输入点的坐标提示下，输入"15,18"，则表示输入了一个 X、Y 的坐标值分别为 15、18 的点，此为绝对坐标输入方式，表示该点的坐标是相对于当前坐标原点的坐标值，如图 1-30a 所示。如果输入"@10,20"，则为相对坐标输入方式，表示该点的坐标是相对于前一点的坐标值，如图 1-30c 所示。

2．极坐标法

极坐标即用长度和角度表示的坐标。极坐标只能用来表示二维点的坐标。在绝对坐标输入方式下，表示为"长度<角度"，如"25<50"，其中长度为该点到坐标原点的距离，角度为该点至原点的连线与 X 轴正向的夹角，如图 1-30b 所示。

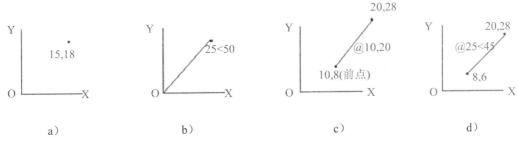

图 1-30　数据输入方法

在相对坐标输入方式下，表示为"@长度<角度"，如"@25<45"，其中长度为该点到前一点的距离，角度为该点至前一点的连线与 X 轴正向的夹角，如图 1-30d 所示。

3．动态数据输入

按下状态栏上的"DYN"按钮，系统打开动态输入功能，可以在屏幕上动态地输入某些参数数据。例如，绘制直线时，在光标附近会动态地显示"指定第一点"以及后面的坐标框，当前显示的是光标所在位置，可以输入数据，两个数据之间以逗号隔开，如图 1-31 所示。指定第一点后，系统动态显示直线的角度，同时要求输入线段长度值，如图 1-32 所示，其输入效果与"@长度<角度"方式相同。

图 1-31　动态输入坐标值

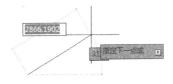

图 1-32　动态输入长度值

下面分别讲述点与距离值的输入方法。

1．点的输入

绘图过程中常需要输入点的位置，AutoCAD 提供了如下几种输入点的方式：

1）直接在命令窗口中输入点的坐标：直角坐标有两种输入方式：x,y（点的绝对坐标值，如 100,50）和@ x,y（相对于上一点的相对坐标值，如@ 50,-30）。坐标值均相对于当前的用户坐标系。

✎ **注意**

输入坐标时，其中的逗号只能在西文状态下输入，否则会出现错误。

极坐标的输入方式为：长度 < 角度（其中，长度为点到坐标原点的距离，角度为原点至该点连线与 X 轴的正向夹角，如 20<45）或@长度 < 角度（相对于上一点的相对极坐标，例如 @ 50 < -30）。

2）移动光标，单击左键在屏幕上直接取点。

3）用目标捕捉方式捕捉屏幕上已有图形的特殊点（如端点、中点、中心点、插入点、交点、切点和垂足点等）。

4）直接距离输入。先用光标拖拉出橡筋线确定方向，然后输入距离。这样有利于准确控制对象的长度等参数，如要绘制一条 10mm 长的线段，方法如下：

命令：_line

指定第一个点：（在屏幕上指定一点）

指定下一点或 [放弃(U)]:

这时在屏幕上移动鼠标指明线段的方向，但不要单击鼠标左键确认，如图 1-33 所示，然后在命令行输入 10，这样就在指定方向上准确地绘制了长度为 10mm 的线段。

2．距离值的输入

在 AutoCAD 命令中，有时需要提供高度、宽度、半径和长度等距离值。AutoCAD 提供了两种输入距离值的方式：一种是在命令窗口中直接输入数值；另一种是在屏幕上拾取两点，以两点的距离值定出所需数值。

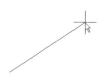

图 1-33　绘制直线

1.4　缩放与平移

改变视图最一般的方法就是利用缩放和平移命令。用它们可以在绘图区域放大或缩小图像显示，或者改变观察位置。

1.4.1　实时缩放

在实时缩放命令下，可以通过垂直向上或向下移动光标来放大或缩小图形。

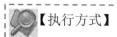【执行方式】

- ■　命令行：ZOOM
- ■　菜单：视图→缩放→实时
- ■　标准→实时缩放 ⁺｡
- ■　功能区：单击"视图"选项卡"导航"面板中"范围"下拉菜单中的"实时"按钮 ⁺｡

【操作步骤】

按住选择按钮垂直向上或向下移动。从图形的中点向顶端垂直地移动光标可以放大图形一倍，向底部垂直地移动光标可以缩小图形一倍。

1.4.2 动态缩放

动态缩放会在当前视区中根据选择的不同而进行不同的缩放或平移显示。

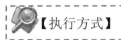 【执行方式】

■ 命令行：ZOOM
■ 菜单：视图→缩放→动态
■ 工具栏：标准→"缩放"下拉工具栏→动态缩放🔍或缩放→动态缩放🔍
■ 功能区：单击"视图"选项卡"导航"面板中"范围"下拉菜单中的"动态"按钮
🔍

 【操作步骤】

命令：ZOOM✓

指定窗口的角点，输入比例因子 (nX 或 nXP)，或者[全部(A)/中心(C)/动态(D)/范围(E)/上一个(P)/比例(S)/窗口(W)/对象(O)] <实时>:D✓

执行上述命令后，系统弹出一个图框。

选取动态缩放前的画面呈绿色点线。如果要动态缩放的图形显示范围与选取动态缩放前的范围相同，则此框与白线重合而不可见。重生成区域的四周有一个蓝色虚线框，用以标记虚拟屏幕。这时，如果线框中有一个"×"出现，如图 1-34a 所示，就可以拖动线框而把它平移到另外一个区域。

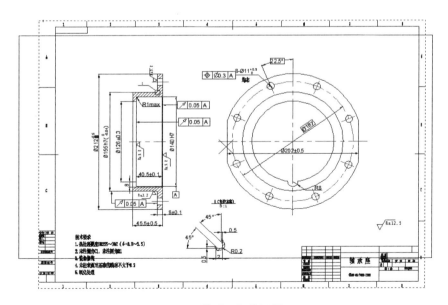

a) 带"×"的视框

图 1-34 动态缩放

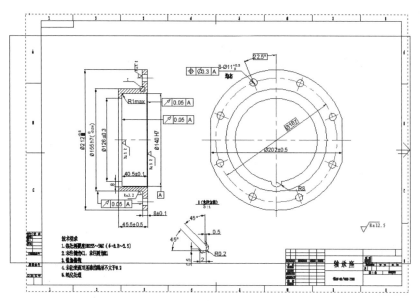

b） 带箭头的视框

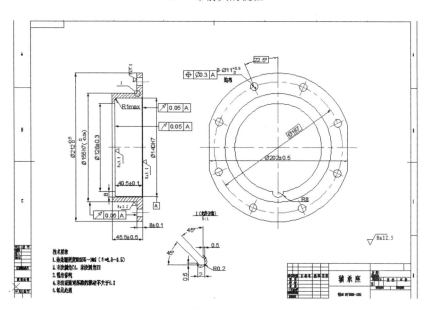

c） 缩放后的图形

图 1-34 动态缩放（续）

如果要放大图形到不同的放大倍数，按下选择钮，×就会变成一个箭头，如图 1-34b 所示。这时左右拖动边界线就可以重新确定视区的大小。

缩放后的图形如图 1-34c 所示。

另外，还有窗口缩放、比例缩放、中心缩放、全部缩放、对象缩放、缩放上一个和最大图形范围缩放，其操作方法与动态缩放类似，不再赘述。

1.4.3 实时平移

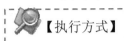【执行方式】

- 命令：PAN
- 菜单：视图→平移→实时
- 工具栏：标准→实时平移
- 功能区：单击"视图"选项卡"导航"面板中的"平移"按钮

【操作步骤】

执行上述命令后，按下选择按钮，然后移动手形光标就平移图形了。当移动到图形的边沿时，光标会变成一个三角形显示。

另外，还有放大与缩小，为显示控制命令设置了一个右键快捷菜单，如图 1-35 所示。在该菜单中可以在显示命令执行的过程中透明地进行切换。

图 1-35　右键快捷菜单

1.5　思考与练习

1．问答题

请指出 AutoCAD 2022 工作界面中菜单栏、命令窗口、状态栏、工具栏的位置及作用。

2．选择题

（1）打开未显示工具栏的方法是：

A 选择"工具"下拉菜单中的"工具栏"选项，在弹出的"工具栏"对话框中选中欲显示工具栏项前面的复选框

B 用鼠标右击任一工具栏，在弹出的"工具栏"快捷菜单中选中欲显示的工具栏项

C 在命令窗口输入 TOOLBAR 命令

D 以上均可

（2）调用 AutoCAD 命令的方法有：

A 在命令窗口输入命令名　　　B 在命令窗口输入命令缩写字

C 拾取下拉菜单中的菜单选项　D 拾取工具栏中的相应图标

E 以上均可

（3）正常退出 AutoCAD 的方法有：

A QUIT 命令　　B EXIT 命令　　C 屏幕右上角的关闭按钮　　D 直接关机

3．操作题

（1）用资源管理器打开文件 C:\AutoCAD 2022\Sample\colorwh.dwg。

（2）试设置自动保存功能。

第2章 二维图形命令

导读

　　二维图形是指在二维平面空间绘制的图形，主要由一些基本图形元素组成，如点、直线、圆弧、圆、椭圆、矩形和多边形等几何元素。
　　AutoCAD 提供了大量的绘图工具，可以帮助用户完成二维图形的绘制。

学 习 要 点

　◎　直线类命令

　◎　圆类图形命令

　◎　平面图形命令

　◎　点

　◎　高级绘图命令

2.1 直线类命令

直线类命令包括直线、射线和构造线命令，这几个命令是 AutoCAD 中最简单的绘图命令。

2.1.1 直线段

【执行方式】

- 命令行：LINE
- 菜单：绘图→直线
- 工具栏：绘图→直线 ／
- 功能区：单击①"默认"选项卡"绘图"面板中的②"直线"按钮 ／（见图 2-1）

图 2-1 "绘图"面板

【操作步骤】

命令：LINE↙
指定第一个点：（输入直线段的起点，用鼠标指定点或者给定点的坐标）
指定下一点或 [放弃(U)]：（输入直线段的端点，也可以用鼠标指定一定角度后，直接输入直线的长度）
指定下一点或 [放弃(U)]：（输入下一直线段的端点。输入选项"U"表示放弃前面的输入；单击鼠标右键或按 Enter 键，结束命令）
指定下一点或 [闭合(C)/放弃(U)]：（输入下一直线段的端点，或输入选项"C"使图形闭合，结束命令）

【选项说明】

- 若用 Enter 键响应"指定第一点:"提示，系统会把上次绘线（或弧）的终点作为本次操作的起始点。特别地，若上次操作为绘制圆弧，按 Enter 键响应后绘出通过圆弧终点的与该圆弧相切的直线段，该线段的长度由鼠标在屏幕上指定的一点与切点之间线段的长度确定。
- 在"指定下一点"提示下，用户可以指定多个端点，从而绘出多条直线段。但是，每一段直线是一个独立的对象，可以进行单独的编辑操作。

■ 绘制两条以上直线段后，若用 C 响应"指定下一点"提示，系统会自动链接起始点和最后一个端点，从而绘出封闭的图形。

■ 若用 U 响应提示，则擦除最近一次绘制的直线段。

■ 若设置正交方式（按下状态栏上"正交"按钮），则只能绘制水平直线或垂直线段。

■ 若设置动态数据输入方式（按下状态栏上"DYN"按钮），则可以动态输入坐标或长度值。下面的命令同样可以设置动态数据输入方式，效果与非动态数据输入方式类似。除了特别需要，以后不再强调，而只按非动态数据输入方式输入相关数据。

2.1.2　实例——五角星

绘制图 2-2 所示的五角星。

图 2-2　五角星

操作步骤

01 单击状态栏中的"动态输入"按钮，关闭"动态输入"功能。利用"直线"命令，绘制一条直线，命令行提示与操作如下：

命令：_line
指定第一个点：

02 在命令行输入"120,120"（即顶点 P1 的位置）后按 Enter 键，系统继续提示，用相似方法输入五角星的各个顶点：

指定下一点或 [放弃(U)]：@80 < 252✓（P2 点，也可以按下"DYN"按钮，在光标位置为 108°时，动态输入 80，如图 2-3 所示）

指定下一点或 [放弃(U)]：159.091,90.870✓（P3 点）

指定下一点或 [闭合(C)/放弃(U)]：@ 80,0 ✓（错位的 P4 点，也可以按下"DYN"按钮，在光标位置为 0°时，动态输入 80）

指定下一点或 [闭合(C)/放弃(U)]：U✓（取消对 P4 点的输入）

指定下一点或 [闭合(C)/放弃(U)]：@-80,0 ✓（P4 点，也可以按下 按钮，打开"动态输入"功能，在光标位置为 180°时，动态输入 80）

指定下一点或 [闭合(C)/放弃(U)]：144.721,43.916✓（P5 点）

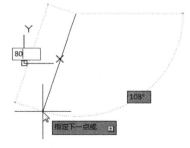

图 2-3　动态输入

指定下一点或 [闭合(C)/放弃(U)]：C✓（封闭五角星并结束命令）

 注意

输入坐标时，其中的逗号只能在西文状态下输入，否则会出现错误。

另外，有些命令同时存在命令行、菜单、工具栏和功能区 4 种执行方式，这时如果选择菜单、工具栏或者功能区方式，命令行会显示该命令，并在前面加一下划线，如通过菜单或工具栏方式执行"直线"命令时，命令行会显示 "_line"，命令的执行过程与结果与命令行方式相同。

2.1.3 构造线

图 2-4 "绘图"面板

【执行方式】

- 命令行：XLINE
- 菜单：绘图→构造线
- 工具栏：绘图→构造线 ✓
- 功能区：①单击"默认"选项卡"绘图"面板中的②"构造线"按钮 ✓（见图 2-4）

 【操作步骤】

命令：XLINE✓

指定点或 [水平(H)/垂直(V)/角度(A)/二等分(B)/偏移(O)]：（给出根点 1）

指定通过点：（给定通过点 2，画一条双向无限长直线）

指定通过点：（继续给点，继续画线，如图 2-5a 所示，用 Enter 键结束命令）

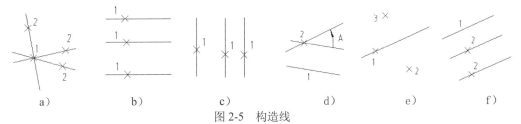

a)　　　　b)　　　　c)　　　　d)　　　　e)　　　　f)

图 2-5 构造线

 【选项说明】

- 执行选项中有"指定点""水平""垂直""角度""二等分"和"偏移"六种方式绘制构造线，分别如图 2-5a~f 所示。
- 这种线模拟手工作图中的辅助作图线用特殊的线型显示，在绘图输出时可不输出。常用于辅助作图。

应用构造线作为辅助线绘制机械图中三视图的绘图是

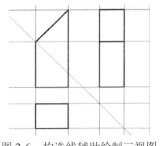

图 2-6 构造线辅助绘制三视图

构造线的最主要用途，构造线的应用保证了三视图之间"主俯视图长对正、主左视图高平齐、俯左视图宽相等"的对应关系。图 2-6 所示为应用构造线作为辅助线绘制三视图的绘图示例，图中红色线为构造线，黑色线为三视图轮廓线。

2.2 圆类图形命令

圆类命令主要包括"圆""圆弧""椭圆""椭圆弧"以及"圆环"等命令，这几个命令是 AutoCAD 中最简单的曲线命令。

2.2.1 圆

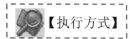【执行方式】

- 命令行：CIRCLE
- 菜单：绘图→圆
- 工具栏：绘图→圆⊘
- 功能区：单击"默认"选项卡"绘图"面板中的"圆"按钮⊘

【操作步骤】

命令：CIRCLE✓

指定圆的圆心或 [三点(3P)/两点(2P)/ 相切、相切、半径(T)]：(指定圆心)

指定圆的半径或 [直径(D)]：(直接输入半径数值或用光标指定半径长度)

指定圆的直径 <默认值>：(输入直径数值或用光标指定直径长度)

【选项说明】

- 三点(3P)：用指定圆周上三点的方法画圆。
- 两点(2P)：指定直径的两端点画圆。
- 相切、相切、半径(T)：按先指定两个相切对象，后给出半径的方法画圆。如图 2-7 所示为以"相切、相切、半径"方式绘制圆的各种情形（其中加粗的圆为最后绘制的圆）。

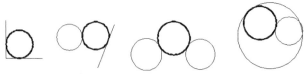

图 2-7 以"相切、相切、半径"方式绘制圆的各种情形

- "①绘图→②圆"菜单中多了一种③"相切、相切、相切"的方法，当选择此方式时（见图 2-8），系统提示：

指定圆上的第一个点：_tan 到：(指定相切的第一个圆弧)

指定圆上的第二个点：_tan 到：（指定相切的第二个圆弧）

指定圆上的第三个点：_tan 到：（指定相切的第三个圆弧）

图 2-8　绘制圆的菜单

2.2.2　实例——连接杆

绘制如图 2-9 所示的连接杆。

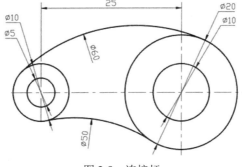

图 2-9　连接杆

操作步骤

01 单击“默认”选项卡“绘图”面板中的“直线”按钮，绘制 3 条直线段，如图 2-10a 所示。

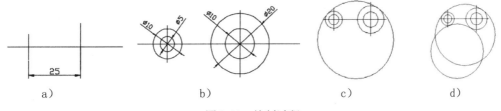

a)　　　　　　　　b)　　　　　　　　c)　　　　　　　　d)

图 2-10　绘制过程

02 单击"默认"选项卡"绘图"面板中的"圆"按钮⊙，绘制 4 个圆，如图 2-10b 所示。

03 按 Enter 键重复执行画圆命令，输入 T（画切圆）并按 Enter 键，选择切点并输入半径，画出半径为 30mm 的内切圆，如图 2-10c 所示。命令行提示与操作如下：

> 命令：_circle
>
> 指定圆的圆心或 [三点(3P)/两点(2P)/切点、切点、半径(T)]：T✓（或在动态输入模式下，按↓键，打开动态菜单，选择"切点、切点、半径(T)"命令，如图 2-11 所示。以"切点、切点、半径(T)"方式绘制中间的圆，并自动打开"切点"捕捉功能）
>
> 指定对象与圆的第一个切点：（将光标在切点大致区域移动，当出现切点黄色标记时单击，捕捉左边外层圆的切点）
>
> 指定对象与圆的第二个切点：（捕捉右边外层圆的切点）
>
> 指定圆的半径〈16.6687〉：30✓（输入圆的半径）

04 同理，画出外切圆，半径为 25mm，如图 2-10d 所示。

05 单击"默认"选项卡"修改"面板中的"修剪"按钮⅄（对多余的圆弧进行修剪，执行到此步也可以暂时保存文件，等学习了后面的知识再继续执行下面的操作），按 Enter 键。

图 2-11　动态菜单

06 选择同心圆中的两个大圆作为修剪对象，按 Enter 键。

07 选择两个切圆多余的部分作为被修剪的对象，按 Enter 键，即可完成如图 2-9 所示图形的绘制。

2.2.3　圆弧

【执行方式】

- 命令行：ARC（缩写名：A）
- 菜单：绘图→圆弧
- 工具栏：绘图→圆弧
- 功能区：单击"默认"选项卡"绘图"面板中"圆弧"下拉菜单中的按钮（见图 2-12）

【操作步骤】

命令：_ARC✓
指定圆弧的起点或 [圆心(C)]：（指定起点）
指定圆弧的第二个点或 [圆心(C)/端点(E)]：（指定第二点）
指定圆弧的端点：（指定端点）

【选项说明】

图 2-12　"圆弧"下拉菜单

用命令行方式画圆弧时，可以根据系统提示选择不同的选项，具体功能和用"绘制"菜单的"圆弧"子菜单提供的 11 种方法相似。这 11 种方法如图 2-13 所示。

需要强调的是"继续"方式，绘制的圆弧与上一线段或圆弧相切，继续画圆弧段，因此提供端点即可。

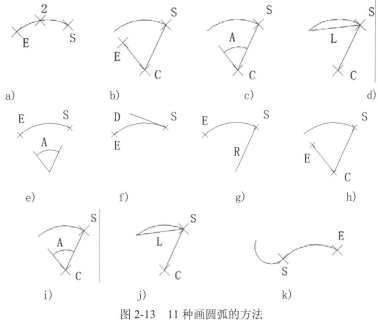

图 2-13　11 种画圆弧的方法

2.2.4　实例——圆头平键

绘制如图 2-14 所示的圆头平键。

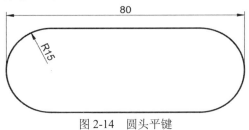

图 2-14　圆头平键

操作步骤

01 利用"直线"命令绘制两条平行线。端点坐标值为{（100，130），（150，130）}和{（100,100），（150,100）}，结果如图 2-15 所示。

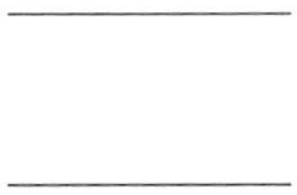

图 2-15　绘制平行线

02 利用"圆弧"命令绘制两端的圆弧。命令行提示与操作如下：

命令：ARC↙

指定圆弧的起点或 [圆心(C)]：(打开"对象捕捉"开关，指定起点为上面水平线左端点)

指定圆弧的第二个点或 [圆心(C)/端点(E)]：E↙

指定圆弧的端点： (指定端点为下面水平线左端点)

指定圆弧的中心点(按住 Ctrl 键以切换方向)或[角度（A）/方向（D）/半径（R）]：D↙

指定圆弧起点的相切方向：180↙

03 利用"圆弧"命令绘制另一段圆弧，命令行提示与操作如下：

命令：ARC↙

指定圆弧的起点或 [圆心(C)]：(打开"对象捕捉"开关，指定起点为上面水平线右端点)

指定圆弧的第二个点或 [圆心(C)/端点(E)]：E↙

指定圆弧的端点： (指定端点为下面水平线右端点)

指定圆弧的中心点(按住 Ctrl 键以切换方向)或[角度（A）/方向（D）/半径（R）]：A↙

指定夹角(按住 Ctrl 键以切换方向)：-180↙

最终结果如图 2-14 所示。

2.2.5 圆环

【执行方式】

- 命令行：DONUT
- 菜单：绘图→圆环
- 功能区：单击"默认"选项卡"绘图"面板中的"圆环"按钮◎

【操作步骤】

命令：DONUT↙

指定圆环的内径 <默认值>： (指定圆环内径)

指定圆环的外径 <默认值>： (指定圆环外径)

指定圆环的中心点或 <退出>：(指定圆环的中心点)

指定圆环的中心点或 <退出>：(继续指定圆环的中心点，则继续绘制相同内外径的圆环，如图 2-16a 所示。用 Enter 键、空格键或鼠标右键结束命令)

【选项说明】

- 若指定内径为零，则画出实心填充圆（见图 2-16b）。
- 用命令 FILL 可以控制圆环是否填充，具体方法是：

命令：FILL↙

输入模式 [开(ON)/关(OFF)] <开>：（选择 ON 表示填充，选择 OFF 表示不填充，如图 2-16c 所示）

a)   b)   c)

图 2-16　绘制圆环

2.2.6　椭圆与椭圆弧

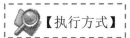 【执行方式】

- 命令行：ELLIPSE
- 菜单：绘图→椭圆→圆心、轴端点或圆弧命令
- 工具栏：绘图→椭圆 ⬯ 或 绘图→椭圆弧 ⌒
- 功能区：单击"默认"选项卡"绘图"面板中"圆心"下拉菜单中的按钮（见图 2-17）

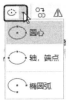

图 2-17　"椭圆"下拉菜单

 【操作步骤】

命令：ELLIPSE✓
指定椭圆的轴端点或 [圆弧(A)/中心点(C)]：（指定轴端点 1，如图 2-18a 所示）
指定轴的另一个端点：（指定轴端点 2，如图 2-18a 所示）
指定另一条半轴长度或 [旋转(R)]：

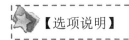 【选项说明】

- 指定椭圆的轴端点：根据两个端点定义椭圆的第一条轴。第一条轴的角度确定了整个椭圆的角度。第一条轴既可定义椭圆的长轴也可定义短轴。
- 旋转(R)：通过绕第一条轴旋转圆来创建椭圆。相当于将一个圆绕椭圆轴翻转一个角度后的投影视图。
- 中心点(C)：通过指定的中心点创建椭圆。
- 圆弧(A)：该选项用于创建一段椭圆弧。与"工具栏：绘制 → 椭圆弧"功能相同。

其中第一条轴的角度确定了椭圆弧的角度。第一条轴既可定义椭圆弧长轴也可定义椭圆弧短轴。选择该项，系统继续提示：

指定椭圆弧的轴端点或 [中心点(C)]：(指定端点或输入 C)

指定轴的另一个端点：(指定另一端点)

指定另一条半轴长度或 [旋转(R)]：(指定另一条半轴长度或输入 R)

指定起点角度或 [参数(P)]：(指定起始角度或输入 P)

指定端点角度或 [参数(P)/夹角(I)]：

其中各选项含义如下：

- 角度：指定椭圆弧端点的两种方式之一，光标与椭圆中心点连线的夹角为椭圆端点位置的角度，如图 2-18b 所示。
- 参数(P)：指定椭圆弧端点的另一种方式，该方式同样是指定椭圆弧端点的角度，但通过以下矢量参数方程式创建椭圆弧：

p(u) = c + a* cos(u) + b* sin(u)

其中，c 是椭圆的中心点；a 和 b 分别是椭圆的长轴和短轴；u 为光标与椭圆中心点连线的夹角。

- 包含角度(I)：定义从起始角度开始的包含角度。
- 中心点(C)：通过指定的中心点创建椭圆。
- 旋转(R)：通过绕第一条轴旋转圆来创建椭圆。相当于将一个圆绕椭圆轴翻转一个角度后的投影视图。

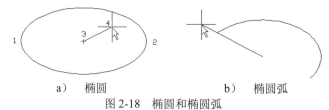

a) 椭圆   b) 椭圆弧

图 2-18 椭圆和椭圆弧

2.3 平面图形命令

平面图形包括矩形和正多边形两种基本图形单元。本节将介绍这两种平面图形的命令和绘制方法。

2.3.1 矩形

【执行方式】

- 命令行：RECTANG（缩写名：REC）
- 菜单：绘图→矩形

- 工具栏：绘图→矩形 ⬜
- 功能区：单击"默认"选项卡"绘图"面板中的"矩形"按钮 ⬜

 【操作步骤】

命令：RECTANG↙

指定第一个角点或 [倒角(C)/标高(E)/圆角(F)/厚度(T)/宽度(W)]：

指定另一个角点或 [面积(A)/尺寸(D)/旋转(R)]：

 【选项说明】

- 第一个角点：通过指定两个角点确定矩形，如图 2-19a 所示。
- 倒角(C)：指定倒角距离，绘制带倒角的矩形（见图 2-19b），每一个角点的逆时针和顺时针方向的倒角可以相同，也可以不同，其中第一个倒角距离是指角点逆时针方向倒角距离，第二个倒角距离是指角点顺时针方向倒角距离。
- 标高(E)：指定矩形标高（Z 坐标），即把矩形画在标高为 Z，和 XOY 坐标面平行的平面上，并作为后续矩形的标高值。
- 圆角(F)：指定圆角半径，绘制带圆角的矩形，如图 2-19c 所示。
- 厚度(T)：指定矩形的厚度，如图 2-19d 所示。
- 宽度(W)：指定线宽，如图 2-19e 所示。
- 尺寸(D)：使用长和宽创建矩形。第二个指定点将矩形定位在与第一角点相关的四个位置之一。
- 面积（A）：指定面积和长或宽创建矩形。选择该项，系统提示：

输入以当前单位计算的矩形面积 <20.0000>： （输入面积值）

计算矩形标注时依据 [长度(L)/宽度(W)] <长度>：（按 Enter 键或输入 W）

输入矩形长度 <4.0000>： （指定长度或宽度）

 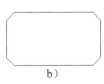 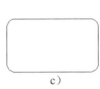 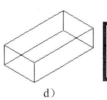 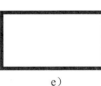

a)　　　　　　b)　　　　　　c)　　　　　　d)　　　　　　e)

图 2-19　绘制矩形

指定长度或宽度后，系统自动计算另一个维度后绘制出矩形。如果矩形被倒角或圆角，则在长度或宽度计算中会考虑此设置，如图 2-20 所示。

倒角距离 (1,1) 面积　　圆角半径：1.0 面
：20 长度：6　　　　积：20 宽度：6

图 2-20　按面积绘制矩形

■ 旋转（R）：旋转所绘制的矩形的角度。选择该项，系统提示：

指定旋转角度或 [拾取点(P)] <135>： （指定角度）

指定另一个角点或 [面积(A)/尺寸(D)/旋转(R)]： （指定另一个角点或选择其他选项）

指定旋转角度后，系统按指定角度创建矩形，如图 2-21 所示。

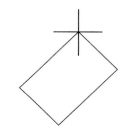

图 2-21 按指定旋转角度创建矩形

2.3.2 实例——方头平键

绘制如图 2-22 所示的方头平键：

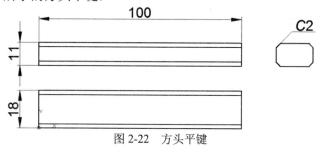

图 2-22 方头平键

操作步骤

01 利用"矩形"命令绘制主视图外形。命令行提示与操作如下：

命令：RECTANG✓

指定第一个角点或 [倒角(C)/标高(E)/圆角(F)/厚度(T)/宽度(W)]：0,30 ✓

指定另一个角点或 [面积(A)/尺寸(D)/旋转(R)]：@100,11 ✓

结果如图 2-23 所示。

02 利用"直线"命令绘制主视图两条棱线。一条棱线端点的坐标值为（0,32）和（@100,0），另一条棱线端点的坐标值为（0,39）和（@100,0），结果如图 2-24 所示。

图 2-23 绘制主视图外形   图 2-24 绘制主视图棱线

03 利用"构造线"命令绘制构造线。命令行提示与操作如下：

命令：XLINE✓

指定点或 [水平(H)/垂直(V)/角度(A)/二等分(B)/偏移(O)]：（指定主视图左边竖线上一点）

指定通过点：（指定竖直位置上一点）

指定通过点：↙

用同样方法绘制右边竖直构造线，如图 2-25 所示。

04 利用"矩形"命令和"直线"命令绘制俯视图。命令行提示与操作如下：

命令：RECTANG↙

指定第一个角点或 [倒角(C)/标高(E)/圆角(F)/厚度(T)/宽度(W)]：（指定左边构造线上一点）

指定另一个角点或 [面积(A)/尺寸(D)/旋转(R)]：@100,18

接着绘制两条直线，端点分别为{（0,2），（@100,0）}和{（0,16），（@100,0）}，结果如图 2-26 所示。

图 2-25　绘制竖直构造线　　　　图 2-26　绘制俯视图

05 利用"构造线"命令绘制左视图构造线。命令行提示与操作如下：

命令：_xline

指定点或 [水平(H)/垂直(V)/角度(A)/二等分(B)/偏移(O)]：H↙

指定通过点：（指定主视图上右上端点）

指定通过点：（指定主视图上右下端点）

指定通过点：（捕捉俯视图上右上端点）

指定通过点：（捕捉俯视图上右下端点）

指定通过点：↙

命令：↙（按 Enter 键表示重复绘制构造线命令）

指定点或 [水平(H)/垂直(V)/角度(A)/二等分(B)/偏移(O)]：A↙

输入构造线的角度 (0) 或 [参照(R)]：-45↙

指定通过点：（任意指定一点）

指定通过点：↙

命令:XLINE↙

指定点或 [水平(H)/垂直(V)/角度(A)/二等分(B)/偏移(O)]：V↙

指定通过点：（指定斜线与第三条水平线的交点）

指定通过点：（指定斜线与第四条水平线的交点）

结果如图 2-27 所示。

06 设置矩形两个倒角距离为 2mm，绘制左视图，结果如图 2-28 所示。

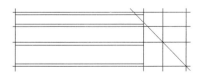 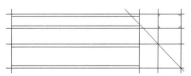

图 2-27　绘制左视图构造线　　　　图 2-28　绘制左视图

07 删除构造线，最终结果如图 2-22 所示。

2.3.3 正多边形

【执行方式】

- 命令行：POLYGON
- 菜单：绘图→多边形
- 工具栏：绘图→多边形⬠
- 功能区：单击"默认"选项卡"绘图"面板中的"多边形"按钮⬠

【操作步骤】

命令：POLYGON✓

输入侧面数<4>：（指定多边形的边数，默认值为 4）

指定正多边形的中心点或 [边(E)]：（指定中心点）

输入选项 [内接于圆(I)/外切于圆(C)]<I>：（指定是内接于圆或外切于圆，I 表示内接如图 2-29a 所示，C 表示外切，如图 2-29b 所示）

指定圆的半径：（指定外接圆或内切圆的半径）

【选项说明】

如果选择"边"选项，则只要指定多边形的一条边，系统就会按逆时针方向创建该正多边形，如图 2-29c 所示。

          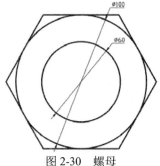

a)   b)   c)

图 2-29　绘制正多边形

2.3.4 实例——螺母

绘制如图 2-30 所示的螺母。

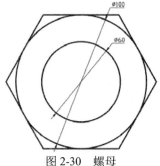

图 2-30　螺母

**操作步骤**

01 利用"圆"命令绘制一个圆。命令行提示与操作如下：

命令：circle✓

指定圆的圆心或 [三点(3P)/两点(2P)/相切、相切、半径(T)]：150,150✓

指定圆的半径或 [直径(D)]：50✓

得到的结果如图 2-31 所示。

02 利用"多边形"命令绘制正六边形，命令行提示与操作如下：

命令：polygon✓

输入侧面数[4]：6

指定正多边形的中心点或 [边(E)]：150,150✓

输入选项 [内接于圆(I)/外切于圆(C)] <I>：c✓

指定圆的半径：50✓

得到的结果如图 2-32 所示。

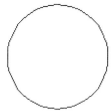　　　　　　　　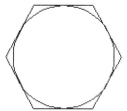

图 2-31　绘制圆　　　　　　　　　　　图 2-32　绘制正六边形

03 同样以（150，150）为中心，以 30mm 为半径绘制另一个圆，结果如图 2-30 所示。

2.4　点

点在 AutoCAD 有多种不同的表示方式，可以根据需要进行设置。也可以设置等分点和测量点。

2.4.1　绘制点

**【执行方式】**

- 命令行：POINT
- 菜单：❶绘图→❷点→❸单点或多点
- 工具栏：绘图→点∴
- 功能区：单击"默认"选项卡"绘图"面板中的"多点"按钮∴

【操作步骤】

命令：POINT✓

当前点模式：PDMODE=0 PDSIZE=0.0000

指定点：（指定点所在的位置）

【选项说明】

- 通过菜单方法操作时（见图 2-33），"单点"选项表示只输入一个点，"多点"选项表示可输入多个点。
- 打开状态栏中的"对象捕捉"开关设置点捕捉模式，帮助用户拾取点.
- 点在图形中的表示样式共有 20 种。可通过命令 DDPTYPE 或拾取菜单：格式→点样式，弹出"点样式"对话框来设置，如图 2-34 所示。

图 2-33 "点"子菜单

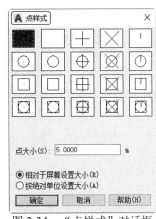

图 2-34 "点样式"对话框

2.4.2 等分点

【执行方式】

- 命令行：DIVIDE（缩写名：DIV）
- 菜单：绘图→点→定数等分
- 功能区：❶单击"默认"选项卡"绘图"面板中的❷"定数等分"按钮 （见图 2-35）

【操作步骤】

命令：DIVIDE↙

图 3-35 "绘图"面板

选择要定数等分的对象:（选择要等分的实体）

输入线段数目或 [块(B)]:（指定实体的等分数,绘制结果如图2-36a所示）

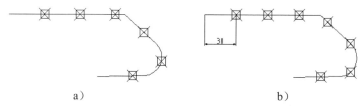

a)   b)

图2-36　画出等分点和测量点

【选项说明】

■　等分数范围为2~32767。

■　在等分点处,按当前点样式设置画出等分点。

■　在第二提示行选择"块(B)"选项时,表示在等分点处插入指定的块（BLOCK）。

2.4.3　测量点

【执行方式】

■　命令行:MEASURE（缩写名:ME）

■　菜单:绘图→点→定距等分

■　功能区:①单击"默认"选项卡"绘图"面板中的 ②"定距等分"按钮 （见图2-37）

图3-37　"绘图"面板

【操作步骤】

命令:MEASURE↙

选择要定距等分的对象:（选择要设置测量点的实体）

指定线段长度或 [块(B)]:（指定分段长度,绘制结果如图2-36b所示）

【选项说明】

■　设置的起点一般是指指定线的绘制起点。

■　在第二提示行选择"块(B)"选项时,表示在测量点处插入指定的块,后续操作与2.4.2节等分点类似。

■　在等分点处,按当前点样式设置画出等分点。

■　最后一个测量段的长度不一定等于指定分段长度。

2.4.4 实例——棘轮

绘制如图 2-38 所示的棘轮。

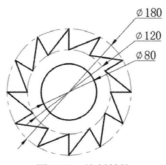

图 2-38 绘制棘轮

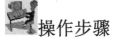操作步骤

01 利用"圆"命令，绘制三个半径分别为 90mm、60mm、40mm 的同心圆，如图 2-39 所示。

02 设置点样式。利用"点样式"命令，在打开的"点样式"对话框中选择"X"样式。

03 等分圆。命令行提示与操作如下：

命令：Divide↙

选择要定数等分的对象：(选取 R90mm 圆)

输入线段数目或 [块(B)]：12↙

方法相同，等分 R60mm 圆，结果如图 2-40 所示。

04 利用"直线"命令连接三个等分点，绘制棘轮轮齿，如图 2-41 所示。

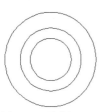
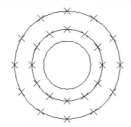
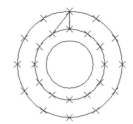

图 2-39 绘制同心圆　　　　　图 2-40 等分圆　　　　　图 2-41 棘轮轮齿

05 用相同方法连接其他点，用光标选择绘制的点和多余的圆及圆弧，按 Delete 键删除，结果如图 2-38 所示。

2.5 图案填充的操作

当用户需要用一个重复的图案填充一个区域时，可以使用 BHATCH 命令建立一个相关联的填充阴影对象，然后指定相应的区域进行填充，即所谓的图案填充。

2.5.1 图案填充

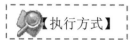【执行方式】

- 命令行：BHATCH
- 菜单：绘图→图案填充
- 工具栏：绘图→图案填充█或绘图→渐变色█
- 功能区：单击"默认"选项卡"绘图"面板中的"图案填充"按钮█

【操作步骤】

执行上述命令后，系统弹出如图 2-42 所示的"图案填充创建"选项卡。各选项组和按钮含义如下：

图 2-42 "图案填充创建"选项卡

【选项说明】

1. "边界"面板

（1）拾取点：通过选择由一个或多个对象形成的封闭区域内的点，确定图案填充边界（见图 2-43）。指定内部点时，可以随时在绘图区域中单击鼠标右键以显示包含多个选项的快捷菜单。

选择一点　　　　　　填充区域　　　　　　填充结果

图 2-43 确定图案填充边界

（2）选择边界对象：指定基于选定对象的图案填充边界。使用该选项时，不会自动检测内部对象，必须选择选定边界内的对象，以按照当前孤岛检测样式填充这些对象（见图 2-44）。

原始图形　　　　　　选取边界对象　　　　　　填充结果

图 2-44 选取边界对象图案填充

（3）删除边界对象：从边界定义中删除之前添加的任何对象（见图 2-45）。

  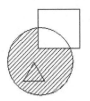

选取边界对象　　　　　　删除边界　　　　　　填充结果

图 2-45　删除边界对象填充图案

（4）重新创建边界：围绕选定的图案填充或填充对象创建多段线或面域，并使其与图案填充对象相关联（可选）。

（5）显示边界对象：选择构成选定关联图案填充对象的边界的对象，使用显示的夹点可修改图案填充边界。

（6）保留边界对象：指定如何处理图案填充边界对象。选项包括：

1）不保留边界（仅在图案填充创建期间可用）：不创建独立的图案填充边界对象。

2）保留边界 - 多段线（仅在图案填充创建期间可用）：创建封闭图案填充对象的多段线。

3）保留边界 - 面域（仅在图案填充创建期间可用）：创建封闭图案填充对象的面域对象。

4）选择新边界集：指定对象的有限集（称为边界集），以便通过创建图案填充时的拾取点进行计算。

2．"图案"面板

显示所有预定义和自定义图案的预览图像。

3．特性"面板

（1）图案填充类型：指定是使用纯色、渐变色、图案还是用户定义的图案填充。

（2）图案填充颜色：替代实体填充和填充图案的当前颜色。

（3）背景色：指定填充图案背景的颜色。

（4）图案填充透明度：设定新图案填充或填充的透明度，替代当前对象的透明度。

（5）图案填充角度：指定图案填充或填充的角度。

（6）填充图案比例：放大或缩小预定义或自定义填充图案 。

（7）相对图纸空间（仅在布局中可用）：相对于图纸空间单位缩放填充图案。使用此选项，可很容易地做到以适合布局的比例显示填充图案。

（8）双向（仅当"图案填充类型"设定为"用户定义"时可用）：将绘制第二组直线，与原始直线成 90°，从而构成交叉线。

（9）ISO 笔宽（仅对于预定义的 ISO 图案可用）：基于选定的笔宽缩放 ISO 图案。

4．"原点"面板

（1）设定原点：直接指定新的图案填充原点。

（2）左下：将图案填充原点设定在图案填充边界矩形范围的左下角。

（3）右下：将图案填充原点设定在图案填充边界矩形范围的右下角。

（4）左上：将图案填充原点设定在图案填充边界矩形范围的左上角。

（5）右上：将图案填充原点设定在图案填充边界矩形范围的右上角。

（6）中心：将图案填充原点设定在图案填充边界矩形范围的中心。

（7）使用当前原点：将图案填充原点设定在 HPORIGIN 系统变量中存储的默认位置。

（8）存储为默认原点：将新图案填充原点的值存储在 HPORIGIN 系统变量中。

5．"选项"面板

（1）关联：指定图案填充或填充为关联图案填充。关联的图案填充或填充在用户修改其边界对象时将会更新。

（2）注释性：指定图案填充为注释性。此特性会自动完成缩放注释过程，从而使注释能够以正确的大小在图纸上打印或显示。

（3）特性匹配：

使用当前原点：使用选定图案填充对象（除图案填充原点外）设定图案填充的特性。

使用源图案填充的原点：使用选定图案填充对象（包括图案填充原点）设定图案填充的特性。

（4）允许的间隙：设定将对象用作图案填充边界时可以忽略的最大间隙。默认值为 0，此值指定对象必须封闭区域而没有间隙。

（5）创建独立的图案填充：控制当指定了几个单独的闭合边界时，是创建单个图案填充对象，还是创建多个图案填充对象。

（6）孤岛检测：

普通孤岛检测：从外部边界向内填充。如果遇到内部孤岛，填充将关闭，直到遇到孤岛中的另一个孤岛。

外部孤岛检测：从外部边界向内填充。此选项仅填充指定的区域，不会影响内部孤岛。

忽略孤岛检测：忽略所有内部的对象，填充图案时将通过这些对象。

（7）绘图次序：为图案填充或填充指定绘图次序。选项包括不更改、后置、前置、置于边界之后和置于边界之前。

6．"关闭"面板

关闭图案填充创建：退出 HATCH 并关闭上下文选项卡。也可以按 Enter 键或 Esc 键退出 HATCH。

2.5.2　渐变色的操作

【执行方式】

- 命令行：GRADIENT
- 菜单栏：选择菜单栏中的"绘图"→"渐变色"
- 工具栏：单击"绘图"工具栏中的"图案填充"按钮▨
- 功能区：单击"默认"选项卡"绘图"面板中的"渐变色"按钮▥

【操作步骤】

执行上述命令后，系统打开图 2-46 所示的"图案填充创建"选项卡，各面板中的按钮含

义与图案填充的类似，这里不再赘述。

图 2-46 "图案填充创建"选项卡

2.5.3 边界的操作

【执行方式】

■ 命令行：BOUNDARY

■ 功能区：单击"默认"选项卡"绘图"面板中的"边界"按钮□

【操作步骤】

执行上述命令后，系统打开图 2-47 所示的"边界创建"对话框，各面板中的按钮含义如下。

图 2-47 "边界创建"对话框

【选项说明】

■ 拾取点：根据围绕指定点构成封闭区域的现有对象来确定边界。

■ 孤岛检测：控制 BOUNDARY 命令是否检测内部闭合边界，该边界称为孤岛。

■ 对象类型：控制新边界对象的类型。BOUNDARY 将边界作为面域或多段线对象创建。

■ 边界集：定义通过指定点定义边界时，BOUNDARY 要分析的对象集。

2.5.4 编辑填充的图案

利用 HATCHEDIT 命令，编辑已经填充的图案。

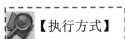【执行方式】

■ 命令行：HATCHEDIT

- 菜单栏：选择菜单栏中的"修改"→"对象"→"图案填充"命令
- 工具栏：单击"修改 II"工具栏中的"编辑图案填充"按钮
- 功能区：单击"默认"选项卡"修改"面板中的"编辑图案填充"按钮
- 快捷菜单：选中填充的图案右击，在打开的快捷菜单中选择"图案填充编辑"命令（见图 2-48）
- 快捷方法：直接选择填充的图案，打开"图案填充编辑器"选项卡（见图 2-49）

2.5.5　实例——滚花零件

绘制如图 2-50 所示的滚花零件。

图 2-48　快捷菜单

操作步骤

01 单击"默认"选项卡"绘图"面板中的"矩形"按钮，绘制一个角点坐标分别为（190，30）和（150，170）的矩形；单击"默认"选项卡"绘图"面板中的"直线"按钮，绘制构成主体的 5 条线段，端点坐标分别是{（190,170）、（195,165）}、{（195,35）、（190,30）}、{（195,165）、（195,35）}、{（10,150）、（150,150）}和{（10,50）、（150,50）}，如图 2-51 所示。

图 2-49　"图案填充编辑器"选项卡

02 单击"默认"选项卡"绘图"面板中的"圆弧"按钮，绘制零件断裂线。命令行提示与操作如下：

命令:ARC↙

指定圆弧的起点或[圆心（C）]: 10,150↙

指定圆弧的第二个点或[圆心（C）/端点（E）]: @-5,-25↙

指定圆弧的端点: @5,-25↙

命令:ARC↙

指定圆弧的起点或[圆心（C）]: 10,50↙

指定圆弧的第二个点或[圆心（C）/端点（E）]: E ↙

指定圆弧的端点: @0,50↙

指定圆弧的中心点（按住 Ctrl 键可以切换方向）或[角度（A）/方向（D）/半径（R）]: D↙

指定圆弧起点的相切方向（按住 Ctrl 键以切换方向）: 50↙

AutoCAD 2022 中文版机械制图快速入门实例教程

重复"圆弧"命令，绘制另外一条圆弧，如图 2-52 所示。命令行提示与操作如下：

命令:ARC↙

指定圆弧的起点或[圆心（C）]：10,100↙

指定圆弧的第二个点或[圆心（C）/端点（E）]：E ↙

指定圆弧的端点：@0,-50↙

指定圆弧的中心点（按住 Ctrl 键可以切换方向）或[角度（A）/方向（D）/半径（R）]：D↙

指定圆弧起点的相切方向（按住 Ctrl 键以切换方向）：230↙

03 填充断面。单击"默认"选项卡"绘图"面板中的"图案填充"按钮▨，❶系统弹出"图案填充创建"选项卡，在"特性"面板的"图案填充类型"下拉列表框中❷选择"用户定义"选项，❸"角度"设置为45，❹"间距"设置为4，如图 2-53 所示。

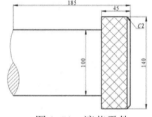
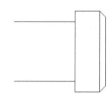
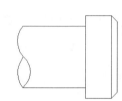

图 2-50　滚花零件　　　　图 2-51　绘制主体　　　　图 2-52　绘制断裂线

图 2-53　图案填充设置

❺单击"拾取点"按钮▦，系统切换到绘图平面，在断面处拾取一点，如图 2-54 所示。单击鼠标右键，系统弹出右键快捷菜单，❻选择"确认"命令，如图 2-55 所示。填充结果如图 2-56 所示。

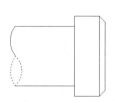

图 2-54　拾取点

图 2-55　右键快捷菜单

04 绘制滚花表面。重新输入图案填充命令，弹出"图案填充创建"选项卡，在"特性"面板的"图案填充类型"下拉列表框中选择"用户定义"选项，"角度"设置为45，"间距"设置为 10，选中"双叉线"复选框。单击"拾取点"按钮▦，选择边界对象，选中的对象亮显，如图 2-57 所示。单击鼠标右键，系统弹出右键快捷菜单，选择"确认"命令，最终绘制的图形如图 2-50 所示。

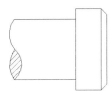 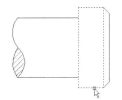

图 2-56　填充结果　　　　图 2-57　选择边界对象

2.6　多段线

多段线是由宽窄相同或不同的线段和圆弧组合而成的。图 2-58 所示为利用多段线绘制的图形。

图 2-58　用多段线绘制的图形

2.6.1　多段线的操作

【执行方式】

- 命令行：PLINE
- 菜单：绘图→多段线
- 工具栏：绘图→多段线
- 功能区：单击"默认"选项卡"绘图"面板中的"多段线"按钮

【操作步骤】

命令：PLINE ✓
指定起点：（指定多段线的起始点）
当前线宽为 0.0000　（提示当前多段线的宽度）
指定下一个点或 [圆弧(A)/半宽(H)/长度(L)/放弃(U)/宽度(W)]：
指定下一点或 [圆弧(A)/闭合(C)/半宽(H)/长度(L)/放弃(U)/宽度(W)]：
上述提示中各个选项的含义如下：
（1）指定下一个点：确定另一端点绘制一条直线段。该选项是系统的默认项。
（2）圆弧：使系统变为绘制圆弧方式。选择了该选项后，系统会提示：

指定圆弧的端点或[角度(A)/圆心(CE)/闭合(CL)/方向(D)/半宽(H)/直线(L)/半径(R)/第二个点(S)/放弃(U)/宽度(W)]：绘制弧线段，此为系统的默认选项。弧线段从多段线上一段的最后一点开始并与多段线相切。

- 圆弧的端点：绘制弧线段，此为系统的默认选项。弧线段从多段线上一段的最后一点开始并与多段线相切。
- 角度(A)：指定弧线段从起点开始包含的角度。若输入的角度值为正值，则按逆时针方向绘制弧线段；反之，按顺时针方向绘制弧线段。
- 圆心(CE)：指定所绘制弧线段的圆心。
- 闭合(CL)：用一段弧线段封闭所绘制的多段线。
- 方向(D)：指定弧线段的起始方向。
- 半宽(H)：指定从宽多段线的中心到其一边的宽度。
- 直线(L)：退出绘制圆弧功能并返回到 PLINE 命令的初始提示信息状态。
- 半径(R)：指定所绘制弧线段的半径。
- 第二个点(S)：利用三点绘制圆弧。
- 放弃(U)：撤销上一步操作。
- 宽度(W)：指定下一条直线段的宽度。与"半宽"相似。

（3）闭合(C)：绘制一条直线段来封闭多段线。

（4）半宽(H)：指定从宽多段线的中心到其一边的宽度。

（5）长度(L)：在与前一线段相同的角度方向上绘制指定长度的直线段。

（6）放弃(U)：撤销上一步操作。

（7）宽度(W)：指定下一段多线段的宽度。

图 2-59 所示为利用多段线命令绘制的图形。

图 2-59　绘制多段线

2.6.2　实例——轴承座

绘制如图 2-60 所示的轴承座(尺寸适当选取)。

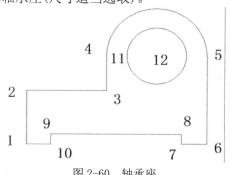

图 2-60　轴承座

操作步骤

单击"默认"选项卡"绘图"面板中的"多段线"按钮⟶つ，命令行提示与操作如下：

命令：PLINE

指定起点：（单击确定图 2-50 中的点 1）

当前线宽为 0.0000

指定下一个点或 ［圆弧(A)/半宽(H)/长度(L)/放弃(U)/宽度(W)］：W↙

指定起点宽度 〈0.0000〉：1↙

指定端点宽度 〈1.0000〉：↙

指定下一个点或 ［圆弧(A)/半宽(H)/长度(L)/放弃(U)/宽度(W)］：〈正交 开〉（按 F8 键进入正交模式，指定点 2）

指定下一点或 ［圆弧(A)/闭合(C)/半宽(H)/长度(L)/放弃(U)/宽度(W)］：（指定点 3）

指定下一点或 ［圆弧(A)/闭合(C)/半宽(H)/长度(L)/放弃(U)/宽度(W)］：（指定点 4）

指定下一点或 ［圆弧(A)/闭合(C)/半宽(H)/长度(L)/放弃(U)/宽度(W)］：A↙

指定圆弧的端点(按住 Ctrl 键以切换方向)或［角度(A)/圆心(CE)/闭合(CL)/方向(D)/半宽(H)/直线(L)/半径(R)/第二个点(S)/放弃(U)/宽度(W)］：（输入点 5，画出半圆）

指定圆弧的端点(按住 Ctrl 键以切换方向)或［角度(A)/圆心(CE)/闭合(CL)/方向(D)/半宽(H)/直线(L)/半径(R)/第二个点(S)/放弃(U)/宽度(W)］：L↙

指定下一点或 ［圆弧(A)/闭合(C)/半宽(H)/长度(L)/放弃(U)/宽度(W)］：（指定点 6）

指定下一点或 ［圆弧(A)/闭合(C)/半宽(H)/长度(L)/放弃(U)/宽度(W)］：（指定点 7）

指定下一点或 ［圆弧(A)/闭合(C)/半宽(H)/长度(L)/放弃(U)/宽度(W)］：（指定点 8）

指定下一点或 ［圆弧(A)/闭合(C)/半宽(H)/长度(L)/放弃(U)/宽度(W)］：（指定点 9）

指定下一点或 ［圆弧(A)/闭合(C)/半宽(H)/长度(L)/放弃(U)/宽度(W)］：（指定点 10）

指定下一点或 ［圆弧(A)/闭合(C)/半宽(H)/长度(L)/放弃(U)/宽度(W)］：C↙

指定下一点或 ［圆弧(A)/闭合(C)/半宽(H)/长度(L)/放弃(U)/宽度(W)］：↙

命令：↙（按 Enter 键表示重复执行上次命令）

PLINE

指定起点：（输入点 11，即圆的左端点）

当前线宽为 1.0000

指定下一个点或 ［圆弧(A)/半宽(H)/长度(L)/放弃(U)/宽度(W)］：A↙

指定圆弧的端点(按住 Ctrl 键以切换方向)或［角度(A)/圆心(CE)/方向(D)/半宽(H)/直线(L)/半径(R)/第二个点(S)/放弃(U)/宽度(W)］：CE↙

指定圆弧的圆心：（指定半圆的圆心，即点 12）

指定圆弧的端点(按住 Ctrl 键以切换方向)或［角度(A)/长度(L)］：A↙

指定夹角(按住 Ctrl 键以切换方向)：180↙

指定圆弧的端点(按住 Ctrl 键以切换方向)或［角度(A)/圆心(CE)/闭合(CL)/方向(D)/半宽(H)/直线(L)/半径(R)/第二个点(S)/放弃(U)/宽度(W)］：CL↙

 提 示

1）利用 PLINE 命令可以画不同宽度的直线、圆和圆弧。但在实际绘制工程图时，不是利用 PLINE 命令在屏幕上画出具有宽度信息的图形，而是利用 LINE、ARC、CIRCLE 等命令画出不具有（或具有）宽度信息的图形。

2）多段线是否填充受 FILL 命令的控制。执行该命令，输入 OFF，即可使填充处于关闭状态。

2.7 样条曲线

AutoCAD 使用一种称为非一致有理 B 样条（NURBS）曲线的特殊样条曲线类型。NURBS 曲线在控制点之间产生一条光滑的曲线，如图 2-61 所示。样条曲线常用于绘制不规则的零件轮廓，如零件断裂处的边界。

图 2-61　样条曲线

2.7.1　绘制样条曲线

【执行方式】

- ■　命令行：SPLINE
- ■　菜单：绘图→样条曲线
- ■　工具栏：绘图→样条曲线
- ■　功能区：❶单击"默认"选项卡"绘图"面板中的❷"样条曲线拟合"按钮或"样条曲线控制点"按钮（见图 2-62）

图 2-62　"绘图"面板 5

【操作步骤】

命令：SPLINE
当前设置：方式=拟合　　节点=弦
指定第一个点或 [方式(M)/节点(K)/对象(O)]：（指定样条曲线的起点）
输入下一个点或 [起点切向(T)/公差(L)]：（输入下一个点）
输入下一个点或 [端点相切(T)/公差(L)/放弃(U)]：（输入下一个点）
输入下一个点或 [端点相切(T)/公差(L)/放弃(U)/闭合(C)]：C

上述提示中各个选项的含义如下：

（1）对象(O)：将二维或三维的二次或三次样条曲线拟合多段线转换为等价的样条曲线，然后（根据 DELOBJ 系统变量的设置）删除该多段线。

（2）闭合(C)：将最后一点定义为与第一点一致，并使它在连接处相切，这样可以闭合样条曲线。选择该选项，系统继续提示：

指定切向：（指定点或按 Enter 键）

用户可以指定一点来定义切向矢量，或者使用"切点"和"垂足"对象捕捉模式使样条曲线与现有对象相切或垂直。

（3）公差(L)：修改当前样条曲线的拟合公差。根据新公差，以现有点重新定义样条曲线。公差表示样条曲线拟合所指定的拟合点集的拟合精度。公差越小，样条曲线与拟合点越接近。公差为 0，样条曲线将通过该点。输入大于 0 的公差将使样条曲线在指定的公差范围内通过拟合点。在绘制样条曲线时，可以改变样条曲线拟合公差以查看效果。

（4）起点切向（T）：定义样条曲线的第一点和最后一点的切向。

如果在样条曲线的两端都指定切向，可以输入一个点或者使用"切点"和"垂足"对象捕捉模式使样条曲线与已有的对象相切或垂直。如果按 Enter 键，AutoCAD 将计算默认切向。

2.7.2 实例——螺钉旋具

绘制如图 2-63 所示的螺钉旋具。

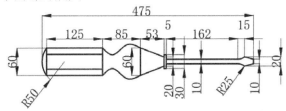

图 2-63　螺钉旋具

操作步骤

01 绘制螺钉旋具左部把手。

1）单击"默认"选项卡"绘图"面板中的"矩形"按钮▭，指定两个角点坐标为（45,180）和（170,120），绘制矩形。

2）单击"默认"选项卡"绘图"面板中的"直线"按钮╱，绘制两条直线，端点坐标是{（45,166）、（@125<0）}和{（45,134）、（@125<0）}。

3）单击"默认"选项卡"绘图"面板上的"圆弧"下拉菜单中的"三点"按钮╱，绘制圆弧，圆弧的 3 个端点坐标为（45,180）、（35,150）和（45,120）。绘制的图形如图 2-64 所示。

02 单击"默认"选项卡"绘图"面板中的"样条曲线拟合"按钮∿和"直线"按钮╱，绘制螺钉旋具的中间部分。命令行提示与操作如下：

命令：SPLINE↙（绘制样条曲线）

当前设置：方式=拟合　节点=弦

指定第一个点或 [方式（M）节点（K）对象（O）]: 170,180✓（给出样条曲线第一点的坐标值）

输入下一个点或 [起点切向（T）/公差（L）]:192,165✓（给出样条曲线第二点的坐标值）

输入下一个点或 [端点相切（T）/公差（L）/放弃（U）]:225,187✓（给出样条曲线第三点的坐标值）

输入下一个点或 [端点相切（T）/公差（L）/放弃（U）/闭合（C）]:255,180✓（给出样条曲线第四点的坐标值）

输入下一个点或 [端点相切（T）/公差（L）/放弃（U）/闭合（C）]:✓（给出样条曲线起点的切线方向）

命令:SPLINE✓

当前设置: 方式=拟合　　节点=弦

指定第一个点或 [方式（M）/节点（K）/对象（O）]: 170,120✓

输入下一个点或 [起点切向（T）/公差（L）]: 192,135✓

输入下一个点或 [端点相切（T）/公差（L）/放弃（U）]: 225,113✓

输入下一个点或 [端点相切（T）/公差（L）/放弃（U）/闭合（C）]: 255,120✓

输入下一个点或 [端点相切（T）/公差（L）/放弃（U）/闭合（C）]:✓

03 单击"默认"选项卡"绘图"面板中的"直线"按钮 ╱，绘制连续线段，端点坐标分别是（255,180）、（308,160）、（@5<90）、（@5<0）、（@30<-90）、（@5<-180）、（@5<90）、（255,120）、（255,180），接着单击"默认"选项卡"绘图"面板中的"直线"按钮 ╱，绘制另一线段，端点坐标分别是（308,160）、（@20<-90）。绘制完成后的图形如图2-65所示。

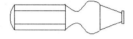

图 2-64　绘制螺钉旋具左部把手　　　　图 2-65　绘制完成螺钉旋具中间部分后的图形

04 单击"默认"选项卡"绘图"面板中的"多段线"按钮 ⌐♭，绘制螺钉旋具的右部。命令行提示与操作如下:

命令:PLINE✓　（绘制多段线）

指定起点:313,155✓（给出多段线起点的坐标值）

当前线宽为 0.0000

指定下一个点或 [圆弧（A）/半宽（H）/长度（L）/放弃（U）/宽度（W）]: @162<0✓（用相对极坐标给出多段线下一点的坐标值）

指定下一点或 [圆弧（A）/闭合（C）/半宽（H）/长度（L）/放弃（U）/宽度（W）]:a✓（转为画圆弧的方式）

指定圆弧的端点(按住 Ctrl 键以切换方向)或[角度（A）/圆心（CE）/闭合（CL）/方向（D）/半宽（H）/直线（L）/半径（R）/第二个点（S）/放弃（U）/宽度（W）]:190,160✓（给出圆弧的端点坐标值）

指定圆弧的端点(按住 Ctrl 键以切换方向)或[角度（A）/圆心（CE）/闭合（CL）/方向（D）/半宽（H）/直线（L）/半径（R）/第二个点（S）/放弃（U）/宽度（W）]:✓（退出）

命令:PLINE✓

指定起点: 313,145✓

当前线宽为 0.0000

指定下一个点或 [圆弧（A）/半宽（H）/长度（L）/放弃（U）/宽度（W）]: @162<0✓

指定下一点或 [圆弧（A）/闭合（C）/半宽（H）/长度（L）/放弃（U）/宽度（W）]: a✓

指定圆弧的端点(按住 Ctrl 键以切换方向)或[角度(A)/圆心(CE)/闭合(CL)/方向(D)/半宽(H)/直线(L)/半径(R)/第二个点(S)/放弃(U)/宽度(W)]: 490,140✓

指定圆弧的端点(按住 Ctrl 键以切换方向)或[角度(A)/圆心(CE)/闭合(CL)/方向(D)/半宽(H)/直线(L)/半径(R)/第二个点(S)/放弃(U)/宽度(W)]: L✓（转为直线方式）

指定下一点或 [圆弧(A)/闭合(C)/半宽(H)/长度(L)/放弃(U)/宽度(W)]: 510,145✓

指定下一点或 [圆弧(A)/闭合(C)/半宽(H)/长度(L)/放弃(U)/宽度(W)]: @10<90✓

指定下一点或 [圆弧(A)/闭合(C)/半宽(H)/长度(L)/放弃(U)/宽度(W)]: 490,160✓

指定下一点或 [圆弧(A)/闭合(C)/半宽(H)/长度(L)/放弃(U)/宽度(W)]: ✓

结果如图 2-63 所示。

2.8 综合实例——汽车

本实例绘制的汽车简易造型如图 2-66 所示。绘制的大体顺序是先绘制两个车轮，从而确定汽车的大体尺寸和位置。然后绘制车体轮廓，最后绘制车窗。

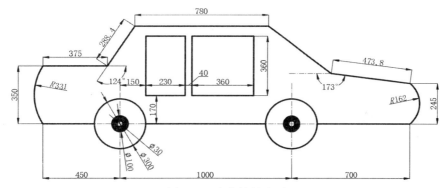

图 2-66　汽车简易造型

本实例主要介绍直线、圆、圆弧、多段线、圆环、矩形和正多边形等命令的运用。步骤如下：

操作步骤

01 利用"圆"命令，分别以点（1500，200）、（500，200）为圆心、半径为150mm绘制车轮。利用"圆环"命令，分别以两个圆的圆心为圆环圆心，绘制两个圆环，命令行提示与操作如下：

命令: _donut

指定圆环的内径 <10.0000>: 30✓

指定圆环的外径 <100.0000>:✓

指定圆环的中心点或 <退出>:500,200✓

指定圆环的中心点或 <退出>:1500,200✓

指定圆环的中心点或 <退出>:✓

结果如图 2-67 所示。

02 绘制车体轮廓，命令行提示与操作如下：

命令：_line

指定第一个点：50,200✓

指定下一点或 [放弃(U)]：350,200✓

指定下一点或 [放弃(U)]：✓

03 采用同样方法，指定端点坐标分别为{（650，200）、（1350，200）}和{（1650，200）、（2200，200）}绘制两条作为底板的线段，结果如图 2-68 所示。

图 2-67 绘制车轮　　　　　　　　　图 2-68 绘制底板

命令行提示与操作如下：

命令：_pline

指定起点：50,200✓

当前线宽为 0.0000

指定下一个点或 [圆弧(A)/半宽(H)/长度(L)/放弃(U)/宽度(W)]：a✓（在 AutoCAD 中，执行命令时，采用大写字母与小写字母效果相同）

指定圆弧的端点(按住 Ctrl 键以切换方向)或[角度(A)/圆心(CE)/方向(D)/半宽(H)/直线(L)/半径(R)/第二个点(S)/放弃(U)/宽度(W)]：S✓

指定圆弧上的第二个点：0,380✓

指定圆弧的端点：50,550✓

指定圆弧的端点(按住 Ctrl 键以切换方向)或[角度(A)/圆心(CE)/闭合(CL)/方向(D)/半宽(H)/直线(L)/半径(R)/第二个点(S)/放弃(U)/宽度(W)]：l✓

指定下一点或 [圆弧(A)/闭合(C)/半宽(H)/长度(L)/放弃(U)/宽度(W)]：@375,0✓

指定下一点或 [圆弧(A)/闭合(C)/半宽(H)/长度(L)/放弃(U)/宽度(W)]：@160,240✓

指定下一点或 [圆弧(A)/闭合(C)/半宽(H)/长度(L)/放弃(U)/宽度(W)]：@780,0✓

指定下一点或 [圆弧(A)/闭合(C)/半宽(H)/长度(L)/放弃(U)/宽度(W)]：@365,-285✓

指定下一点或 [圆弧(A)/闭合(C)/半宽(H)/长度(L)/放弃(U)/宽度(W)]：@470,-60✓

指定下一点或 [圆弧(A)/闭合(C)/半宽(H)/长度(L)/放弃(U)/宽度(W)]：✓

命令：_arc

指定圆弧的起点(按住 Ctrl 键以切换方向)或 [圆心(C)]：2200,200✓

指定圆弧的第二个点或 [圆心(C)/端点(E)]：2256,322✓

指定圆弧的端点：2200,445✓

结果如图 2-69 所示。

04 利用"矩形"命令，绘制角点为{(650,730)、(880,370)}和{(920,730)、(1350,370)}的车窗，结果如图 2-66 所示。

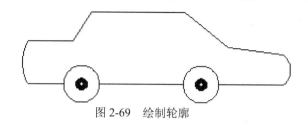

图 2-69　绘制轮廓

2.9　上机实验

实验 **1**　绘制如图 **2-70** 所示的螺栓。

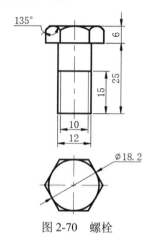

图 2-70　螺栓

操作提示：

1）利用"直线"和"圆弧"命令绘制螺栓主视图。

2）利用"多边形"命令绘制左视图。

实验 **2**　绘制如图 **2-71** 所示的简单物体三视图。

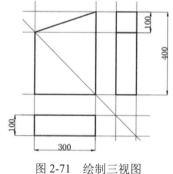

图 2-71　绘制三视图

操作提示：

1）利用"直线"命令绘制主视图。

2）利用"构造线"命令绘制竖直构造线。

3）利用"矩形"命令绘制俯视图。

4）利用"构造线"命令绘制竖直、水平以及 45°构造线。

5）利用"矩形"和"直线"命令绘制左视图。

2.10 思考与练习

1．选择题

（1）可以有宽度的线型有：

（A）构造线　　（B）直线　　　（C）多段线　　　（D）样条曲线

（2）可以用 FILL 命令进行填充的图形有：

（A）矩形　　（B）多边形　　（C）圆环　　（D）圆

（3）下面的命令能绘制出线段或类线段图形的有：

（A）LINE　　　（B）PLINE　　　（C）ARC　　　（D）SPLINE

2．简答题

请写出 10 种以上绘制圆弧的方法。

第 3 章 基本绘图工具

导读

AutoCAD 提供了图层工具，可对每个图层规定其颜色和线型，并把具有相同特征的图形对象放在同一图层上绘制，这样绘图时不用分别设置对象的线型和颜色，不仅方便绘图，而且存储图形时只需存储其几何数据和所在图层即可，因而既节省了存储空间，又可以提高工作效率。为了快捷准确地绘制图形，AutoCAD 还提供了多种必要的和辅助的绘图工具，如工具条、对象选择工具、对象捕捉工具、栅格和正交模式等。利用这些工具，可以方便、迅速、准确地实现图形的绘制和编辑，不仅可提高工作效率，而且能更好地保证图形的质量。

学习要点

◎ 图层设计

◎ 精确定位工具

◎ 对象捕捉工具

◎ 对象追踪

◎ 对象约束

3.1 图层设计

图层的概念类似投影片，绘制图形就是将不同属性的对象分别画在不同的投影片（图层）上，如将图形的主要线段、中心线和尺寸标注等分别画在不同的图层上，为每个图层设定不同的线型、线条颜色，然后把不同的图层堆叠在一起即可成为一张完整的视图。这样绘制的视图层次分明、有条理，方便图形对象的编辑与管理。一个完整的图形就是它所包含的所有图层上的对象叠加在一起，如图 3-1 所示。

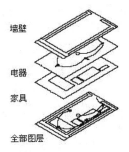

图 3-1　图层效果

在用图层功能绘图之前，首先要对图层的各项特性进行设置，包括建立和命名图层、设置当前图层、设置图层的颜色和线型，以及图层是否关闭、是否冻结、是否锁定、是否删除等。本节将主要对图层的这些相关操作进行介绍。

3.1.1　设置图层

AutoCAD 2022 提供了详细直观的"图层特性管理器"对话框，用户可以方便地通过对该对话框中的各选项及其二级对话框进行设置，从而实现建立新图层、设置图层颜色及线型等各种操作。

【执行方式】

- 命令行：LAYER
- 菜单：格式→图层
- 工具栏：图层→图层特性管理器
- 功能区：单击"默认"选项卡"图层"面板中的"图层特性"按钮或单击"视图"选项卡"选项板"面板中的"图层特性"按钮

【操作步骤】

命令：LAYER✓

系统打开如图 3-2 所示的"图层特性管理器"对话框。

图 3-2　"图层特性管理器"对话框

【选项说明】

■　"新建特性过滤器"按钮：显示"图层过滤器特性"对话框，如图 3-3 所示。从中可以基于一个或多个图层特性创建图层过滤器。

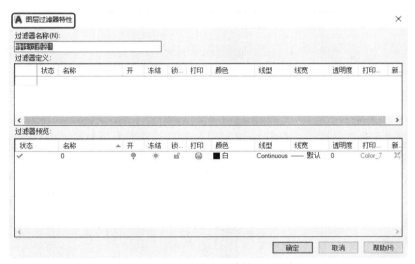

图 3-3　"图层过滤器特性"对话框

■　"新建组过滤器"按钮：创建一个图层过滤器，其中包含用户选定并添加到该过滤器的图层。

■　"图层状态管理器"按钮：显示"图层状态管理器"对话框，如图 3-4 所示。从中可以将图层的当前特性设置保存到命名图层状态中，以后可以再恢复这些设置。

■　"新建图层"按钮：建立新图层。单击此按钮，图层列表中出现一个新的图层名字"图层 1"，用户可使用此名字，也可改名。要想同时产生多个图层，可选中一个

图层名后，输入多个名字，各名字之间以逗号分隔。图层的名字可以包含字母、数字、空格和特殊符号，AutoCAD 支持长达 255 个字符的图层名字。新的图层继承了建立新图层时所选中的已有图层的所有特性（颜色、线型、ON/OFF 状态等），如果新建图层时没有图层被选中，则新图层采用默认的设置。

图 3-4　"图层状态管理器"对话框

- "在所有视口中都被冻结的新图层视口"按钮：单击该按钮，将创建新图层，然后在所有现有布局视口中将其冻结。可以在"模型"空间或"布局"空间上访问此按钮。

- "删除图层"按钮：删除所选图层。在图层列表中选中某一图层，然后单击此按钮，则把该图层删除。

- "置为当前"按钮：设置当前图层。在图层列表中选中某一图层，然后单击此按钮，则把该图层设置为当前图层，并在"当前图层"一栏中显示其名字。当前图层的名字存储在系统变量 CLAYER 中。另外，双击图层名也可把该图层设置为当前图层。

- "搜索图层"文本框：输入字符时，按名称快速过滤图层列表。关闭图层特性管理器时并不保存此过滤器。

- "过滤器"列表：显示图形中的图层过滤器列表。单击 « 和 » 按钮可展开或收拢过滤器列表。当"过滤器"列表处于收拢状态时，可使用位于"图层特性管理器"对话框左下角的"展开或收拢弹出图层过滤器树"下拉按钮 来显示过滤器列表。

- "反转过滤器"复选框：选择此复选框，将显示所有不满足选定图层特性过滤器中条件的图层。

- 图层列表区：显示已有的图层及其特性。要修改某一图层的某一特性，单击它所对应的图标即可。右击空白区域或利用快捷菜单可快速选中所有图层。列表区中各列的含义如下：

（1）名称：显示满足条件的图层的名字。如果要对某图层进行修改，首先要选中该图层，使其反显。

（2）状态转换图标：在"图层特性管理器"对话框的名称栏中一行图标，移动鼠标到某个图标上单击可以打开或关闭该图标所代表的功能，或从详细数据区中勾选或取消勾选关闭（💡/💡）、锁定（🔓/🔒）、在所有视口内冻结（☀/❄）及不打印（🖨/🖨）等项目。各图标功能见表 3-1。

表　3-1　各图标功能

图　示	名　称	功　能　说　明
💡/💡	开/关闭	将图层设定为打开或关闭状态，当呈现关闭状态时，该图层上的所有对象将隐藏不显示，只有处于打开状态的图层会在绘图区上显示或由打印机打印出来。因此，在绘制复杂的视图时，先将不编辑的图层暂时关闭，可降低图形的复杂性。如图 3-5a 和 b 所示分别为尺寸标注图层打开和关闭的情形
☀/❄	解冻/冻结	将图层设定为解冻或冻结状态。当图层呈现冻结状态时，该图层上的对象均不会显示在绘图区上，也不能由打印机打印，而且不会执行重生（REGEN）、缩放（ZOOM）、平移（PAN）等命令的操作，因此若将视图中不编辑的图层暂时冻结，可加快执行绘图编辑的速度。而💡/💡（开/关闭）功能只是单纯将对象隐藏，因此并不会加快执行速度。值得注意的是若图层被设置为当前图层，则其不能被冻结。
🔓/🔒	解锁/锁定	将图层设定为解锁或锁定状态。被锁定的图层仍然显示在绘图区，但不能编辑修改被锁定的对象，只能绘制新的图形，这样可防止重要的图形被修改
🖨/🖨	打印/不打印	设定该图层是否可以打印图形
🗔/🗔	视口冻结/视口解冻	仅在当前布局视口中冻结选定的图层。如果图层在图形中已冻结或关闭，则无法在当前视口中解冻该图层

（3）颜色：显示和改变图层的颜色。如果要改变某一图层的颜色，可单击其对应的颜色图标，AutoCAD 将打开如图 3-6 所示的"选择颜色"对话框，用户可从中选取需要的颜色。

（4）线型：显示和修改图层的线型。如果要修改某一图层的线型，可单击该图层的"线型"选项，打开"选择线型"对话框，如图 3-7 所示，其中列出了当前可用的线型，用户可从中选取。具体内容将在 3.1.2 节详细介绍。

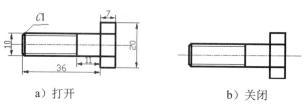

a）打开 b）关闭

图 3-5　打开或关闭尺寸标注图层

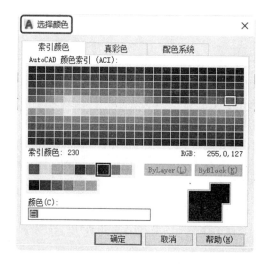

图 3-6　"选择颜色"对话框

图 3-7　"选择线型"对话框

（5）线宽：显示和修改图层的线宽。如果要修改某一图层的线宽，可单击该图层的"线宽"选项，打开"线宽"对话框，如图 3-8 所示，其中列出了 AutoCAD 设定的线宽，"线宽"列表框显示了可以选用的线宽值，包括一些绘图中经常用到线宽，用户可从中选取需要的线宽。"旧的"显示行显示前面赋予图层的线宽。当建立一个新图层时，采用默认线宽（其值为 0.01in 即 0.25 mm），默认线宽的值由系统变量 LWDEFAULT 设置。"新的"显示行显示赋予图层的新的线宽。

（6）打印样式：修改图层的打印样式。所谓打印样式是指打印图形时各项属性的设置。

AutoCAD 提供了一个"特性"面板，如图 3-9 所示。用户可以利用该面板上的图标快速地查看和改变所选对象的图层、颜色、线型和线宽等特性。"特性"面板上的图层颜色、线型、线宽和打印样式选项增强了查看和编辑对象属性的功能。在绘图屏幕上选择任何对象都将在面板上自动显示它所在的图层、颜色、线型等属性。下面简单说明"特性"面板各部分的功能。

图 3-8 "线宽"对话框

图 3-9 "特性"面板

- "对象颜色"下拉列表框：单击右侧的下三角按钮，弹出一个下拉列表，用户可从中选择一个颜色使之成为当前颜色。如果选择"更多颜色"选项，则可以在 AutoCAD 打开的"选择颜色"对话框中选择其他颜色。修改当前颜色之后，不论在哪个图层上绘图都会采用这种颜色，但对各个图层的颜色设置没有影响。
- "线型"下拉列表框：单击右侧下三角按钮，弹出下拉列表，用户可从中选择某一线型使之成为当前线型。修改当前线型之后，不论在哪个图层上绘图都会采用这种线型，但对各个图层的线型设置没有影响。
- "线宽"下拉列表框：单击右侧的下三角按钮，弹出下拉列表，用户可从中选择一个线宽使之成为当前线宽。修改当前线宽之后，不论在哪个图层上绘图都会采用这种线宽，但对各个图层的线宽设置没有影响。
- "打印样式"下拉列表框：单击右侧的下三角按钮，弹出一下拉列表，用户可从中选择一种打印样式使之成为当前打印样式。

（7）状态：指示项目的类型，有图层过滤器、正在使用的图层、空图层和当前图层 4 种。

3.1.2 图层的线型

在国家标准中对机械图样中使用的各种图线的名称、线型、线宽以及在图样中的应用做了规定，见表 3-2。其中常用的图线有 4 种，即粗实线、细实线、虚线和细点画线。图线分为粗、细两种，粗线的宽度 b 应按图样的大小和图形的复杂程度在 0.5～2mm 之间选择，细线的宽度约为 b/2。

表 3-2　图线的型式及应用

图线名称	线型	线宽	主要用途
粗实线	▅▅▅▅▅▅▅▅▅▅▅	b	可见轮廓线、螺纹牙顶线等
细实线	————————	约 b/2	尺寸线、尺寸界线、剖面线、引出线、弯折线、螺纹牙底线、齿根线、辅助线等
细点画线	—— · —— · —— · ——	约 b/2	轴线、对称中心线、齿轮分度圆线等
虚线	- - - - - - - -	约 b/2	不可见轮廓线
波浪线	∿∿∿∿	约 b/2	断裂处的边界线、剖视图与视图的分界线
双折线	∿╱╲╱╲∿	约 b/2	断裂处的边界线等
粗点画线	▬ · ▬ · ▬ · ▬	b	限定范围表示线
双点画线	—— — — ——	约 b/2	相邻辅助零件的轮廓线、极限位置的轮廓线等

按照 3.1.1 节讲述的方法，打开"图层特性管理器"对话框，如图 3-2 所示。在图层列表的线型选项下单击线型名，系统打开"选择线型"对话框，如图 3-7 所示。该对话框中选项的含义如下：

- ■　"已加载的线型"列表框：显示在当前绘图中加载的线型，可供用户选用，其右侧显示出线型的形式。
- ■　"加载"按钮：单击此按钮，打开"加载或重载线型"对话框，如图 3-10 所示，用户可通过此对话框加载线型并把它添加到线型列表中，不过加载的线型必须在线型库（LIN）文件中定义过。标准线型都保存在 acad.lin 文件中。

图 3-10　"加载或重载线型"对话框

设置图层线型的方法如下：

命令行：LINETYPE

功能区：单机"默认"选项卡"特性"面板中的"线型"下拉列表，然后选择"其他"选项。

在命令行输入上述命令后，系统打开"线型管理器"对话框，如图 3-11 所示。该对话框与前面讲述的相关知识相同，不再赘述。

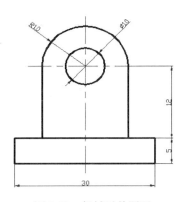

图 3-11　"线型管理器"对话框

3.1.3　实例——机械零件图形

利用图层命令绘制图 3-12 所示的机械零件图形。

图 3-12　机械零件图形

视频文件\讲解视频\第 3 章\机械零件图形.MP4

01 利用"图层"命令，❶打开"图层特性管理器"对话框。

02 ❷单击"新建"按钮，创建一个新图层，把该图层的名字由默认的"图层 1"❸改为"中心线"，如图 3-13 所示。

03 ❹单击"中心线"图层对应的"颜色"选项，❺打开"选择颜色"对话框，❻选择红色为该图层颜色，如图 3-14 所示。确认返回"图层特性管理器"对话框。

04 ❼单击"中心线"图层对应的"线型"选项，❽打开"选择线型"对话框，如图 3-15 所示。

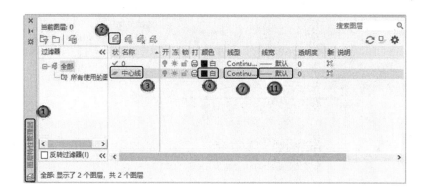

图 3-13　更改图层名

图 3-14　选择颜色

图 3-15　选择线型

05 在"选择线型"对话框中⑨单击"加载"按钮，⑩系统打开"加载或重载线型"对话框，选择"CENTER"线型，如图 3-16 所示。确认退出。

在"选择线型"对话框中选择"CENTER"（点画线）为该图层线型，确认返回"图层特性管理器"对话框。

06 ⑪单击"中心线"图层对应的"线宽"选项，⑫打开"线宽"对话框，⑬选择 0.09mm 线宽，如图 3-17 所示。确认后退出。

07 用相同的方法再建立两个新图层，分别命名为"轮廓线"和"尺寸线"。"轮廓线"图层的颜色设置为蓝色，线型为 Continuous（实线），线宽为 0.30mm。"尺寸线"图层的颜色设置为黑色，线型为 Continuous，线宽为 0.09mm。并且让三个图层均处于打开、解冻和解锁状态，各项设置如图 3-18 所示。

08 选中"中心线"图层，单击"当前"按钮，将其设置为当前图层，确认后关闭"图层特性管理器"对话框。

09 在当前图层"中心线"图层上绘制图 3-12 中的两条中心线，如图 3-19a 所示。

10 单击"默认"选项卡"图层"面板中的图层下拉列表按钮，将"轮廓线"图层设置为当前图层，并在其上绘制图 3-12 中的主体图形，如图 3-19b 所示。

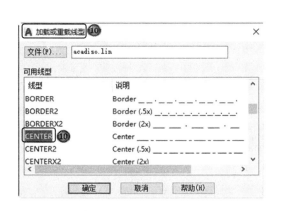

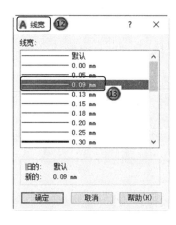

图 3-16　加载新线型　　　　　　　　　　图 3-17　选择线宽

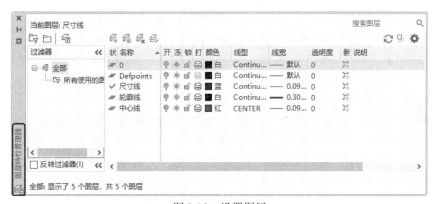

图 3-18　设置图层

11 将当前图层设置为"尺寸线"图层，并在"尺寸线"图层上进行尺寸标注（将在后面讲述），结果如图 3-12 所示。

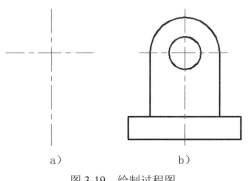

a)　　　　　　　　　　b)

图 3-19　绘制过程图

3.1.4 颜色的设置

　　AutoCAD 绘制的图形对象都具有一定的颜色，为使绘制的图形清晰明了，可把同一类的图形对象用相同的颜色绘制，而使不同类的对象具有不同的颜色以示区分。为此，需要适当地对颜色进行设置。AutoCAD 允许用户为图层设置颜色，为新建的图形对象设置当前颜色，还可以改变已有图形对象的颜色。

【执行方式】

- 命令行：COLOR
- 菜单：格式→颜色
- 功能区：单击"默认"选项卡"特性"面板中的"对象颜色"下拉菜单中的"更多颜色"按钮 ●。

【操作步骤】

命令：COLOR↙

　　单击相应的菜单项或在命令行输入"COLOR"命令后按 Enter 键，AutoCAD 打开图 3-6 所示的"选择颜色"对话框。也可在图层操作中打开此对话框，具体方法前面已讲述。

【选项说明】

- "索引颜色"选项卡：打开此选项卡，可以在系统所提供的 255 色索引表中选择所需要的颜色，如图 3-6 所示。

　　（1）"颜色索引"列表框：依次列出了 255 种索引色。可在此选择所需要的颜色。

　　（2）"颜色"文本框：所选择的颜色的代号值显示在"颜色"文本框中，也可以直接在该文本框中输入自己设定的代号值来选择颜色。

　　（3）"ByLayer"和"ByBlock"按钮：选择这两个按钮，可将颜色分别按图层和图块进行设置。这两个按钮只有在设定了图层颜色和图块颜色后才可以利用。

- "真彩色"选项卡：打开此选项卡，可以选择需要的任意颜色，如图 3-20 所示。可以拖动调色板中的颜色指示鼠标指针和"亮度"滑块选择颜色及其亮度。也可以通过"色调""饱和度"和"亮度"调节钮来选择需要的颜色。所选择的颜色的红、绿、蓝值显示在下面的"颜色"文本框中，也可以直接在该文本框中输入自己设定的红、绿、蓝值来选择颜色。

　　在此选项卡的右边，有一个"颜色模式"下拉列表框，默认的颜色模式为 HSL 模式，即如图 3-20 所示的模式。如果选择 RGB 模式，则如图 3-21 所示。在该模式下选择颜色的方式与 HSL 模式下类似。

- "配色系统"选项卡：打开此选项卡，可以从标准配色系统（如 Pantone）中选择预定义的颜色。如图 3-22 所示，可以在"配色系统"下拉列表框中选择需要的系统，然后拖动右边的滑块来选择具体的颜色，所选择的颜色编号显示在下面的"颜色"

文本框中，也可以直接在该文本框中输入编号值来选择颜色。

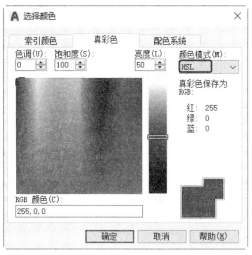

图 3-20　"真彩色"选项卡

图 3-21　RGB 模式

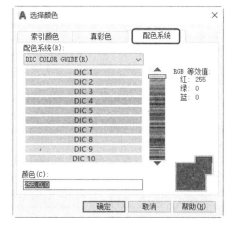

图 3-22　"配色系统"选项卡

3.2　精确定位工具

精确定位工具是指能够帮助用户快速准确地定位某些特殊点（如端点、中点、圆心等）
和特殊位置（如水平位置、垂直位置）的工具。

精确定位工具主要集中在状态栏上，图 3-23 所示为默认状态下显示的状态栏按钮。

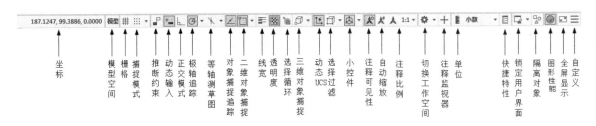

图 3-23 状态栏按钮

3.2.1 捕捉工具

为了准确地在屏幕上捕捉点，AutoCAD 提供了捕捉工具，可以在屏幕上生成一个隐含的栅格（捕捉栅格），这个栅格能够捕捉鼠标指针，约束它只能落在栅格的某一个节点上，使用户能够高精确度地捕捉和选择这个栅格上的点。下面介绍捕捉栅格的参数设置方法。

【执行方式】

- 菜单：工具→绘图设置。
- 状态栏：捕捉（仅限于打开与关闭）
- 快捷键：F9（仅限于打开与关闭）

【操作步骤】

按上述操作❶打开"草图设置"对话框，❷选择其中的 "捕捉和栅格"选项卡，如图 3-24 所示。

【选项说明】

- "启用捕捉"复选框：控制捕捉功能的开关。与 F9 快捷键或状态栏上的"捕捉"功能相同。
- "捕捉间距"选项组：设置各捕捉参数。其中"捕捉 X 轴间距"与"捕捉 Y 轴间距"确定捕捉栅格点在水平和垂直两个方向上的间距。
- "捕捉类型"选项组：确定捕捉类型和样式。AutoCAD 提供了两种捕捉栅格的方式，分别为"栅格捕捉"和"极轴捕捉"。"栅格捕捉"是指按正交位置捕捉位置点，而"极轴捕捉"则可以根据设置的任意极轴角捕捉位置点。"栅格捕捉"又分为"矩形捕捉"和"等轴测捕捉"两种方式。在"矩形捕捉"方式下捕捉栅格是标准的矩形，在"等轴测捕捉"方式下捕捉栅格和鼠标指针十字线不再互相垂直，而是成绘制等轴测图时的特定角度，这种方式对绘制等轴测图十分方便。
- "极轴间距"选项组：该选项组只有在"极轴捕捉"类型时才可用。可在"极轴距离"文本框中输入距离值。也可以通过命令行命令 SNAP 设置捕捉有关参数。

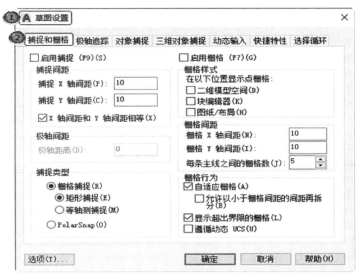

图 3-24 "草图设置"对话框

3.2.2 栅格工具

用户可以应用显示栅格工具使绘图区域上出现可见的网格，它是一个形象的画图工具，就像传统的坐标纸一样。下面介绍控制栅格的显示及设置栅格参数的方法。

【执行方式】

- 菜单：工具→绘图设置
- 状态栏：栅格（仅限于打开与关闭）
- 快捷键：F7（仅限于打开与关闭）

【操作步骤】

按上述操作打开①"草图设置"对话框，②选择"捕捉和栅格"选项卡，如图 3-24 所示。可利用图 3-24 所示"草图设置"对话框中的"捕捉和栅格"选项卡来设置。其中，"启用栅格"复选框控制是否显示栅格。

"栅格 X 轴间距"和"栅格 Y 轴间距"文本框用来设置栅格在水平与垂直方向上的间距。如果"栅格 X 轴间距"和"栅格 Y 轴间距"设置为 0，则 AutoCAD 会自动将捕捉栅格间距应用于栅格，且其原点和角度总是和捕捉栅格的原点和角度相同。还可通过 Grid 命令在命令行设置栅格间距。

3.2.3 正交模式

在用 AutoCAD 绘图的过程中，经常需要绘制水平直线和垂直直线。如果用鼠标拾取线

段的端点则很难保证两个点严格沿水平或垂直方向。为此，AutoCAD 提供了正交功能。启用正交模式后，画线或移动对象时只能沿水平方向或垂直方向移动鼠标指针，因此只能画平行于坐标轴的正交线段。

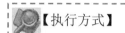【执行方式】

■ 命令行：ORTHO
■ 状态栏：正交
■ 快捷键：F8

【操作步骤】

命令：ORTHO✓

输入模式 [开(ON)/关(OFF)] <开>：(设置开或关)

3.3 对象捕捉工具

在利用 AutoCAD 画图时经常要用到一些特殊的点，如圆心、切点、线段或圆弧的端点、中点等。如果用鼠标拾取，要准确地找到这些点是十分困难的。为此，AutoCAD 提供了对象捕捉工具，通过这些工具可轻易找到这些点。

3.3.1 特殊位置点捕捉

在绘制 AutoCAD 图形时，有时需要指定一些特殊位置的点，如圆心、端点、中点、平行线上的点等（见表 3-3）。可以通过对象捕捉功能来捕捉这些点。

表 3-3 特殊位置点捕捉

捕捉模式	快捷命令	功　能
临时追踪点	TT	建立临时追踪点
两点之间的中点	M2P	捕捉两个独立点之间的中点
捕捉自	FRO	与其他捕捉方式配合使用，建立一个临时参考点作为指出后继点的基点
中点	MID	用来捕捉对象（如线段或圆弧等）的中点
圆心	CEN	用来捕捉圆或圆弧的圆心
节点	NOD	捕捉用 POINT 或 DIVIDE 等命令生成的点
象限点	QUA	用来捕捉距鼠标指针最近的圆或圆弧上可见部分的象限点，即圆周上 0°、90°、180°、 270°位置上的点
0 交点	INT	用来捕捉对象（如线、圆弧或圆等）的交点

（续）

捕捉模式	快捷命令	功　　能
延长线	EXT	用来捕捉对象延长路径上的点
插入点	INS	用于捕捉块、形、文字、属性或属性定义等对象的插入点
垂足	PER	在线段、圆、圆弧或其延长线上捕捉一个点，与最后生成的点形成连线，与该线段、圆或圆弧正交
切点	TAN	从最后生成的一个点向选中的圆或圆弧上引切线，切线与圆或圆弧的交点
最近点	NEA	用于捕捉离拾取点最近的线段、圆、圆弧等对象上的点
外观交点	APP	用来捕捉两个对象在视图平面上的交点。若两个对象没有直接相交，则系统自动计算其延长后的交点；若两个对象在空间上为异面直线，则系统计算其投影方向上的交点
平行线	PAR	用于捕捉与指定对象平行方向上的点
无	NON	关闭对象捕捉模式
对象捕捉设置	OSNAP	设置对象捕捉

　　AutoCAD 提供了命令行、工具栏和右键快捷菜单三种执行特殊点对象捕捉的方法。

　　绘图时，当在命令行中提示输入一点时，输入相应特殊位置点命令，然后根据提示操作即可。

3.3.2　实例——捕捉线段

　　通过线段的中点到圆的圆心画一条线段，如图 3-25 所示。

图 3-25　通过线段的中点到圆的圆心画一条线段

　　视频文件\讲解视频\第 3 章\捕捉线段.MP4

01 利用"直线"和"圆"命令，绘制直线和圆，如图 3-26a 所示。

　　利用"直线"命令，从图 3-26a 中线段的中点到圆的圆心画一条线段。

命令：LINE✓

指定第一个点：MID✓

于：（把十字鼠标指针放在线段上，如图 3-26b 所示，在线段的中点处出现一个三角形的中点捕捉标

记，单击鼠标左键，拾取该点）

指定下一点或 [放弃(U)]:CEN✓

于：　（把十字鼠标指针放在圆上，如图 3-26c 所示，在圆心处出现一个圆形的圆心捕捉标记，单击鼠标左键拾取该点）

指定下一点或 [放弃(U)]: ✓

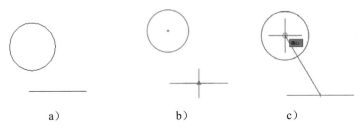

图 3-26　利用对象捕捉工具绘制线

结果如图 3-25 所示。

02 工具栏方式。使用如图 3-27 所示的"对象捕捉"工具栏可以使用户更方便地实现捕捉点的目的。当命令行提示输入一点时，从"对象捕捉"工具栏上单击相应的按钮。当把

十字鼠标指针放在某一图标上时，会显示出该图标功能的提示，然后根据提示操作即可。

图 3-27　"对象捕捉"工具栏

03 快捷菜单方式。快捷菜单可通过同时按下 Shift 键和鼠标右键来激活，菜单中列出了 AutoCAD 提供的对象捕捉模式，如图 3-28 所示。操作方法与工具栏相似，只要在 AutoCAD 提示输入点时单击快捷菜单上相应的菜单项，然后按提示操作即可。

图 3-28　对象捕捉快捷菜单

3.3.3 实例——圆的公切线

结合绘图命令和特殊位置点捕捉绘制图 3-29 所示的圆公切线。

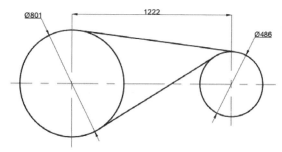

图 3-29 圆公切线

视频文件\讲解视频\第 3 章\圆的公切线.MP4

01 利用"图层"命令设置图层：中心线层：线型为 CENTER，其余属性默认；粗实线层：线宽为 0.30mm，其余属性默认。

02 将中心线层设置为当前层，利用"直线"命令绘制适当长度的垂直相交中心线。结果如图 3-30 所示。

03 转换到粗实线层，利用"圆"命令绘制图形轴孔部分。其中绘制圆时，分别以水平中心线与竖直中心线交点为圆心，以适当半径绘制两个圆，结果如图 3-31 所示。

04 打开"对象捕捉"工具栏，如图 3-27 所示。

05 利用"直线"命令绘制公切线。命令行提示与操作如下：

命令：_line
指定第一个点：(单击"对象捕捉"工具栏上的"捕捉到切点"按钮⊙)
_tan 到：(指定左边圆上一点，系统自动显示"递延切点"提示，如图 3-32 所示)
指定下一点或 [放弃(U)]：(单击"对象捕捉"工具栏上的"捕捉到切点"按钮⊙)
_tan 到：(指定右边圆上一点，系统自动显示"递延切点"提示，如图 3-33 所示)
指定下一点或 [放弃(U)]：✓

图 3-30 绘制中心线　　　　　　　　　　　图 3-31 绘制圆

06 利用"直线"命令绘制公切线。同样利用"捕捉到切点"按钮捕捉切点。图 3-34 所示为捕捉第二个切点。

07 系统自动捕捉到切点的位置，结果如图 3-29 所示。

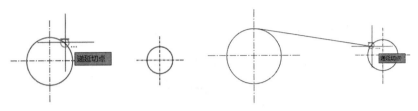

图 3-32　捕捉切点　　　　　　　　　图 3-33　捕捉另一切点

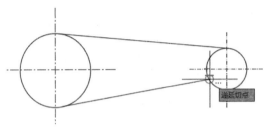

图 3-34　捕捉第二个切点

3.3.4　设置对象捕捉

在用 AutoCAD 绘图之前，可以根据需要事先设置运行一些对象捕捉模式，绘图时 AutoCAD 能自动捕捉这些特殊点，从而加快绘图速度，提高绘图质量。

【执行方式】

- ■　命令行：DDOSNAP
- ■　菜单：工具→绘图设置
- ■　工具栏：对象捕捉→对象捕捉设置🔘
- ■　状态栏：对象捕捉（功能仅限于打开与关闭）
- ■　快捷键：F3（功能仅限于打开与关闭）
- ■　快捷菜单：对象捕捉设置（见图 3-28）

【操作步骤】

命令：DDOSNAP↙

❶系统打开"草图设置"对话框，在该对话框中，单击"对象捕捉"标签❷打开"对象捕捉"选项卡，如图 3-35 所示。利用此选项卡可以对对象捕捉方式进行设置。

【选项说明】

- ■　"启用对象捕捉"复选框：打开或关闭对象捕捉方式。当选中此复选框时，在"对象捕捉模式"选项组中选中的捕捉模式处于激活状态。

- "启用对象捕捉追踪"复选框：打开或关闭自动追踪功能。
- "对象捕捉模式"选项组：此选项组中列出了各种捕捉模式的复选框，选中则该模式被激活。单击"全部清除"按钮，则所有模式均被清除。单击"全部选择"按钮，则所有模式均被选中。

另外，在对话框的左下角有一个"选项"按钮，单击它可打开"选项"对话框的"草图"选项卡。利用该对话框可决定捕捉模式的各项设置。

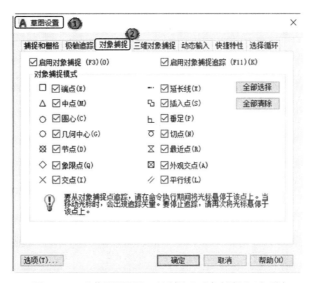

图 3-35　"草图设置"对话框"对象捕捉"选项卡

3.3.5　实例——绘制盘盖

绘制如图 3-36 所示的盘盖。

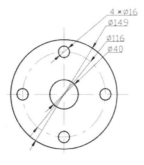

图 3-36　盘盖

视频文件\讲解视频\第 3 章\盘盖.MP4

01 利用"图层"命令设置图层。中心线层：线型为 CENTER，颜色为红色，其余属

性默认；粗实线层：线宽为 0.30mm，其余属性默认。

〔02〕将中心线图层设置为当前图层，利用"直线"命令绘制垂直中心线。

〔03〕利用"绘图设置"命令。打开"草图设置"对话框中的"对象捕捉"选项卡，单击"全部选择"按钮，选择所有的捕捉模式，并选中"启用对象捕捉"复选框，如图 3-35 所示，确认后退出。

〔04〕利用"圆"命令绘制圆形中心线。在指定圆心时，捕捉垂直中心线的交点，如图 3-37a 所示，结果如图 3-37b 所示。

a）   b）

图 3-37　绘制中心线

〔05〕转换到粗实线图层，利用"圆"命令绘制盘盖的外圆和内孔。在指定圆心时，捕捉垂直中心线的交点，如图 3-38a 所示，结果如图 3-38b 所示。

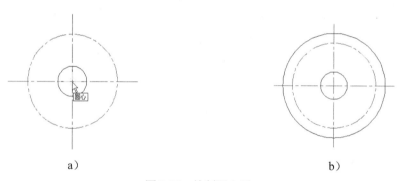

a）   b）

图 3-38　绘制同心圆

〔06〕利用"圆"命令绘制螺孔。在指定圆心时，捕捉圆形中心线与水平中心线或垂直中心线的交点，如图 3-39a 所示，结果如图 3-39b 所示。

〔07〕用同样方法绘制其他三个螺孔，结果如图 3-36 所示。

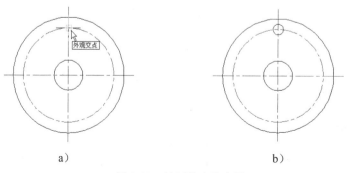

a）   b）

图 3-39　绘制单个均布圆

3.4　对象追踪

对象追踪是指按指定角度或与其他对象的指定关系绘制对象。可以结合对象捕捉功能进行自动追踪，也可以指定临时点进行临时追踪。

3.4.1　自动追踪

利用自动追踪功能可以对齐路径，有助于以精确的位置和角度创建对象。自动追踪包括两种追踪选项："极轴追踪"和"对象捕捉追踪"。"极轴追踪"是指按指定的极轴角或极轴角的倍数对齐要指定点的路径；"对象捕捉追踪"是指以捕捉到的特殊位置点为基点，按指定的极轴角或极轴角的倍数对齐要指定点的路径。

"极轴追踪"必须配合"极轴"功能和"对象追踪"功能一起使用，即同时单击状态栏上的"极轴"按钮和"对象追踪"按钮；"对象捕捉追踪"必须配合"对象捕捉"功能和"对象追踪"功能一起使用，即同时单击状态栏上的"对象捕捉"按钮和"对象追踪"按钮。

下面介绍对象捕捉追踪的设置。

【执行方式】

- 命令行：DDOSNAP
- 菜单：工具→绘图设置
- 工具栏：对象捕捉→对象捕捉设置
- 状态栏：对象捕捉+对象追踪
- 快捷键：F11
- 快捷菜单：对象捕捉设置

【操作步骤】

按照上面执行方式操作或者在"对象捕捉"按钮或"对象追踪"按钮单击鼠标右键，在快捷菜单中选择"设置"命令，系统打开"草图设置"对话框中的"对象捕捉"选项卡，选中"启用对象捕捉追踪"复选框，即完成了对象捕捉追踪设置。

3.4.2　实例——特殊位置线段

绘制一条线段，使该线段的一个端点与另一条线段的端点在一条水平线上。

视频文件\讲解视频\第 3 章\特殊位置线段. MP4

01 同时单击状态栏上的"对象捕捉"和"对象追踪"按钮，启动对象捕捉追踪功能。

02 绘制一条线段。

03 绘制第二条线段，命令行提示与操作如下：

命令：LINE↙

指定第一个点：（指定点 1，如图 3-40a 所示）

指定下一点或 [放弃(U)]：（将鼠标指针移动到点 2 处，系统自动捕捉到第一条直线的端点 2，如图 3-40b 所示。系统显示一条虚线为追踪线，移动鼠标指针，在追踪线的适当位置指定一点 3，如图 3-40c 所示）

指定下一点或 [放弃(U)]：↙

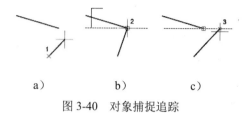

图 3-40　对象捕捉追踪

3.4.3　极轴追踪设置

【执行方式】

- 命令行：DDOSNAP
- 菜单：工具→绘图设置
- 工具栏：对象捕捉→对象捕捉设置🔲
- 状态栏：对象捕捉+极轴
- 快捷键：F10
- 快捷菜单：对象捕捉设置

【操作步骤】

按照上面执行方式操作或者在"极轴"按钮单击鼠标右键，在快捷菜单中选择"设置"命令，系统打开如图 3-41 所示的"草图设置"对话框中的"极轴追踪"选项卡。其中各选项功能如下：

图 3-41　"草图设置"对话框"极轴追踪"选项卡

（1）"启用极轴追踪"复选框：选中该复选框，即启用极轴追踪功能。

（2）"极轴角设置"选项组：设置极轴角的值。可以在"增量角"下拉列表框中选择一个角度值。也可选中"附加角"复选框，单击"新建"按钮设置任意附加角。系统在进行极轴追踪时，同时追踪增量角和附加角，可以设置多个附加角。

（3）"对象捕捉追踪设置"和"极轴角测量"选项组：按界面提示选择相应单选按钮。

利用自动追踪可以完成三视图绘制。

3.5　对象约束

约束能够用于精确地控制草图中的对象。草图约束有两种类型：尺寸约束和几何约束。

几何约束建立起草图对象的几何特性（如要求某一直线具有固定长度）或是两个或更多草图对象的关系类型（如要求两条直线垂直或平行，或是几个弧具有相同的半径）。在图形区用户可以使用"参数化"选项卡内的"全部显示""全部隐藏"或"显示"来显示有关信息，并显示代表这些约束的直观标记（如图 3-42 所示的水平标记＝和共线标记✔）。

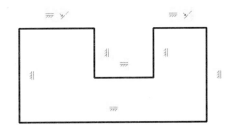

图 3-42　"几何约束"示例

尺寸约束建立起草图对象的大小（如直线的长度、圆弧的半径等）或是两个对象之间的关系（如两点之间的距离）。图 3-43 所示为一带有尺寸约束的示例。

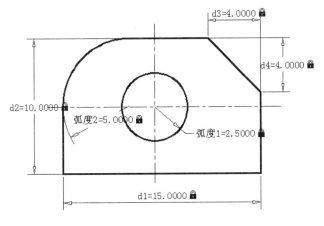

图 3-43　"尺寸约束"示例

3.5.1 建立几何约束

使用几何约束，可以指定草图对象必须遵守的条件，或是草图对象之间必须维持的关系。"几何约束"面板（在"参数化"选项卡内的"几何"面板中）及工具栏如图 3-44 所示，其主要几何约束选项功能见表 3-4。

绘图中可指定二维对象或对象上的点之间的几何约束。之后编辑受约束的几何图形时，将保留约束。因此，通过使用几何约束，可以在图形中包括设计要求。

图 3-44 "几何"面板及工具栏

表 3-4 主要几何约束选项功能

约束模式	功能
重合	约束两个点使其重合，或者约束一个点使其位于曲线（或曲线的延长线）上。可以使对象上的约束点与某个对象重合，也可以使其与另一对象上的约束点重合
共线	使两条或多条直线段沿同一直线方向
同心	将两个圆弧、圆或椭圆约束到同一个中心点。结果与将重合约束应用于曲线的中心点所产生的结果相同
固定	将几何约束应用于一对对象时，选择对象的顺序以及选择每个对象的点可能会影响对象彼此间的放置方式
平行	使选定的直线位于彼此平行的位置。平行约束在两个对象之间应用
垂直	使选定的直线位于彼此垂直的位置。垂直约束在两个对象之间应用
水平	使直线或点对位于与当前坐标系的 X 轴平行的位置。默认选择类型为对象
竖直	使直线或点对位于与当前坐标系的 Y 轴平行的位置
相切	将两条曲线约束为保持彼此相切或其延长线保持彼此相切。相切约束在两个对象之间应用
平滑	将样条曲线约束为连续，并与其他样条曲线、直线、圆弧或多段线保持 G2 连续性
对称	使选定对象受对称约束，相对于选定直线对称
相等	将选定圆弧和圆的尺寸重新调整为半径相同，或将选定直线的尺寸重新调整为长度相同

3.5.2 几何约束设置

在用 AutoCAD 绘图时，可以控制约束栏的显示，使用"约束设置"对话框（见图 3-48），可控制约束栏上显示或隐藏的几何约束类型。可单独或全局显示/隐藏几何约束和约束栏。可执行以下操作：

- 显示（或隐藏）所有的几何约束
- 显示（或隐藏）指定类型的几何约束
- 显示（或隐藏）所有与选定对象相关的几何约束

【执行方式】

- 命令行：CONSTRAINTSETTINGS
- 菜单：参数→约束设置。
- 功能区：参数化→几何→约束设置，几何◢。
- 工具栏：参数化→约束设置◥。
- 快捷命令：CSETTINGS

【操作步骤】

命令：CONSTRAINTSETTINGS✓

❶系统打开"约束设置"对话框，在该对话框中❷单击"几何"标签打开"几何"选项卡，如图 3-45 所示。利用此对话框可以控制约束栏上约束类型的显示。

图 3-45　"约束设置"对话框

【选项说明】

（1）"约束栏显示设置"选项组：此选项组控制图形编辑器中是否为对象显示约束栏或约束点标记。例如，可以为水平约束和竖直约束隐藏约束栏的显示。

（2）"全部选择"按钮：选择全部几何约束类型。

（3）"全部清除"按钮：清除选定的几何约束类型。

（4）"仅为处于当前平面中的对象显示约束栏"复选框：仅为当前平面上受几何约束的对象显示约束栏。

（5）"约束栏透明度"选项组：设置图形中约束栏的透明度。

（6）"将约束应用于选定对象后显示约束栏"复选框：手动应用约束后或使用AUTOCONSTRAIN 命令时显示相关约束栏。

（7）"选定对象时显示约束栏"复选框：临时显示选定对象的约束栏。

3.5.3　实例——相切及同心的两圆

绘制如图 3-46 所示的同心及相切圆。

视频文件\讲解视频\第 3 章\相切及同心的两圆.MP4

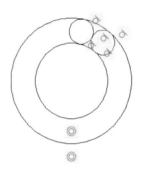

图 3-46　同心及相切圆

01 利用"圆"命令以适当半径绘制 4 个圆，结果如图 3-47 所示。

02 打开"几何约束"工具栏。

03 利用"相切"命令使两圆相切。命令行提示与操作如下：

命令：_GeomConstraint

输入约束类型[水平(H)/竖直(V)/垂直(P)/平行(PA)/相切(T)/平滑(SM)/重合(C)/同心(CON)/共线(COL)/对称(S)/相等(E)/固定(F)]<相切>:_Tangent

选择第一个对象：（使用鼠标指针选择圆 1）

选择第二个对象：（使用鼠标指针选择圆 2）

04 系统自动将圆 2 向右移动与圆 1 相切，结果如图 3-48 所示。

05 利用"同心"命令使其中两圆同心。命令行提示与操作如下：

命令：_GeomConstraint

输入约束类型[水平(H)/竖直(V)/垂直(P)/平行(PA)/相切(T)/平滑(SM)/重合(C)/同心(CON)/共线(COL)/对称(S)/相等(E)/固定(F)] <相切>:_Concentric

选择第一个对象：（选择圆 1）

选择第二个对象：（选择圆 3）

系统自动建立同心的几何关系，如图 3-49 所示。

06 用同样方法，使圆 3 与圆 2 建立相切几何约束，如图 3-50 所示。

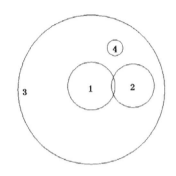

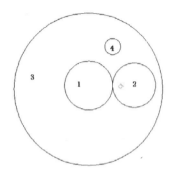

图 3-47　绘制圆　　　　　　　图 3-48　建立相切几何关系

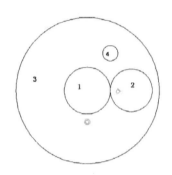

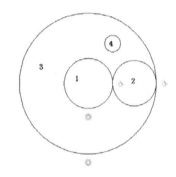

图 3-49　建立圆 1 与圆 3 同心几何关系　　　　图 3-50　建立圆 3 与圆 2 相切几何关系

07 用同样方法，使圆 1 与圆 4 建立相切几何约束，如图 3-51 所示。
08 用同样方法，使圆 4 与圆 2 建立相切几何约束，如图 3-52 所示。
09 用同样方法，使圆 3 与圆 4 建立相切几何约束，结果如图 3-46 所示。

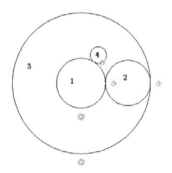

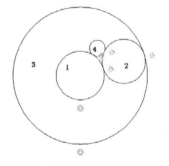

图 3-51　建立圆 1 与圆 4 相切几何关系　　　　图 3-52　建立圆 3 与圆 4 相切几何关系

3.5.4　建立尺寸约束

建立尺寸约束是限制图形几何对象的大小，也就是与在草图上标注尺寸相似，同样设置

尺寸标注线，与此同时再建立相应的表达式，不同的是可以在后续的编辑工作中实现尺寸的参数化驱动。"标注约束"面板及工具栏（面板在"参数化"选项卡内的"标注"面板中）如图 3-53 所示。

在生成尺寸约束时，用户可以选择草图曲线、边、基准平面或基准轴上的点，以生成水平、竖直、平行、垂直和角度尺寸。

生成尺寸约束时，系统会生成一个表达式，其名称和值显示在一弹出的对话框文本区域中，如图 3-54 所示，用户可以接着编辑该表达式的名和值。

生成尺寸约束时，只要选中了几何体，其尺寸及其延伸线和箭头就会全部显示出来。如果要调整尺寸位置，可用鼠标将尺寸拖动到位，然后单击左键。完成尺寸约束后，用户还可以随时更改尺寸约束，只需在图形区选中该值双击，然后使用生成过程中所采用的同一方式编辑其名称、值或位置即可。

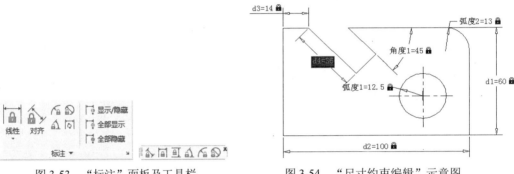

图 3-53 "标注"面板及工具栏   图 3-54 "尺寸约束编辑"示意图

3.5.5 尺寸约束设置

在用 AutoCAD 绘图时，可以控制约束栏的显示，使用"约束设置"对话框中的"标注"选项卡可控制显示标注约束时的系统配置。标注约束用于控制设计的大小和比例，它们可以约束以下内容：

1）对象之间或对象上的点之间的距离。

2）对象之间或对象上的点之间的角度。

【执行方式】

- 命令行：CONSTRAINTSETTINGS
- 菜单：参数→约束设置
- 功能区：参数化→标注→约束设置，标注 ⬝
- 工具栏：参数化→约束设置 ▨
- 快捷命令：CSETTINGS

【操作步骤】

命令：CONSTRAINTSETTINGS↙

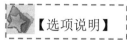系统打开"约束设置"对话框，在该对话框中，②单击"标注"标签打开"标注"选项卡，如图 3-55 所示。利用此对话框可以控制约束栏上约束类型的显示。

【选项说明】

（1）"标注约束格式"选项组：该选项组可以设置标注名称格式和锁定图标的显示。

（2）"标注名称格式"下拉列表框：为应用标注约束时显示的文字指定格式。可将名称格式设置为名称、值或名称和表达式，如宽度=长度/2。

（3）"为注释性约束显示锁定图标"复选框：针对已应用注释性约束的对象显示锁定图标。

（4）"为选定对象显示隐藏的动态约束" 复选框：显示选定时已设置为隐藏的动态约束。

图 3-55　"约束设置"对话框"标注"选项卡

3.5.6　实例——利用尺寸驱动更改方头平键尺寸

绘制如图 3-56 所示的方头平键。

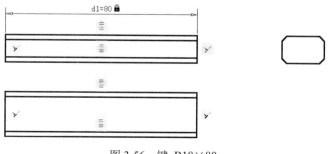

图 3-56　键 B18×80

视频文件\讲解视频\第 3 章\利用尺寸驱动更改方头平键尺寸. MP4

01 绘制方头平键（键 B18×100）或打开 2.3.2 节中所绘制的方头平键，如图 3-57 所示。

02 单击"参数化"选项卡"几何"面板中的"共线"按钮 ，使左端各竖直直线建立共线的几何约束。采用同样的方法创建右端各直线共线的几何约束。

03 重复使用"相等"命令，使最上端水平线与下面各条水平线建立相等的几何约束。

04 单击"参数化"选项卡"标注"面板中的"水平"按钮 ，更改水平尺寸。命令行提示与操作如下：

命令：_DcHorizontal

指定第一个约束点或 [对象(O)] <对象>：（单击最上端直线左端）

指定第二个约束点： （单击最上端直线右端）

指定尺寸线位置（在合适位置单击左键）

标注文字 = 100（输入长度 80）

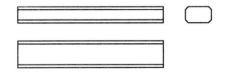

图 3-57　键 B18×100

05 系统自动将长度 100 调整为 80，结果如图 3-56 所示。

3.6　实例——方头平键

本实例绘制的方头平键如图 3-58 所示。绘制时需首先绘制主视图，然后绘制俯视图，再根据其对应关系绘制左视图。绘制过程中要用到直线、矩形等命令。利用对象捕捉和对象追踪两个按钮可以绘制所需要的直线形式。

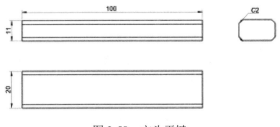

图 3-58　方头平键

视频文件\讲解视频\第 3 章\方头平键. MP4

本实例主要学习对象捕捉和对象追踪两个按钮的使用及其具体功能。步骤如下：

01 利用"矩形"命令绘制主视图外形。第一个角点为绘图平面上适当位置的一点，第二个角点坐标为（@100,11），结果如图 3-59 所示。

图 3-59　绘制主视图外形

02 利用"直线"命令绘制主视图棱线。利用 LINE 命令，捕捉矩形左上角点，如图 3-60 所示，偏移（@0,-2），然后捕捉矩形右边上的垂足，如图 3-61 所示。

采用相同方法，以矩形左下角点为基点，向上偏移 2mm，然后利用基点捕捉绘制下边的另一条棱线，结果如图 3-62 所示。

图 3-60　捕捉角点　　　　　　　　　　　　　图 3-61　捕捉垂足

03 同时单击状态栏上的"对象捕捉"和"对象追踪"按钮，启动对象捕捉追踪功能。再打开"草图设置"对话框中的"极轴追踪"选项卡，将"增量角"设置为 90，将对象捕捉追踪设置为"仅正交追踪"。

04 利用"矩形"命令绘制俯视图外形。第一个角点为捕捉上面绘制矩形的左下角点，系统显示追踪线，沿追踪线向下在适当位置指定一点，如图 3-63 所示。第二个角点坐标为（@100,18），结果如图 3-64 所示。

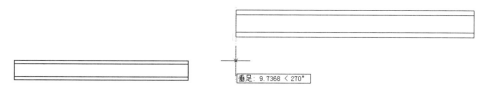

图 3-62　绘制主视图棱线　　　　　　　　　　图 3-63　追踪对象

05 利用"直线"命令结合基点捕捉功能绘制俯视图棱线。设置偏移距离为 2mm，结果如图 3-65 所示。

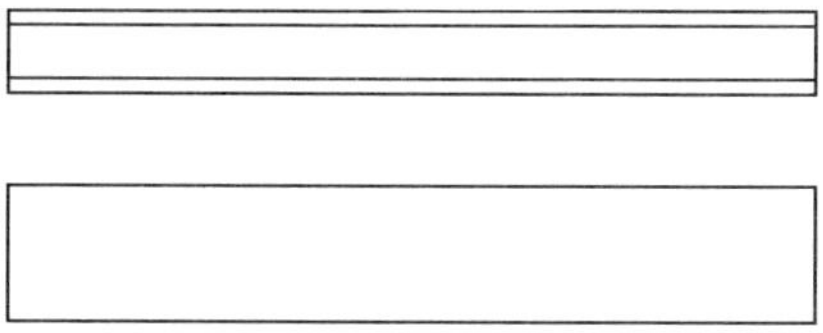

图 3-64　绘制俯视图 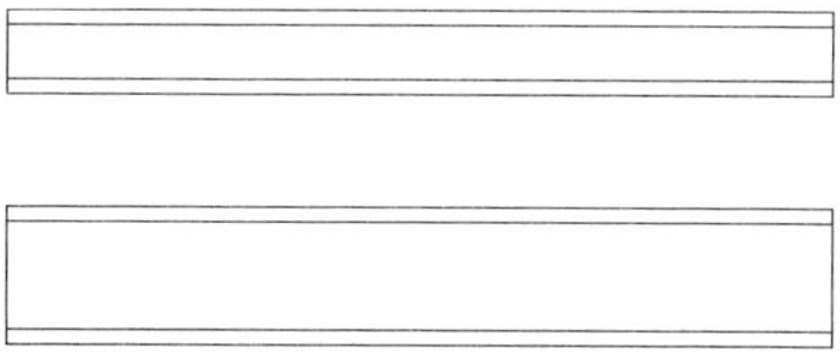　　　　　　　　　　　　图 3-65　绘制俯视图棱线

06 利用"构造线"命令绘制左视图构造线。利用"构造线"命令，绘制角度为-45°的构造线，如图 3-66 所示。用同样方法绘制两条水平构造线，再捕捉两水平构造线与斜构造线交点为指定点绘制两条竖直构造线，如图 3-67 所示。

07 利用"矩形"命令绘制左视图。命令行提示与操作如下：

命令：_rectang✓

指定第一个角点或 [倒角(C)/标高(E)/圆角(F)/厚度(T)/宽度(W)]：C✓

指定矩形的第一个倒角距离 <0.0000>：（捕捉俯视图上右上端点）

指定第二点：（捕捉俯视图上右上第二个端点）

指定矩形的第二个倒角距离 <2.0000>：（捕捉主视图上右上端点）

指定第二点：（捕捉主视图上右上第二个端点）

指定第一个角点或 [倒角(C)/标高(E)/圆角(F)/厚度(T)/宽度(W)]：（捕捉主视图矩形上边延长线与第一条竖直构造线交点，如图3-68所示）

指定另一个角点或 [尺寸(D)]：（捕捉主视图矩形下边延长线与第二条竖直构造线交点）

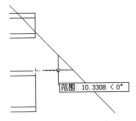

图3-66　绘制_45°构造线

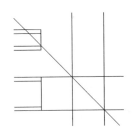

图3-67　绘制左视图构造线

结果如图3-69所示。

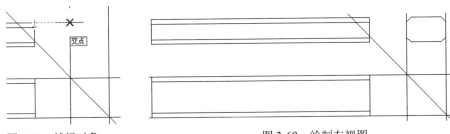

图3-68　捕捉对象　　　　　　　　　　图3-69　绘制左视图

08 删除构造线，最终结果如图3-58所示。

3.7　上机实验

实验　利用图层命令绘制图3-70所示的螺栓。

💡**操作提示：**

1）设置三个新图层。

2）绘制中心线。

3）绘制螺栓轮廓线。

4）绘制螺纹牙底线

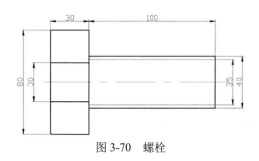

图 3-70　螺栓

3.8　思考与练习

1．选择题

（1）物体捕捉的方法有：

A 命令行方式　　　B 菜单栏方式　　　C 快捷菜单方式　　　D 工具栏方式

（2）正交模式设置的方法有：

A 命令行：ORTHO　　　　　　　　B 菜单：工具→辅助绘图工具

C 状态栏：正交开关按钮　　　　　　D 快捷键：F8

2．操作题

利用动态数据输入的方法绘制如图 3-71 所示的表面粗糙度符号。其中正三角形边长为100mm，突出斜线长 100mm。

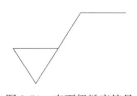

图 3-71　表面粗糙度符号

第4章　二维编辑命令

　　二维图形编辑操作配合绘图命令的使用可以进一步完成复杂图形对象的绘制工作，并可使用户合理安排和组织图形，保证作图准确，减少重复。因此，对编辑命令的熟练掌握和使用有助于提高设计和绘图的效率。

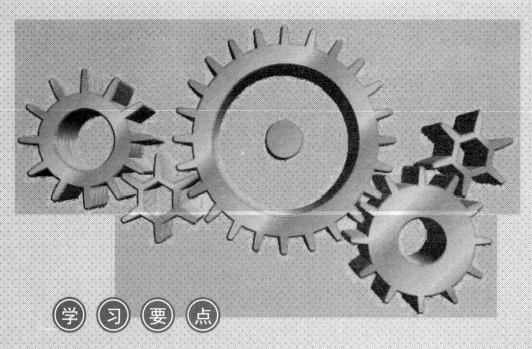

学　习　要　点

◎　删除及恢复命令

◎　复制类命令

◎　改变位置类命令

◎　改变几何特性类命令

◎　对象特性修改命令

4.1 选择对象

AutoCAD2022 为编辑图形提供了两种途径：

1）先执行编辑命令，然后选择要编辑的对象。

2）先选择要编辑的对象，然后执行编辑命令。

这两种途径的执行效果是相同的。其中，选择对象是进行编辑的前提。AutoCAD2022 提供了多种对象选择方法，如点取方法、用选择窗口选择对象、用选择线选择对象、用对话框选择对象等。AutoCAD2022 可以把选择的多个对象组成整体，如选择集和对象组，进行整体编辑与修改。

选择集可以仅由一个图形对象构成，也可以是一个复杂的对象组，如位于某一特定层上具有某种特定颜色的一组对象。选择集的构造可以在调用编辑命令之前或之后。

AutoCAD2022 提供了以下几种方法构造选择集：

- 先选择一个编辑命令，然后选择对象，按 Enter 键结束操作。
- 使用 SELECT 命令。在命令提示行输入 SELECT，然后根据选择选项，出现提示选择对象，按 Enter 键结束。
- 用点取设备选择对象，然后调用编辑命令。
- 定义对象组。

无论使用哪种方法，AutoCAD2022 都将提示用户选择对象，并且光标的形状由十字光标变为拾取框。

下面结合 SELECT 命令说明选择对象的方法。

SELECT 命令可以单独使用，也可以在执行其他编辑命令时被自动调用。此时屏幕提示：

选择对象：

等待用户以某种方式选择对象作为回答。AutoCAD2022 提供了多种选择方式，可以键入"？"查看这些选择方式。选择该选项后，出现如下提示：

需要点或窗口(W)/上一个(L)/窗交(C)/框(BOX)/全部(ALL)/栏选(F)/圈围(WP)/圈交(CP)/编组(G)/添加(A)/删除(R)/多个(M)/前一个(P)/放弃(U)/自动(AU)/单个(SI)/子对象(SU)/对象(O)

选择对象：

部分选项含义如下：

- 窗口(W)：用由两个对角顶点确定的矩形窗口选取位于其范围内的所有图形，与边界相交的对象不会被选中。指定对角顶点时应该按照从左向右的顺序，如图 4-1 所示。
- 窗交(C)：该方式与上述"窗口"方式类似，区别在于：它不但选择矩形窗口内部的对象，也选中与矩形窗口边界相交的对象。选择的对象如图 4-2 所示。
- 框(BOX)：使用时，系统根据用户在屏幕上给出的两个对角点的位置而自动引用"窗口"或"窗交"选择方式。若从左向右指定对角点，为"窗口"方式；反之，为"窗

交"方式。

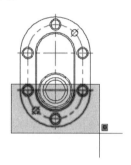 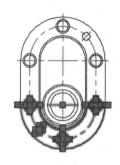

选择框　　　　　　　　　　　　　　选择后的图形

图 4-1　　"窗口"对象选择方式

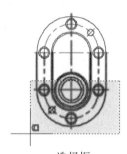 

选择框　　　　　　　　　　　　　　选择后的图形

图 4-2　　"窗交"对象选择方式

- 栏选(F)：用户临时绘制一些直线，这些直线不必构成封闭图形，凡是与这些直线相交的对象均被选中，执行结果如图 4-3 所示。

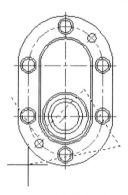 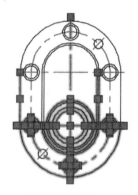

虚线为选择栏　　　　　　　　　　　选择后的图形

图 4-3　　"栏选"对象选择方式

- 圈围(WP)：使用一个不规则的多边形来选择对象。根据提示，用户顺次输入构成多边形所有顶点的坐标，直到最后按 Enter 键做出空回答结束操作，系统将自动连接第一个顶点与最后一个顶点形成封闭的多边形。凡是被多边形围住的对象均被选中（不包括边界），执行结果如图 4-4 所示。

■ 添加(A)：添加下一个对象到选择集，也可用于从移走模式（Remove）到选择模式的切换。

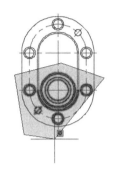 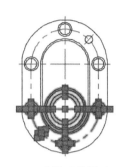

十字线拉出多边形为选择框   选择后的图形

图 4-4   "圈围"对象选择方式

4.2   删除及恢复命令

这一类命令主要用于删除图形的某部分或对已被删除的部分进行恢复，包括删除、回退、重做、清除等命令。

4.2.1   删除命令

如果所绘制的图形不符合要求或不小心错绘了图形，可以使用删除命令 ERASE 把它删除。

【执行方式】

■ 命令行：ERASE
■ 菜单：修改→删除
■ 快捷菜单：选择要删除的对象，在绘图区域右击鼠标，从打开的快捷菜单上选择"删除"选项
■ 工具栏：修改→删除✐
■ 功能区：单击"默认"选项卡"修改"面板中的"删除"按钮✐

【操作步骤】

可以先选择对象后调用删除命令，也可以先调用删除命令然后再选择对象。选择对象时可以使用前面介绍的对象选择的各种方法。

当选择多个对象时，多个对象都被删除；若选择的对象属于某个对象组，则该对象组的所有对象都被删除。

4.2.2 恢复命令

若不小心误删除了图形，可以使用恢复命令 OOPS 恢复误删除的对象。

【执行方式】

- 命令行：OOPS 或 U
- 工具栏：标准工具栏→放弃 ⬅ ▪ 或快速访问→放弃 ⬅ ▪
- 快捷键：Ctrl+Z

【操作步骤】

在命令窗口的提示行上输入 OOPS，按 Enter 键。

4.2.3 清除命令

此命令与删除命令功能完全相同。

【执行方式】

- 菜单：编辑→删除
- 快捷键：Delete

【操作步骤】

用菜单或快捷键输入上述命令后，系统提示：

选择对象：（选择要清除的对象，按 Enter 键执行清除命令）

4.3 复制类命令

本节将详细介绍 AutoCAD 2022 的复制类命令。利用这些编辑功能，可以方便地编辑绘制的图形。

4.3.1 复制命令

【执行方式】

- 命令行：COPY
- 菜单：修改→复制
- 工具栏：修改→复制
- 快捷菜单：选择要复制的对象，在绘图区域右击鼠标，从打开的快捷菜单上选择"复

制"选项

- 功能区：单击"默认"选项卡"修改"面板中的"复制"按钮

【操作步骤】

命令：COPY↙

选择对象：（选择要复制的对象）

用前面介绍的对象选择方法选择一个或多个对象，按 Enter 键结束选择操作。系统继续提示：

当前设置： 复制模式 = 多个

指定基点或 [位移(D)/模式(O)] <位移>：（指定基点或位移）

指定第二个点或 [阵列(A)] <使用第一个点作为位移>：

指定第二个点或 [阵列(A)/退出(E)/放弃(U)] <退出>：

【选项说明】

（1）指定基点：指定一个坐标点后，AutoCAD2022 把该点作为复制对象的基点，并提示：

指定第二个点或 [阵列(A)]或<使用第一点作为位移>：

指定第二个点后，系统将根据这两点确定的位移矢量把选择的对象复制到第二点处。如果此时直接按 Enter 键，即选择默认的"用第一点作位移"，则第一个点被当作相对于 X、Y、Z 的位移。例如，如果指定基点为（2,3）并在下一个提示下按 Enter 键，则该对象从它当前的位置开始在 X 方向上移动 2 个单位，在 Y 方向上移动 3 个单位。

复制完成后，系统会继续提示：

指定第二个点或 [阵列(A)/退出(E)/放弃(U)] <退出>：

这时，可以不断指定新的第二点，从而实现多重复制。

（2）位移：直接输入位移值，表示以选择对象时的拾取点为基准，以拾取点坐标为移动方向纵横比移动指定位移后确定的点为基点。例如，选择对象时拾取点坐标为（2,3），输入位移为5，则表示以（2,3）点为基准，沿纵横比为 3:2 的方向移动 5 个单位所确定的点为基点。

（3）模式：控制是否自动重复该命令。选择该项后，系统提示：

输入复制模式选项 [单个(S)/多个(M)] <当前>：

可以设置复制模式是单个或多个。

4.3.2　镜像命令

镜像对象是指把选择的对象围绕一条镜像线做对称复制。镜像操作完成后，可以保留原对象也可以将其删除。

【执行方式】

- 命令行：MIRROR

- ■ 菜单：修改→镜像
- ■ 工具栏：修改→镜像 ⚠
- ■ 功能区：单击"默认"选项卡"修改"面板中的"镜像"按钮 ⚠

 【操作步骤】

命令：MIRROR↙

选择对象：（选择要镜像的对象）

指定镜像线的第一点：（指定镜像线的第一个点）

指定镜像线的第二点：（指定镜像线的第二个点）

要删除源对象吗？[是(Y)/否(N)] <N>：（确定是否删除原对象）

这两点确定一条镜像线，被选择的对象以该线为对称轴进行镜像。包含该线的镜像平面与用户坐标系的 XY 平面垂直，即镜像操作工作在与用户坐标系的 XY 平面平行的平面上。

4.3.3 实例——绘制压盖

绘制如图 4-5 所示的压盖。

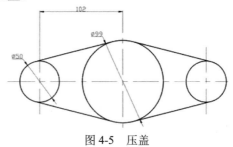

图 4-5　压盖

视频文件\讲解视频\第 4 章\压盖.MP4

01 利用"图层"命令设置如下图层：第一图层命名为"轮廓线"，线宽属性为 0.3mm，其余属性默认；第二图层名称设为"中心线"，颜色设为红色，线型加载为"CENTER"，其余属性默认。

02 绘制中心线。设置"中心线"图层为当前图层。在屏幕上适当位置指定直线端点坐标，绘制一条水平中心线和两条竖直中心线，如图 4-6 所示。

03 将粗实线图层设置为当前图层，利用 "圆"命令分别捕捉两中心线交点为圆心，指定适当的半径绘制两个圆，如图 4-7 所示。

04 利用直线命令，结合对象捕捉功能，绘制一条切线，如图 4-8 所示。

05 利用"镜像"命令，以水平中心线为对称线镜像刚绘制的切线。命令行提示与操作如下：

命令：mirror↙

选择对象：（选择切线）

选择对象：↙

指定镜像线的第一点：指定镜像线的第二点：（在中间的中心线上选取两点）

要删除源对象吗？[是(Y)/否(N)] <N>：↙

图 4-6　绘制中心线

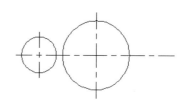

图 4-7　绘制圆

结果如图 4-9 所示。

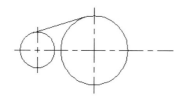

图 4-8　绘制切线

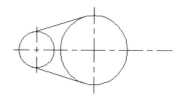

图 4-9　镜像切线

06 利用"镜像"命令，以右侧竖直中心线为对称线，选择对称线左边的图形对象，进行镜像，结果如图 4-5 所示。

4.3.4　偏移命令

偏移对象是指保持选择的对象的形状、在不同的位置以不同的尺寸大小新建一个对象。

【执行方式】

- 命令行：OFFSET
- 菜单：修改→偏移
- 工具栏：修改→偏移 ◎
- 功能区：单击"默认"选项卡"修改"面板中的"偏移"按钮 ◎

【操作步骤】

命令：OFFSET↙

当前设置：删除源=否　图层=源　OFFSETGAPTYPE=0

指定偏移距离或 [通过(T)/删除(E)/图层(L)] <通过>：（指定距离值）

选择要偏移的对象，或 [退出(E)/放弃(U)]<退出>：（选择要偏移的对象。按 Enter 键会结束操作）

指定要偏移的那一侧上的点，或 [退出(E)/多个(M)/放弃(U)] <退出>：（指定偏移方向）

选择要偏移的对象，或 [退出(E)/放弃(U)] <退出>：

【选项说明】

■ 指定偏移距离：输入一个距离值，或按 Enter 键，系统把该距离值作为偏移距离，如图 4-10 所示。

■ 通过(T)：指定偏移的通过点。选择该选项后出现如下提示：

选择要偏移的对象，或 [退出(E)/放弃(U)] <退出>：(选择要偏移的对象。按 Enter 键会结束操作)

指定通过点或 [退出(E)/多个(M)/放弃(U)] <退出>：(指定偏移对象的一个通过点)

操作完毕后系统根据指定的通过点绘制出偏移对象，如图 4-11 所示。

图 4-10　指定距离偏移对象　　　　　　图 4-11　指定通过点偏移对象

■ 删除（E）：偏移源对象后将其删除。选择该选项后会出现如下提示：

要在偏移后删除源对象吗？[是(Y)/否(N)]<当前>：

■ 图层（L）：确定将偏移对象创建在当前图层上还是源对象所在的图层上。选择该选项后会出现如下提示：

输入偏移对象的图层选项 [当前(C)/源(S)] <当前>：

4.3.5　实例——绘制挡圈

绘制如图 4-12 所示的挡圈。

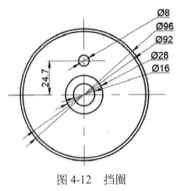

图 4-12　挡圈

视频文件\讲解视频\第 4 章\挡圈.MP4

01 利用"图层"命令设置两个图层。

❶粗实线图层：线宽 0.3mm，其余属性默认。

❷中心线图层：线型为"CENTER"，其余属性默认。

02 设置中心线图层为当前图层，利用"直线"命令绘制中心线。

03 设置粗实线图层为当前图层，利用"圆"命令绘制挡圈内孔，半径为 8mm，如图 4-13 所示。

04 利用"偏移"命令偏移绘制的圆。命令行提示与操作如下：

命令：_offset

指定偏移距离或 [通过(T)/删除(E)/图层(L)] <通过>:6✓

选择要偏移的对象，或 [退出(E)/放弃(U)] <退出>: （指定绘制的圆）

指定要偏移的那一侧上的点，或 [退出(E)/多个(M)/放弃(U)] <退出>: （指定圆外侧）

选择要偏移的对象，或 [退出(E)/放弃(U)] <退出>:✓

用相同方法指定距离为 38mm 和 40mm，以初始绘制的圆为对象向外偏移该圆，如图 4-14 所示。

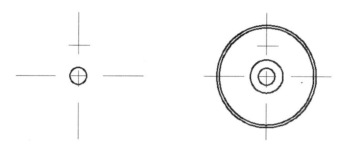

图 4-13　绘制内孔　　　　图 4-14　绘制轮廓线

05 利用"圆"命令绘制小孔，半径为 4mm，最终结果如图 4-12 所示。

4.3.6　阵列命令

建立阵列是指多重复制选择的对象并把这些副本按矩形或环形排列。把副本按矩形排列称为建立矩形阵列，把副本按环形排列称为建立极阵列。建立极阵列时，应该控制复制对象的次数和对象是否被旋转；建立矩形阵列时，应该控制行和列的数量以及对象副本之间的距离。

AutoCAD2022 提供了 ARRAY 命令建立阵列。用该命令可以建立矩形阵列、极阵列（环形）和路径阵列。

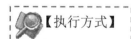【执行方式】

■　命令行：ARRAY

■　菜单：修改→阵列→矩形阵列/路径阵列/环形阵列

■　工具栏：修改→阵列⊞→矩形阵列⊞/路径阵列ⓞ/环形阵列ⓞ

■　功能区：单击"默认"选项卡"修改"面板中的"矩形阵列"按钮⊞/"路径阵列"按钮ⓞ/"环形阵列"按钮ⓞ（见图 4-15）

图 4-15 "修改"面板

【操作步骤】

命令：ARRAY↙

选择对象：（使用对象选择方法）

输入阵列类型[矩形（R）/路径（PA）/极轴（PO）]<矩形>：

【选项说明】

（1）矩形（R）：将选定对象的副本分布到行数、列数和层数的任意组合。选择该选项后出现如下提示：

选择夹点以编辑阵列或 [关联(AS)/基点(B)/计数(COU)/间距(S)/列数(COL)/行数(R)/层数(L)/退出(X)]<退出>：（通过夹点，调整阵列间距，列数，行数和层数；可以分别选择各选项输入数值）

（2）路径（PA）：沿路径或部分路径均匀分布选定对象的副本。选择该选项后出现如下提示：

选择路径曲线：（选择一条曲线作为阵列路径）

选择夹点以编辑阵列或 [关联(AS)/方法(M)/基点(B)/切向(T)/项目(I)/行(R)/层(L)/对齐项目(A)/Z 方向(Z)/退出(X)]<退出>：（通过夹点，调整阵列行数和层数；也可以分别选择各选项输入数值）

（3）极轴（PO）：在绕中心点或旋转轴的环形阵列中均匀分布对象副本。选择该选项后出现如下提示：

指定阵列的中心点或 [基点(B)/旋转轴(A)]：（选择中心点、基点或旋转轴）

选择夹点以编辑阵列或 [关联(AS)/基点(B)/项目(I)/项目间角度(A)/填充角度(F)/行(ROW)/层(L)/旋转项目(ROT)/退出(X)]<退出>：（通过夹点，调整角度，填充角度；也可以分别选择各选项输入数值）

注意： 在命令行中输入 ARRAYCLASSIC，弹出"阵列"对话框，如图 4-16、图 4-17 所示。

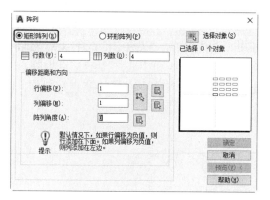

图 4-16 "阵列"对话框

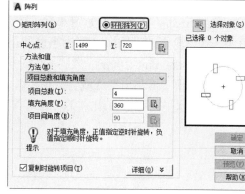

图 4-17 "环形阵列"单选按钮标签

4.3.7 实例——绘制密封垫

绘制如图 4-18 所示的密封垫。

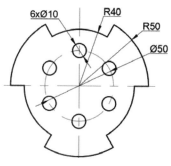

图 4-18 密封垫

视频文件\讲解视频\第 4 章\密封垫.MP4

01 设置图层。利用"图层"命令，或者单击"默认"选项卡"图层"面板中的"图层特性"按钮，新建两个图层。

❶第一个图层命名为"轮廓线"，线宽属性为 0.3mm，其余属性默认。

❷第二个图层命名为"中心线"，颜色设为红色，线型加载为"center"，其余属性默认。

02 设置绘图环境。命令行提示与操作如下：

命令：limits↙

重新设置模型空间界限：

指定左下角点或 [开(ON)/关(OFF)] <0.0000,0.0000>:↙（按 Enter 键，图纸左下角点坐标取默认值）

指定右上角点 <420.0000,297.0000>: 297,210↙（设置图纸右上角点坐标值）

03 将"中心线"图层设置为当前图层。利用"直线"命令，以{（50,100），（160,100）}，

{（105,45），（105,155）}绘制两条中心线。然后利用"圆"命令，以两中心线的交点为圆心，绘制直径为 50mm 的圆，结果如图 4-19 所示。

04 将"轮廓线"图层设置为当前图层。利用"圆"命令，以两中心线的交点为圆心绘制直径分别为 80mm、100mm 的同心圆。然后再以竖直中心线和中心线圆的交点为圆心绘制直径为 10 的圆。再利用"直线"命令，以 ϕ80mm 圆与水平对称中心线的交点为起点，以 ϕ100mm 圆与水平对称中心线的交点为终点绘制直线，结果如图 4-20 所示。

图 4-19　绘制中心线

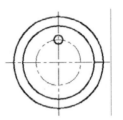

图 4-20　绘制轮廓线

05 利用"环形阵列"命令阵列 ϕ100mm 圆。命令行提示与操作如下：

命令：_ARRAY

选择对象：（选择最小的圆和直线）

选择对象:Enter

类型 = 极轴　关联 = 是

指定阵列的中心点或 [基点(B)/旋转轴(A)]：(选择同心圆圆心为中心点)

选择夹点以编辑阵列或 [关联(AS)/基点(B)/项目(I)/项目间角度(A)/填充角度(F)/行(ROW)/层(L)/旋转项目(ROT)/退出(X)] <退出>：I

输入阵列中的项目数或 [表达式(E)] <6>：6

选择夹点以编辑阵列或 [关联(AS)/基点(B)/项目(I)/项目间角度(A)/填充角度(F)/行(ROW)/层(L)/旋转项目(ROT)/退出(X)] <退出>：F

指定填充角度(+=逆时针、-=顺时针)或 [表达式(EX)] <360>:360

选择夹点以编辑阵列或 [关联(AS)/基点(B)/项目(I)/项目间角度(A)/填充角度(F)/行(ROW)/层(L)/旋转项目(ROT)/退出(X)] <退出>：

注意：在命令行中输入 ARRAYCLASSIC，弹出"阵列"对话框，如图 4-21 所示。

06 修剪处理。命令行提示与操作如下：

命令：trim↙（剪去多余的线段）

当前设置:投影=UCS，边=无

选择剪切边...

选择对象或 <全部选择>：（分别选择 6 条直线，如图 4-22 所示）

选择对象：

......

找到 1 个，总计 6 个

选择要修剪的对象，或按住 Shift 键选择要延伸的对象，或[栏选(F)/窗交(C)/投影(P)/边(E)/删除(R)/放弃(U)]:（分别选择要修剪的圆弧，结果如图 4-23 所示）

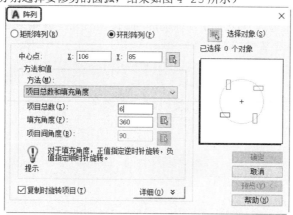

图 4-21　"阵列"对话框

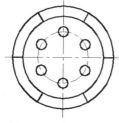

图 4-22　阵列结果

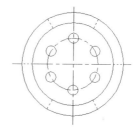

图 4-23　选择修剪界线

4.4　改变位置类命令

这一类编辑命令的功能是按照指定要求改变当前图形或图形某部分的位置，主要包括移动、旋转和缩放等命令。

4.4.1　移动命令

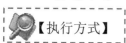【执行方式】

- 命令行：MOVE
- 菜单：修改→移动
- 快捷菜单：选择要移动的对象，在绘图区域右击鼠标，从打开的快捷菜单上选择"移动"选项
- 工具栏：修改→移动 ✛
- 功能区：单击"默认"选项卡"修改"面板中的"移动"按钮 ✛

【操作步骤】

命令：MOVE✓

选择对象：（选择对象）

用前面介绍的对象选择方法选择要移动的对象，按 Enter 键结束选择。系统继续提示：

指定基点或位移：（指定基点或移至点）

指定基点或 ［位移(D)］ <位移>：（指定基点或位移）

指定第二个点或 <使用第一个点作为位移>：

命令选项的功能与"复制"命令的类似。

4.4.2 旋转命令

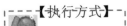【执行方式】

- 命令行：ROTATE
- 菜单：修改→旋转
- 快捷菜单：选择要旋转的对象，在绘图区域右击鼠标，从打开的快捷菜单选择"旋转"选项
- 工具栏：修改→旋转 ↻
- 功能区：单击"默认"选项卡"修改"面板中的"旋转"按钮 ↻

【操作步骤】

命令：ROTATE✓

UCS 当前的正角方向：ANGDIR=逆时针 ANGBASE=0

选择对象：（选择要旋转的对象）

指定基点：（指定旋转的基点。在对象内部指定一个坐标点）

指定旋转角度，或 ［复制(C)/参照(R)］ <0>：（指定旋转角度或其他选项）

【选项说明】

- 复制（C）：选择该选项，在旋转对象的同时保留原对象，如图 4-24 所示。

旋转前　　　　　　　　　旋转后

图 4-24　复制旋转

- 参照（R）：采用参照方式旋转对象时，系统命令行提示与操作如下：

指定参照角 <0>：（指定要参考的角度，默认值为 0）

指定新角度：（输入旋转后的角度值）

操作完毕，对象即可被旋转至指定的角度位置。

可以用拖动鼠标的方法旋转对象。选择对象并指定基点后，从基点到当前
光标位置会出现一条连线，移动鼠标选择的对象会动态地随着该连线与水平方向的夹角的变
化而旋转，按 Enter 键会确认旋转操作，如图 4-25 所示。

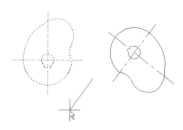

图 4-25　拖动鼠标旋转对象

4.4.3　实例——绘制曲柄

绘制如图 4-26 所示的曲柄。

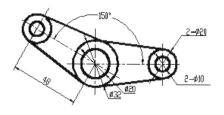

图 4-26　曲柄

视频文件\讲解视频\第 4 章\曲柄. MP4

【01】利用"图层"命令设置图层。

❶中心线层：线型为 CENTER，其余属性默认。

❷粗实线层：线宽为 0.30mm，其余属性默认。

【02】将中心线图层设置为当前图层，利用"直线"命令绘制中心线。坐标分别为
{(100,100),(180,100)}和{(120,120),(120,80)}，结果如图 4-27 所示。

【03】利用"偏移"命令绘制另一条中心线，偏移距离为 48mm，结果如图 4-28 所示。

【04】转换到粗实线图层，利用"圆"命令绘制图形轴孔部分，其中绘制圆时，以水平
中心线与左边竖直中心线交点为圆心，以 32mm 和 20mm 为直径绘制同心圆，以水平中心线
与右边竖直中心线交点为圆心，以 20mm 和 10mm 为直径绘制同心圆，结果如图 4-29 所示。

【05】利用"直线"命令绘制连接板。分别捕捉左右外圆的切点为端点，绘制上下两条连
接线，结果如图 4-30 所示。

图 4-27　绘制中心线　　　　　　　　　　　　图 4-28　偏移中心线

06 利用 "旋转" 命令，将所绘制的图形进行复制旋转，命令行提示与操作如下：

命令：ROTATE✓

UCS 当前的正角方向：ANGDIR=逆时针　ANGBASE=0

选择对象：（如图 4-31 所示，选择图形中要旋转的部分）

找到 1 个，总计 6 个

选择对象:✓

指定基点：_int 于（捕捉左边中心线的交点）

指定旋转角度，或 [复制(C)/参照(R)] <0>:C✓

旋转一组选定对象

指定旋转角度，或 [复制(C)/参照(R)] <0>: 150✓

　最终结果如图 4-26 所示。

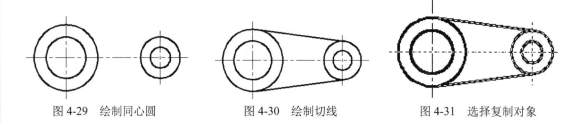

图 4-29　绘制同心圆　　　　　　　图 4-30　绘制切线　　　　　　图 4-31　选择复制对象

4.4.4　缩放命令

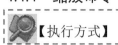【执行方式】

- 命令行：SCALE
- 菜单：修改→缩放
- 快捷菜单：选择要缩放的对象，在绘图区域右击鼠标，从打开的快捷菜单上选择"缩放"选项
- 工具栏：修改→缩放🗗
- 功能区：单击"默认"选项卡"修改"面板中的"缩放"按钮🗗

【操作步骤】

命令：SCALE✓

选择对象：（选择要缩放的对象）

指定基点：（指定缩放操作的基点）

指定比例因子或 [复制(C)/参照(R)] <1.0000>：

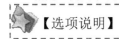【选项说明】

■ 采用参考方向缩放对象时，系统提示：

指定参照长度 <1>：（指定参考长度值）

指定新的长度或 [点(P)] <1.0000>：（指定新长度值）

若新长度值大于参考长度值，则放大对象；否则，缩小对象。操作完毕，系统以指定的基点按指定的比例因子缩放对象。如果选择"点（P）"选项，则指定两点来定义新的长度。

■ 可以用拖动鼠标的方法缩放对象。选择对象并指定基点后，从基点到当前光标位置会出现一条连线，线段的长度即为比例大小。移动鼠标选择的对象会动态地随着该连线长度的变化而缩放，按 Enter 键会确认缩放操作。

■ 选择"复制（C）"选项，可以在复制缩放对象的同时保留原对象，如图 4-32 所示。

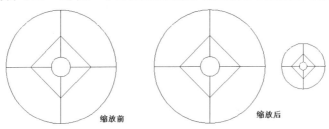

图 4-32　复制缩放

4.5　改变几何特性类命令

这一类编辑命令在对指定对象进行编辑后，使编辑对象的几何特性发生改变，包括倒角、倒圆、断开、修剪、延长、加长、伸展等命令。

4.5.1　剪切命令

【执行方式】

■ 命令行：TRIM
■ 菜单：修改→修剪
■ 工具栏：修改→修剪
■ 功能区：单击"默认"选项卡"修改"面板中的"修剪"按钮

【操作步骤】

命令：TRIM

当前设置：投影=UCS，边=无

选择剪切边...

选择对象或 <全部选择>：（选择一个或多个对象并按 Enter 键，或者按 Enter 键选择所有显示的对象）

按 Enter 键结束对象选择，系统提示：

选择要修剪的对象，或按住 Shift 键选择要延伸的对象，或[栏选(F)/窗交(C)/投影(P)/边(E)/删除(R)/放弃(U)]：

【选项说明】

■ 在选择对象时，如果按住 Shift 键，系统会自动将"修剪"命令转换成"延伸"命令，"延伸"命令将在下节介绍。

■ 选择"边"选项时，可以选择对象的修剪方式如下：

（1）延伸(E)：延伸边界进行修剪。在此方式下，如果剪切边没有与要修剪的对象相交，系统会延伸剪切边直至与对象相交，然后再修剪，如图 4-33 所示。

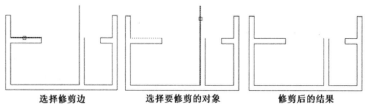

图 4-33　延伸方式修剪对象

（2）不延伸(N)：不延伸边界修剪对象。只修剪与剪切边相交的对象。

■ 选择"栏选（F）"选项时，系统以栏选的方式选择被修剪对象，如图 4-34 所示。

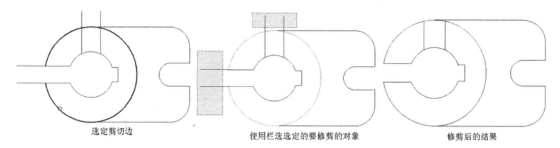

图 4-34　栏选修剪对象

■ 选择"窗交（C）"选项时，系统以窗交的方式选择被修剪对象，如图 4-35 所示。

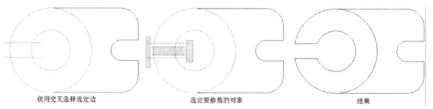

图 4-35　窗交选择修剪对象

■ 被选择的对象可以互为边界和被修剪对象，此时系统会在选择的对象中自动判断边界，如图 4-35 所示。

4.5.2 实例——绘制卡盘

绘制如图 4-36 所示的卡盘。

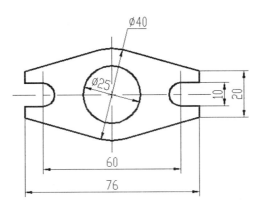

图 4-36 卡盘

视频文件\讲解视频\第 4 章\卡盘.MP4

01 利用"图层"命令设置两个新图层。

❶粗实线图层：线宽为 0.3mm，其余属性默认。

❷中心线图层：颜色为红色，线型为 CENTER，其余属性默认。

02 设置中心线图层为当前图层。利用"直线"命令绘制图形的对称中心线。

03 转换到粗实线图层，利用"圆"和"多段线"命令绘制图形右上部分，如图 4-37 所示。

04 利用"镜像"命令，分别以水平和竖直中心线为轴镜像所绘制的图形。

05 利用"修剪"命令修剪所绘制的图形，命令行提示与操作如下：

命令：TRIM↙

当前设置：投影=UCS，边=无 选择剪切边...

选择对象或 <全部选择>：（选择 4 条多段线，如图 4-38 所示）

……总计 4 个

选择对象：↙

选择要修剪的对象，或按住 Shift 键选择要延伸的对象，或[栏选(F)/窗交(C)/投影(P)/边(E)/删除(R)/放弃(U)]：（分别选择中间大圆的左右段）

结果如图 4-36 所示。

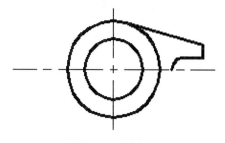

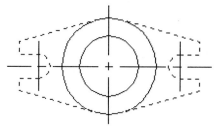

图 4-37　绘制右上部分　　　　　　　　　　图 4-38　选择对象

4.5.3　延伸命令

延伸命令是指延伸对象直至到另一个对象的边界线，如图 4-39 所示。

选择边界　　　　　　　选择要延伸的对象　　　　　　执行结果

图 4-39　延伸对象

【执行方式】

- ■　命令行：EXTEND
- ■　菜单：修改→延伸
- ■　工具栏：修改→延伸→⌐
- ■　功能区：单击"默认"选项卡"修改"面板中的"延伸"按钮→⌐

【操作步骤】

命令：EXTEND↙

当前设置:投影=UCS,边=无

选择边界的边...

选择对象或 <全部选择>：

选择对象：（选择边界对象）

　　此时可以通过选择对象来定义边界。若直接按 Enter 键，则选择所有对象作为可能的边界对象。系统规定可以用作边界对象的对象有：直线段、射线、双向无限长线、圆弧、圆、椭圆、二维和三维多义线、样条曲线、文本、浮动的视口、区域。如果选择二维多义线作边界对象，系统会忽略其宽度而把对象延伸至多义线的中心线。

　　选择边界对象后，系统继续提示：

　　选择要延伸的对象，或按住 Shift 键选择要修剪的对象，或[栏选(F)/窗交(C)/投影(P)/边(E)/放弃(U)]：

【选项说明】

- 如果要延伸的对象是适配样条多义线，则延伸后会在多义线的控制框上增加新节点。如果要延伸的对象是锥形的多义线，系统会修正延伸端的宽度，使多义线从起始端平滑地延伸至新终止端。如果延伸操作导致终止端宽度可能为负值，则取宽度值为 0，如图 4-40 所示。

　　选择边界对象　　选择要延伸的多段线　　延伸后的结果

图 4-40　延伸对象

- 选择对象时，如果按住 Shift 键，系统会自动将"延伸"命令转换成"修剪"命令。

4.5.4　实例——绘制螺钉

绘制如图 4-41 所示的螺钉。

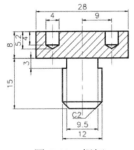

图 4-41　螺钉

视频文件\讲解视频\第 4 章\螺钉.MP4

01 利用"图层"命令设置三个新图层。粗实线图层：线宽为 0.3mm，其余属性默认；细实线图层：所有属性默认；中心线图层：颜色为红色，线型为 CENTER，其余属性默认。

02 设置中心线图层为当前图层，利用"直线"命令绘制中心线，坐标分别是{(930,460),(930,430)}和{(921,445),(921,457)}，结果如图 4-42 所示。

03 转换到粗实线图层，利用"直线"命令绘制轮廓线，坐标分别是{(930,455), (916,455),(916,432)}，结果如图 4-43 所示。

04 利用"偏移"命令绘制初步轮廓，将刚绘制的竖直轮廓线分别向左偏移 3、7、8 和 9.25，将刚绘制的水平轮廓线分别向下偏移 4mm、8mm、11mm、21mm 和 23mm，如图 4-44 所示。

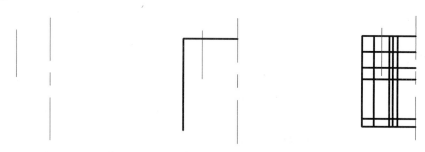

图 4-42 绘制中心线　　　　　　图 4-43 绘制轮廓线　　　　　　图 4-44 偏移轮廓线

05 分别选取适当界线和对象，利用"修剪"命令修剪偏移产生作为螺孔和螺柱初步轮廓的轮廓线，如图 4-45 所示。

06 利用"倒角"命令对螺钉端部进行倒角，选择图 4-45 最下边的直线和与其相交的侧面直线，设置倒角长度为 2mm，结果如图 4-46 所示。

07 利用"直线"命令绘制螺孔底部，坐标分别是{(919,451),(@10<-30) }，{(923,451), (@10<210) }，结果如图 4-47 所示。

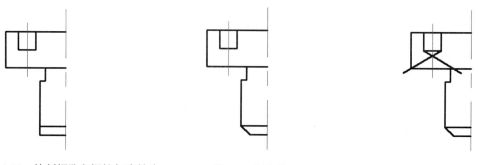

图 4-45 绘制螺孔和螺柱初步轮廓　　　　　图 4-46 倒角处理　　　　　图 4-47 绘制螺孔底部

08 利用"剪切"命令将刚绘制的两条斜线多余部分剪掉，结果如图 4-48 所示。

09 转换到细实线图层，利用"直线"命令绘制两条螺纹牙底线，如图 4-49 所示。

10 利用"延伸"命令将牙底线延伸至倒角处，命令行提示与操作如下：

命令: _extend

当前设置:投影=UCS,边=无

选择边界的边...

选择对象或 <全部选择>:（选择倒角生成的斜线）

找到 1 个

选择对象：↙

选择要延伸的对象，或按住 Shift 键选择要修剪的对象，或[栏选(F)/窗交(C)/投影(P)/边(E)/放弃(U)]:（选择刚绘制的细实线）

选择要延伸的对象，或按住 Shift 键选择要修剪的对象，或 [投影(P)/边(E)/放弃(U)]: ✓
结果如图 4-50 所示。

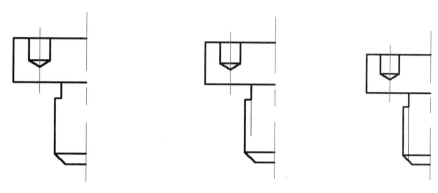

图 4-48　修剪螺孔底部图线　　　图 4-49　绘制螺纹牙底线　　　图 4-50　延伸螺纹牙底线

11 利用"镜像"命令对图形进行镜像处理。以长竖直中心线为轴、该中心线左边所有的图线为对象进行镜像，结果如图 4-51 所示。

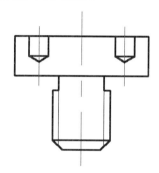

图 4-51　镜像处理

12 利用"图案填充"命令绘制剖面线。打开"图案填充创建"选项卡，如图 4-52 所示。设置"图案填充图案"为用户定义，"图案填充角度"为 45，"图案填充间距"为 1.5，在图形中要填充的区域拾取点，按 Enter 键完成图案的填充，结果如图 4-41 所示。

图 4-52　"图案填充创建"选项卡

4.5.5 拉伸命令

拉伸对象是指拖拉选择的对象，且对象的形状发生改变。拉伸对象时应指定拉伸的基点和移置点。利用一些辅助工具（如捕捉、钳夹功能及相对坐标等）可以提高拉伸的精度，如图 4-53 所示。

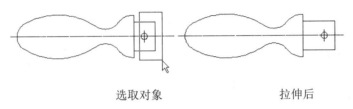

选取对象　　　　　　　　　拉伸后

图 4-53　拉伸

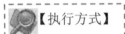【执行方式】

- ■　命令行：STRETCH
- ■　菜单：修改→拉伸
- ■　工具栏：修改→拉伸 ⬚
- ■　功能区：单击"默认"选项卡"修改"面板中的"拉伸"按钮 ⬚

【操作步骤】

命令：STRETCH✓
以交叉窗口或交叉多边形选择要拉伸的对象...
选择对象：C✓
指定第一个角点：
指定对角点：找到 2 个（采用交叉窗口的方式选择要拉伸的对象）
指定基点或 [位移(D)] <位移>：（指定拉伸的基点）
指定第二个点或 <使用第一个点作为位移>：（指定拉伸的移至点）

此时，若指定第二个点，系统将根据这两点决定矢量拉伸的对象。若直接按 Enter 键，系统会把第一个点作为 X 和 Y 轴的分量值。

STRETCH 可移动完全包含在交叉窗口内的顶点和端点，部分包含在交叉选择窗口内的对象将被拉伸，如图 4-53 所示。

4.5.6 拉长命令

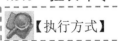【执行方式】

- ■　命令行：LENGTHEN
- ■　菜单：修改→拉长
- ■　功能区：单击"默认"选项卡"修改"面板中的"拉长"按钮 ╱

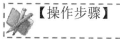【操作步骤】

命令:LENGTHEN✓

选择对象或 [增量(DE)/百分比(P)/总计(T)/动态(DY)]:(选定对象)

当前长度: 30.5001(给出选定对象的长度,如果选择圆弧,则还将给出圆弧的包含角)

选择对象或 [增量(DE)/百分比(P)/总计(T)/动态(DY)]: DE✓(选择拉长或缩短的方式,如选择"增量(DE)"方式)

输入长度增量或 [角度(A)] <0.0000>: 10✓(输入长度增量数值。如果选择圆弧段,则可输入选项"A"给定角度增量)

选择要修改的对象或 [放弃(U)]:(选定要修改的对象,进行拉长操作)

选择要修改的对象或 [放弃(U)]:(继续选择,按 Enter 键结束命令)

【选项说明】

- 增量(DE):用指定增加量的方法改变对象的长度或角度。
- 百分比(P):用指定占总长度百分比的方法改变圆弧或直线段的长度。
- 总计(T):用指定新的总长度或总角度值的方法来改变对象的长度或角度。
- 动态(DY):打开动态拖拉模式。在这种模式下,可以使用拖拉鼠标的方法动态地改变对象的长度或角度。

4.5.7　圆角命令

圆角是指用指定的半径决定的一段平滑的圆弧连接两个对象。系统规定可以圆滑连接一对直线段、非圆弧的多义线段、样条曲线、双向无限长线、射线、圆、圆弧和真椭圆。可以在任何时刻圆滑连接多义线的每个节点。

【执行方式】

- 命令行:FILLET
- 菜单:修改→圆角
- 工具栏:修改→圆角
- 功能区:单击"默认"选项卡"修改"面板中的"圆角"按钮

【操作步骤】

命令:FILLET✓

当前设置:模式 = 修剪,半径 = 0.0000

选择第一个对象或 [放弃(U)/多段线(P)/半径(R)/修剪(T)/多个(M)]:(选择第一个对象或别的选项)

选择第二个对象,或按住 Shift 键选择对象以应用角点或 [半径(R)]:(选择第二个对象)

■ 多段线(P)：在一条二维多段线的两段直线段的节点处插入圆滑的弧。选择多段线后系统会根据指定的圆弧的半径把多段线各顶点用圆滑的弧连接起来。

■ 修剪(T)：决定在圆滑连接两条边时，是否修剪这两条边，如图 4-54 所示。

修剪方式　　　　　　　　　　　　不修剪方式

图 4-54　圆角连接

■ 多个(M)：同时对多个对象进行圆角编辑，而不必重新起用命令。

按住 Shift 键并选择两条直线，可以快速创建零距离倒角或零半径圆角。

4.5.8　实例——绘制轴承座

绘制如图 4-55 所示的轴承座。

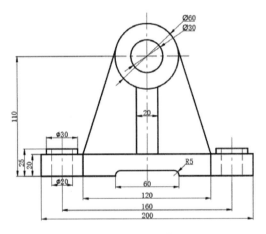

图 4-55　轴承座

视频文件\讲解视频\第 4 章\轴承座. MP4

01 利用"图层"命令设置三个图层。

❶粗实线图层：线宽为 0.3mm，其余属性默认。

❷虚线图层：线型为 DASHED，其余属性默认。

❸中心线图层：颜色为红色，线型为 CENTER，其余属性默认。

02 将中心线图层设置为当前图层，利用"直线"命令绘制三条中心线，坐标分别为 {(100,-5),(@0,155)},{(20,-5),(@0,40)},{(60,110),(@80,0)}，结果如图 4-56 所示。

03 将粗实线图层设置为当前图层，利用"直线"命令绘制部分轮廓线，坐标分别为

{(0,0),(@0,20),(@100,0)},{(0,0),(@70,0),(@0,5),(@30,0)},{(5,20),(@0,5),(@15,0)},{(40,0),(@0,20)},{(90,20),(@0,20)}，结果如图 4-57 所示。

图 4-56　绘制中心线　　　　　　　　　　　　　　图 4-57　绘制部分轮廓线

04 利用"圆"命令绘制座套轮廓线。捕捉交叉中心线交点为圆心，分别以 30mm 和 15mm 为半径绘制圆，结果如图 4-58 所示。

05 利用"直线"命令绘制支承板。捕捉左边第三条竖直轮廓线上端点为线段的起点，捕捉外圆轮廓上的切点为线段终点，如图 4-59 所示。

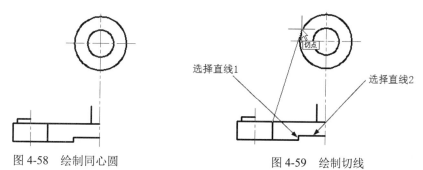

图 4-58　绘制同心圆　　　　　　　　　　　　　图 4-59　绘制切线

06 利用"圆角"命令，选择如图 4-59 所示的两个边进行圆角处理，设置圆角半径为 5mm，命令行提示与操作如下：

命令: _FILLET

当前设置: 模式 = 修剪，半径 = 0.0000

选择第一个对象或 [放弃(U)/多段线(P)/半径(R)/修剪(T)/多个(M)]: R

指定圆角半径 <0.0000>: 5

选择第一个对象或 [放弃(U)/多段线(P)/半径(R)/修剪(T)/多个(M)]: （选择直线 1）

选择第二个对象，或按住 Shift 键选择对象以应用角点或 [半径(R)]: （选择直线 2）

结果如图 4-60 所示。

07 利用"延伸"命令延伸肋板，结果如图 4-61 所示。

08 将虚线图层设置为当前图层，利用"直线"命令绘制螺孔线，端点坐标为 {(10,0),(@0,25)}，结果如图 4-62 所示。

09 利用"镜像"命令对螺孔的左端局部结构进行镜像，结果如图 4-63 所示。

10 将已绘制的部分除两个同心圆外进行镜像，结果如图 4-55 所示。

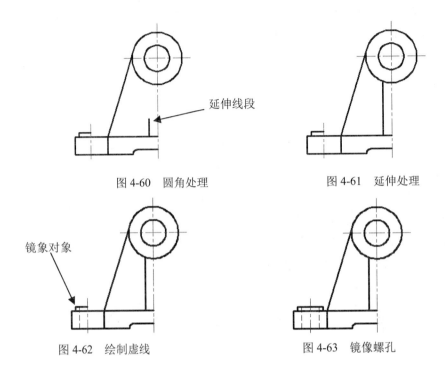

图 4-60　圆角处理　　　　　　　图 4-61　延伸处理

图 4-62　绘制虚线　　　　　　　图 4-63　镜像螺孔

4.5.9　倒角命令

倒角是指用斜线连接两个不平行的线型对象。可以用斜线连接直线段、双向无限长线、射线和多义线。

系统采用两种方法确定连接两个线型对象的斜线：指定斜线距离和指定斜线角度。下面分别介绍这两种方法。

1．指定斜线距离

斜线距离是指从被连接的对象与斜线的交点到被连接的两对象的可能的交点之间的距离，如图 4-64 所示。

2．指定斜线角度和一个斜线距离连接选择的对象

采用这种方法斜线连接对象时，需要输入两个参数：斜线与一个对象的斜线距离和斜线与该对象的夹角，如图 4-65 所示。

图 4-64　斜线距离

图 4-65　斜线距离与夹角

【执行方式】

- 命令行：CHAMFER
- 菜单：修改→倒角
- 工具栏：修改→倒角
- 功能区：单击"默认"选项卡"修改"面板中的"倒角"按钮

【操作步骤】

命令：CHAMFER↙

（"不修剪"模式）当前倒角距离 1 = 0.0000，距离 2 = 0.0000

选择第一条直线或 [放弃(U)/多段线(P)/距离(D)/角度(A)/修剪(T)/方式(E)/多个(M)]：（选择或按住 Shift 键选择直线以应用角点或 [距离(D)/角度(A)/方法(M)]:第一条直线或别的选项）

选择第二条直线，（选择第二条直线）

【选项说明】

- 多段线（P）：对多段线的各个交叉点倒角。为了得到最好的连接效果，一般设置斜线是相等的值。系统根据指定的斜线距离把多义线的每个交叉点都作斜线连接，连接的斜线成为多段线新添加的构成部分，如图 4-66 所示。

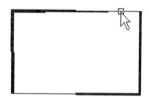

选择多段线   倒角结果

图 4-66　斜线连接多义线

- 距离(D)：选择倒角的两个斜线距离。这两个斜线距离可以相同或不相同，若二者均为 0，则系统不绘制连接的斜线，而是把两个对象延伸至相交并修剪超出的部分。
- 角度(A)：选择第一条直线的斜线距离和第一条直线的倒角角度。
- 修剪(T)：与圆角连接命令 FILLET 相同，该选项决定连接对象后是否剪切原对象。
- 方式(E)：决定采用"距离"方式还是"角度"方式来倒角。
- 多个(M)：同时对多个对象进行倒角编辑。

4.5.10　实例——绘制齿轮轴

绘制如图 4-67 所示的齿轮轴。

视频文件\讲解视频\第 4 章\齿轮轴.MP4

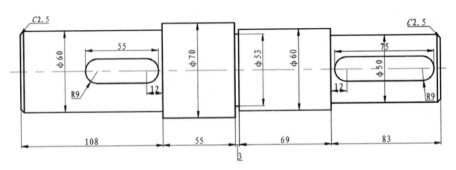

图 4-67　齿轮轴

01 设置图层。单击"格式"→"图层"或者单击"默认"选项卡"图层"面板中的"图层特性"按钮，新建两个图层：

❶第一图层命名为"轮廓线"，线宽为 0.3mm，其余属性默认。

❷第二图层命名为"中心线"，颜色为红色，线型为 CENTER，其余属性默认。

02 将"中心线"图层设置为当前图层。利用"直线"命令，绘制定位直线。

将"轮廓线"图层设置为当前图层。重复上述命令绘制竖直线，结果如图 4-68 所示。

图 4-68　绘制定位直线

03 偏移处理。利用"偏移"命令将水平直线分别向上偏移（单位为 mm）25、27.5、30 和 35，将竖直线分别向右偏移（单位为 mm）2.5、108、163、166、235、315.5 和 318。然后选择偏移形成的 4 条水平线，将其所在图层修改为"轮廓线"图层，将其线型转换成实线，结果如图 4-69 所示。

04 修剪处理。利用"修剪"命令，修剪相关图线，结果如图 4-70 所示。

05 倒角处理。

命令：chamfer↙

（"修剪"模式) 当前倒角距离 1 = 0.0000，距离 2 = 0.0000

图 4-69　偏移直线

选择第一条直线或 [多段线(P) /距离(D) /角度(A) /修剪(T) /方式(M) /多个(U)]：D↙

指定第一个倒角距离 <0.0000>: 2.5↙

指定第二个倒角距离 <2.5000>:↙

选择第一条直线或 [多段线(p) /距离(d) /角度(A) /修剪(T) /方式(M) /多个(U)]：（选择最左侧的

竖直线）

　　选择第二条直线，或按住 Shift 键选择直线以应用角点或 ［距离(D)/角度(A)/方法(M)］：（选择左侧的水平线）

　　重复上述命令将右端进行倒角处理，结果如图 4-71 所示。

　　06 镜像处理。利用"镜像"命令，将 **03** ～ **05** 步绘制的轴以水平中心线为镜像线进行镜像，结果如图 4-72 所示。

　　07 偏移处理。利用"偏移"命令将线段 1 分别向左偏移 12mm 和 49mm，将线段 2 分别向右偏移 12mm 和 69mm，结果如图 4-73 所示。

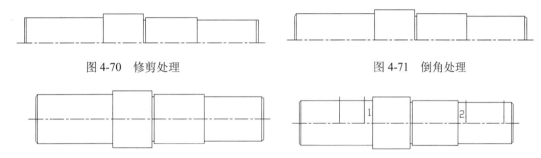

图 4-70　修剪处理　　　　　　　　　　　　　图 4-71　倒角处理

图 4-72　镜像处理　　　　　　　　　　　　　图 4-73　偏移处理

　　08 利用"圆"命令，分别选取偏移后的线段与水平定位直线的交点为圆心，绘制半径为 9mm 的 4 个圆，结果如图 4-74 所示。

　　09 绘制直线。利用"直线"命令绘制与圆相切的直线，结果如图 4-75 所示。

　　10 删除线段。利用"删除"命令，将多余线段进行删除，结果如图 4-76 所示。

　　11 修剪处理。利用"修剪"命令，修剪相关图线，结果如图 4-67 所示。

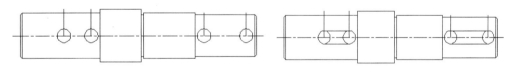

图 4-74　绘制圆　　　　　　　　　　　　　图 4-75　绘制直线

图 4-76　删除多余线段

4.5.11　打断命令

【执行方式】

- ■　命令行：BREAK
- ■　菜单：修改→打断

■　工具栏：修改→打断 ![]

■　功能区：单击"默认"选项卡"修改"面板中的"打断"按钮 ![]

【操作步骤】

命令：BREAK✓

选择对象：（选择要打断的对象）

指定第二个打断点或 [第一点(F)]：（指定第二个断开点或键入 F）

【选项说明】

如果选择"第一点(F)"，系统将丢弃前面第一个选择点，重新提示用户指定两个断开点。

4.5.12　实例——将过长的中心线删除掉

将图 4-77a 中过长的中心线删除掉。

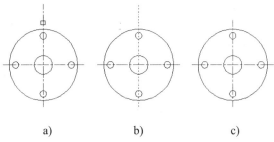

a)　　　　　　　b)　　　　　　　c)

图 4-77　打断过长的中心线

视频文件\讲解视频\第 4 章\删除过长中心线.MP4

01 执行"打断"命令。

02 按命令行提示选择过长的中心线需要打断的地方，如图 4-77a 所示。

03 被选中的中心线亮显，如图 4-77b 所示。在中心线的延长线上选择第二点，多余的中心线被删除，结果如图 4-77c 所示。

4.5.13　打断于点

打断于点与打断命令类似，是指在对象上指定一点从而把对象在此点拆分成两部分。

【执行方式】

■　工具栏：修改→打断于点 ![]

■　功能区：单击"默认"选项卡"修改"面板中的"打断于点"按钮 ![]

【操作步骤】

输入此命令后，命令行提示与操作如下：

选择对象：（选择要打断的对象）

指定第二个打断点或 [第一点(F)]：_f（系统自动执行"第一点(F)"选项）

指定第一个打断点：（选择打断点）

指定第二个打断点：@（系统自动忽略此提示）

4.5.14 分解命令

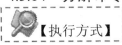【执行方式】

- ■ 命令行：EXPLODE
- ■ 菜单：修改→分解
- ■ 工具栏：修改→分解
- ■ 功能区：单击"默认"选项卡"修改"面板中的"分解"按钮

【操作步骤】

命令：EXPLODE✓

选择对象：（选择要分解的对象）

选择一个对象后，该对象会被分解。系统继续提示该行信息，允许分解多个对象。

4.6 对象特性修改命令

在编辑对象时，还可以对图形对象本身的某些特性进行编辑，从而方便地进行图形绘制。

4.6.1 钳夹功能

利用钳夹功能可以快速方便地编辑对象。AutoCAD 在图形对象上定义了一些特殊点，称为夹持点，利用夹持点可以灵活地控制对象，如图 4-78 所示。

要使用钳夹功能编辑对象必须先打开钳夹功能，打开方法是：工具→选项→选择集。

在"选择集"选项卡的夹点选项组下面，选中"显示夹点"复选框。在该页面上还可以设置代表夹点的小方格的尺寸和颜色。

也可以通过 GRIPS 系统变量控制是否打开钳夹功能，1 代表打开，0 代表关闭。

打开了钳夹功能后，应该在编辑对象之前先选择对象。夹点表示了对象的控制位置。

使用夹点编辑对象，要选择一个夹点作为基点，称为基准夹点。然后，选择一种编辑操作：镜像、移动、旋转、拉伸和缩放。可以用空格键、按 Enter 键或键盘上的快捷键循环选择这些功能。

下面仅就其中的拉伸对象操作为例进行讲述，其他操作类似。

在图形上拾取一个夹点，该夹点改变颜色，此点为夹点编辑的基准点。这时系统提示：

** 拉伸 **

指定拉伸点或 [基点(B)/复制(C)/放弃(U)/退出(X)]：

在上述拉伸编辑提示下输入镜像命令，或右击鼠标，在右键快捷菜单中选择"镜像"命令，如图 4-79 所示，系统就会转换为"镜像"操作。其他操作类似。

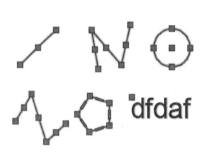

图 4-78　夹持点

图 4-79　快捷菜单

4.6.2　实例——利用钳夹功能编辑图形

绘制如图 4-80a 所示的图形，并利用钳夹功能编辑成 4-80b 所示的图形。

视频文件\讲解视频\第 4 章\利用钳夹功能编辑图形.MP4

01 利用"直线"和"圆"命令绘制图形轮廓。

a）　绘制图形

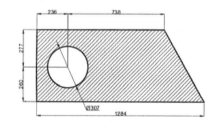

b）　编辑图形

图 4-80　编辑前的填充图案

02 利用"图案填充"命令进行图案填充。单击"默认"选项卡"绘图"面板中的"图案填充"按钮▨，❶在"图案填充类型"下拉列表框中选择"用户定义"选项，如图 4-81 所示，❷设置"角度"为 45、❸填充图案比例为 20，填充图形，结果如图 4-82 所示。

 注意：

一定要选择"组合"选项组中"关联"单选按钮，如图 4-81 所示。

图 4-81　"边界图案填充"对话框

03 钳夹功能设置。执行菜单命令：工具→选项→选择集，系统打开"选项"对话框，在"夹点"选项组勾选"启用夹点"复选框，并进行其他设置。确认后退出。

04 钳夹编辑。用鼠标分别点取图 4-82 中所示图形左边界的两线段，这两线段上会显示出相应特征点方框，再用鼠标点取图中最左边的特征点，该点以醒目方式显示（见图 4-82），拖动鼠标，使光标移到图 4-83 中的相应位置，按 Esc 键确认，得到图 4-84 所示的图形。

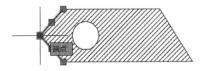  

图 4-82　显示边界特征点　　　图 4-83　移动夹点到新位置　　　图 4-84　编辑后的图案

用光标点取圆，圆上会出现相应的特征点，再用鼠标点取圆的圆心部位，则该特征点以醒目方式显示（见图 4-85）。拖动鼠标，使鼠标位于另一点的位置，如图 4-86 所示，然后按 Esc 键确认，则得到图 4-80b 所示的结果。

 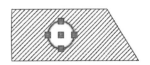

图 4-85　显示圆上特征点　　　　　　　　图 4-86　夹点移动到新位置

4.6.3　特性选项板

【执行方式】

- 命令行：DDMODIFY 或 PROPERTIES
- 菜单：修改→特性
- 工具栏：标准→特性▦
- 功能区：❶单击"视图"选项卡❷"选项板"面板中的❸"特性"按钮▦（见图 4-87）或单击"默认"选项卡"特性"面板中的"特性"按钮 ↘

图 4-87　"选项板"面板

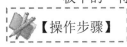【操作步骤】

AutoCAD 2022 中文版机械制图快速入门实例教程

命令：DDMODIFY✓

AutoCAD 打开"特性"工具板，如图 4-88 所示。利用它可以方便地设置或修改对象的各种属性。

不同的对象属性种类和值不同，修改属性值，对象改变为新的属性。

4.6.4 特性匹配

利用特性匹配功能可以将目标对象的属性与源对象的属性进行匹配，使目标对象变为与源对象相同。利用特性匹配功能可以方便快捷地修改对象属性，并保持不同对象的属性相同。

【执行方式】

■ 命令行：MATCHPROP

■ 菜单：修改→特性匹配

■ 功能区：单击"默认"选项卡"特性"面板中的"特性匹配"按钮 ⬛

【操作步骤】

命令：MATCHPROP✓

选择源对象：（选择源对象）

选择目标对象或 [设置(S)]：（选择目标对象）

图 4-89a 所示为两个不同属性的对象，以左边的圆为源对象，对右边的矩形进行属性匹配，结果如图 4-89b 所示。

图 4-88 "特性"工具板

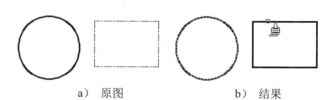

a） 原图   b） 结果

图 4-89 特性匹配

4.7　综合实例——圆柱齿轮

　　圆柱齿轮零件是机械产品中经常使用的一种典型零件，它的主视剖视图呈对称形状，侧视图则由一组同心圆构成。

　　本实例的制作思路：由于圆柱齿轮的 1:1 全尺寸平面图大于 A3 图幅，因此为了绘制方便，需要先隐藏"标题栏层"和"图框层"，在绘图窗口中隐去标题栏和图框。按照 1:1 全尺寸绘制圆柱齿轮的主视图和剖视图，如图 4-90 所示。与前面章节类似，绘制过程中充分利用视图间投影相应关系，即绘制相应的辅助线。

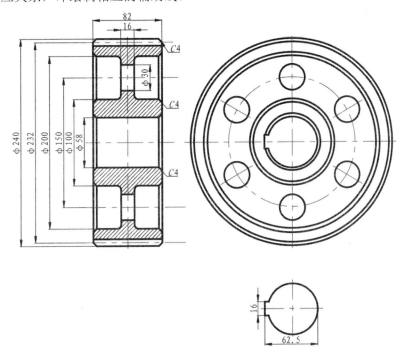

图 4-90　圆柱齿轮零件图

视频文件\讲解视频\第 4 章\圆柱齿轮.MP4

　　01 建立新文件。启动 AutoCAD 2022 应用程序，以"A3 横向样板"文件为模板，建立新文件。

　　03 单击状态栏中"线宽"按钮，在绘制图形时显示线宽，命令行中会提示"命令：〈线宽 关〉"。

　　04 单击状态栏中"栅格"按钮 #，或者使用快捷键 F7 开启栅格（系统默认为关闭栅格），并调用菜单栏中的"视图"→"缩放"→"全部"命令，调整绘图窗口的显示比例。

　　05 单击"默认"选项卡"图层"面板中的"图层特性"按钮，打开"图层特性管理器"对话框，新建并设置每一个图层，如图 4-91 所示。

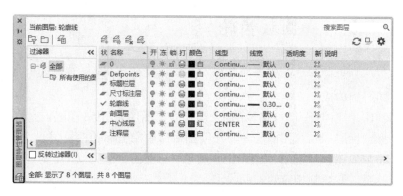

图 4-91　"图层特性管理器"对话框

06 将"中心线"图层设定为当前图层。利用"直线"命令，绘制中心线{(25, 170), (410, 170)}、{(75, 47), (75, 292)}和{(270, 47), (270, 292)}，如图 4-92 所示。

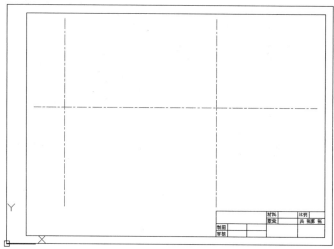

图 4-92　绘制中心线

07 利用"图层"命令，或是单击"默认"选项卡"图层"面板中的"图层特性按钮"或是在命令行中输入"LAYER"后按 Enter 键，**①**打开"图层特性管理器"对话框，**②**单击"标题栏层"和"图框层"的打开/关闭图层图标，使其呈灰暗色，如图 4-93 所示，关闭这两个图层后的效果如图 4-94 所示。

08 将"轮廓层"设定为当前图层。利用"直线"命令，利用临时捕捉命令绘制两条直线，命令行提示与操作如下：

命令：LINE✓

指定第一个点：FROM✓

基点：（利用对象捕捉选择左侧中心线的交点）

<偏移>：@ -41,0✓

指定下一点或 [放弃(U)]：@ 0,120✓

指定下一点或 [放弃(U)]：@ 41, 0✓

指定下一点或［闭合(C)/放弃(U)］:✓
结果如图4-95所示。

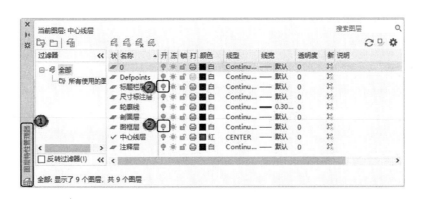

图 4-93　关闭图层

图 4-94　关闭图层后的图形

09 利用"偏移"命令，偏移边界线，向右偏移量为 33mm，向下偏移量依次为 8mm、20mm、30mm、60mm、70mm 和 91mm，再偏移中心线，向上偏移量依次为 75mm 和 116mm，结果如图 4-96 所示。

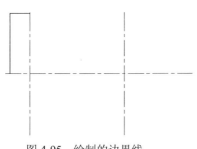

图 4-95　绘制的边界线

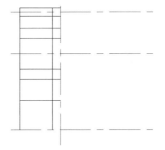

图 4-96　绘制偏移线

10 利用"倒角"命令，角度、距离模式，对左上角处的齿轮倒直角 4×45°；利用"圆角"命令，对中间凹槽倒圆，设置半径为 5mm；再进行修剪，绘制倒圆轮廓线，结果如图 4-97 所示。

11 绘制键槽。利用"偏移"命令，将中心线向上偏移 8mm 并转换成直线。然后利用"修剪"命令，对偏移的直线进行修剪，结果如图 4-98 所示。

12 利用"镜像"命令，分别以两条中心线为镜像轴，结果如图 4-99 所示。

13 将"剖面线"设定为当前图层。利用"图案填充"命令，弹出"图案填充创建"选项卡。设置"图案填充图案"为"ANSI31"。拾取填充区域内一点，按 Enter 键，完成圆柱

齿轮主视图的绘制，结果如图 4-100 所示。

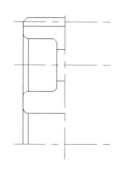

图 4-97　倒角及倒圆　　　　图 4-98　绘制键槽　　　　图 4-99　镜像

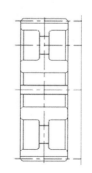

14 将"轮廓层"设定为当前图层。利用"直线"命令，绘制辅助定位线。利用"对象捕捉"在主视图中确定直线起点，再利用"正交"模式保证引出线水平，终点位置任意，结果如图 4-101 所示。

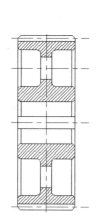

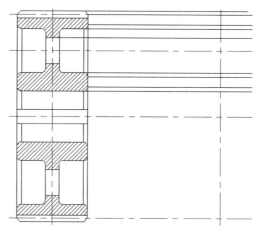

图 4-100　圆柱齿轮主视图　　　　　　图 4-101　绘制辅助定位线

15 利用"圆"命令，以右侧中心线交点为圆心，半径依次捕捉辅助定位线与中心线的交点，绘制 9 个圆。

16 利用"删除"命令，删除辅助直线。

17 利用"圆"命令，绘制减重圆孔，结果如图 4-102 所示。

18 利用"环形阵列"命令，以大圆的圆心为阵列中心点，选取图 4-102 中所绘制的减重圆孔为阵列对象，输入项目数为 6，填充角度为 360。阵列后的减重圆孔如图 4-103 所示。

注意： 在命令行中输入 ARRAYCLASSIC，弹出"阵列"对话框，如图 4-104 所示。

19 绘制键槽边界线。利用"偏移"命令，偏移同心圆的竖直中心线，偏移量为 33.3mm；将水平中心线上下偏移各 8mm。更改其图层属性为"轮廓层"，如图 4-105 所示。

20 利用"修剪"命令，对键槽进行修剪编辑，得到圆柱齿轮左视图，结果如图 4-106

所示。

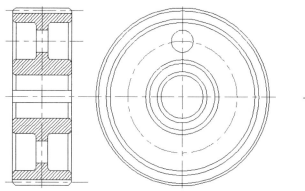

图 4-102　绘制同心圆和减重圆孔

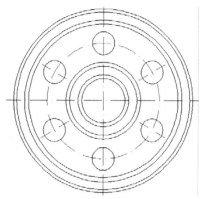

图 4-103　环形阵列减重圆孔

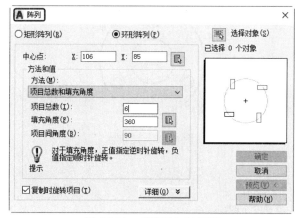

图 4-104　"阵列"对话框

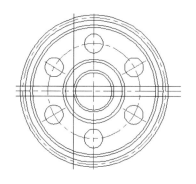

图 4-105

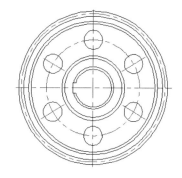

图 4-106　圆柱齿轮左视图

21 利用"复制"命令，选择键槽轮廓线和中心线，向正下方复制，并利用"打断"命令对中心线进行修剪，结果如图 4-107 所示。

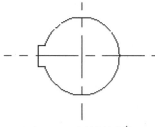

图 4-107　键槽轮廓线

4.8　上机实验

实验 1　绘制如图 4-108 所示的连接盘。

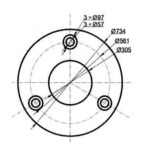

图 4-108　连接盘

操作提示：

　　1）利用"图层"命令设置三个图层。

　　2）利用"直线"命令和"圆"命令绘制中心线。

　　3）利用"圆"命令绘制轮廓线。

　　4）利用"环形阵列"命令进行阵列。

实验 2　绘制如图 4-109 所示的挂轮架。

操作提示：

　　1）利用"图层"命令设置图层。

　　2）利用"直线""圆""偏移"以及"修剪"命令绘制中心线，

　　3）利用"直线""圆"以及"偏移"命令绘制挂轮架的中间部分。

　　4）利用"圆弧""圆角"以及"剪切"命令继续绘制挂轮架中部图形。

　　5）利用"圆弧""圆"命令绘制挂轮架右部。

　　6）利用"修剪""圆角"命令修剪与倒圆。

　　7）利用"偏移""圆"命令绘制 R30mm 圆弧。在这里为了找到 R30mm 圆弧圆心，需要以 23mm 为距离向右偏移竖直对称中心线，并捕捉图 4-110 上边第二条水平中心线与竖直中心线的交点为圆心，绘制 R26mm

辅助圆，以所偏移中心线与辅助圆交点为 R30mm 圆弧圆心。

之所以偏移距离为 23mm，因为半径为 30mm 的圆弧的圆心在中心线左右各 30mm- ϕ14/2mm 处的平行线上。而绘制辅助圆的目的是找到 R30mm 圆弧的具体圆心位置点，因为 R30 圆弧与 R4mm 圆弧内切，根据相切的几何关系，R30mm 圆弧的圆心应在以 R4mm 圆弧圆心为圆心，30mm-4mm 为半径的圆上，该辅助圆与上面偏移复制平行线的交点即为 R30mm 圆弧的圆心。

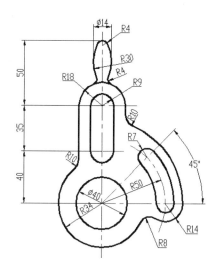

图 4-109　挂轮架　　　　　　　　　　　　图 4-110　绘制圆

8）利用"删除""修剪""镜像""圆角"等命令绘制把手图形部分。

9）利用"打断""拉长"和"删除"命令对图形中的中心线进行整理。

4.9　思考与练习

1．选择题

（1）能够将物体的某部分进行大小不变的复制的命令有

A　MIRROR　　　　　B　COPY　　　　C　ROTATE　　　D　ARRAY

（2）将下列命令与其命令名连线。

COPY　　　　　　　剪切

COPYLINK　　　　　复制

CUTCLIP　　　　　　基点复制

COPYBASE　　　　　剪贴板复制

（3）下列命令中哪些可以用来去掉图形中不需要的部分？

A　删除　　　　B　清除　　　　C　移动　　　　D　回退

（4）能够改变一条线段的长度的命令有

A　DDMODIFY　　B　LENTHEN　　C　EXTEND　　　D　TRIM

E　STRETCH　　　F　SCALE　　　G　BREAK　　　H　MOVE

（5）将下列命令与其命令名连线。

CHAMFER　　　　伸展

LENGTHEN　　　　倒圆

FILLET　　　　　加长

STRETCH　　　　倒斜角

（6）下面命令中哪一个命令在选择物体时必须采取交叉窗口或交叉多边形窗口进行选择？

A　LENTHEN　　　　B　STRETCH　　　　C　ARRAY　　　D　MIRROR

2．简答题

（1）在利用圆角命令进行倒圆角时，有时候出现无法倒圆，试分析可能的原因？

（2）在利用剪切命令对图形进行剪切时，有时无法实现剪切，试分析可能的原因？

第 5 章　文本与表格

　　文字注释是图形中很重要的一部分内容。进行各种设计时，通常不仅要绘制出图形，还要在图形中标注一些文字，如技术要求、注释说明等，用以对图形对象加以解释。AutoCAD 提供了多种写入文字的方法。本章将介绍文本的注释和编辑功能。另外，图表在 AutoCAD 图形中也有大量的应用，如明细栏、参数表和标题栏等。

学 习 要 点

◎　文本样式

◎　文本标注

◎　表格

5.1 文本样式

所有 AutoCAD 图形中的文字都有和其相对应的文本样式。当输入文字对象时，AutoCAD 使用当前设置的文本样式。文本样式是用来控制文字基本形状的一组设置。

5.1.1 定义文本样式

【执行方式】

- 命令行：STYLE 或 DDSTYLE
- 菜单：格式→文字样式
- 工具栏：文字→文字样式 A₁ 或样式→文字样式管理器 A₁
- 功能区：❶单击"默认"选项卡"注释"面板中的❷"文字样式"按钮 A₁（见图 5-1）或单击❶"注释"选项卡"文字"面板上的❷"文字样式"下拉菜单中的❸"管理文字样式"按钮（见图 5-2）或单击"注释"选项卡"文字"面板中"文字样式...."按钮 ⌐

图 5-1 "注释"面板

图 5-2 "文字"面板

【操作步骤】

命令: STYLE✓

在命令行输入 STYLE 或 DDSTYLE 命令，或在"格式"菜单中选择"文字样式" 命令，AutoCAD❶打开"文字样式"对话框，如图 5-3 所示。

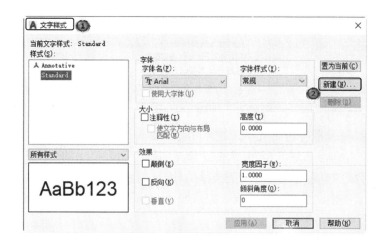

图 5-3　"文字样式"对话框

　　该对话框主要用于命名新样式名或对已有样式名进行相关操作。❷单击"新建"按钮，AutoCAD❸打开图 5-4 所示"新建文字样式"对话框。❹在此对话框中可以为新建的样式输入名字。从文本样式列表框中选中要改名的文本样式。

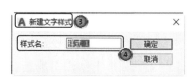

图 5-4　"新建文字样式"对话框

5.1.2　设置当前文本样式

　　在上节打开的"文字样式"对话框中可以进行文本样式的设置。

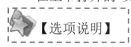【选项说明】

　　■　"字体"选项组：确定字体式样。文字的字体确定字符的形状。在 AutoCAD 中，除了它固有的 SHX 形状字体文件外，还可以使用 TrueType 字体（如宋体、楷体和 italley 等）。一种字体可以设置不同的效果以被多种文本样式使用，如图 5-5 所示即为同一种字体（宋体）的不同样式。

　　"字体"选项组用来确定文本样式使用的字体文件、字体风格及字高等。如果在此文本框中输入一个数值，则作为创建文字时的固定字高，在用 TEXT 命令输入文字时，AutoCAD 不再提示输入字高参数。如果在此文本框中设置字高为 0，AutoCAD 则会在每一次创建文字时提示输入字高。所以，如果不想固定字高就可以把它在样式中设置为 0。

机械设计基础机械设计
机械设计基础机械设计
机械设计基础机械设计
机 械 设 计 基 础
机械设计基础机械设计

图 5-5   同一字体的不同样式

■   "大小"选项组：

（1）"注释性"复选框：指定文字为注释性文字。

（2）"使文字方向与布局匹配"复选框：指定图纸空间视口中的文字方向与布局方向匹配。如果清除"注释性"复选框，则该复选框不可用。

（3）"高度"文本框：设置文字高度。如果输入 0.0，则每次用该样式输入文字时，文字默认值为 0.2 高度。

■   "效果"选项组

（1）"颠倒"复选框：选中此复选框，表示将文本文字倒置标注，如图 5-6a 所示。

（2）"反向"复选框：确定是否将文本文字反向标注。图 5-6b 所示为这种标注效果。

ABCDEFGHIJKLMN   ABCDEFGHIJKLMN
ѴＢＣＤＥＦＧＨＩＪＫＬＭＮ   ＮＭＬＫＪＩＨＧＦＥＤＣＢＡ

a)   b)

图 5-6   文字倒置标注与反向标注

（3）"垂直"复选框：确定文本文字是水平标注还是垂直标注。此复选框选中时为垂直标注，否则为水平标注。

注意：

"垂直"复选框只有在 SHX 字体下才可用。

（4）"宽度因子"文本框：设置宽度系数，确定文本字符的宽高比。当比例系数为 1 时表示将按字体文件中定义的宽高比标注文字。当此系数小于 1 时字会变窄，反之变宽。图 5-5 所示为不同比例系数下标注的文本。

（5）"倾斜角度"文本框：用于确定文字的倾斜角度。角度为 0 时不倾斜，为正时向右倾斜，为负时向左倾斜（见图 5-5）。

■   "应用"按钮：确认对文本样式的设置。当建立新的样式或者对现有样式的某些特征进行修改后，都需按此按钮，AutoCAD 确认所做的改动。

5.2 文本标注

在制图过程中文字传递了很多设计信息，它可能是一个很长很复杂的说明，也可能是一个简短的文字信息。当需要标注的文本不太长时，可以利用 TEXT 命令创建单行文本。当需要标注很长、很复杂的文字信息时，用户可以用 MTEXT 命令创建多行文本。

5.2.1 单行文本标注

【执行方式】

- ■ 命令行：TEXT
- ■ 菜单：绘图→文字→单行文字
- ■ 工具栏：文字→单行文字A
- ■ 功能区：单击"默认"选项卡"注释"面板中的"单行文字"按钮A或单击"注释"选项卡"文字"面板中的"单行文字"按钮A

【操作步骤】

命令: TEXT✓

选择相应的菜单项或在命令行输入 TEXT 命令后按 Enter 键，AutoCAD 提示：

当前文字样式： Standard   当前文字高度： 0.2000   注释性： 否

指定文字的起点或 [对正(J)/样式(S)]:

【选项说明】

- ■ 指定文字的起点：在此提示下直接在作图屏幕上点取一点作为文本的起始点，AutoCAD 提示：

指定高度 <0.2000>:（确定字符的高度）

指定文字的旋转角度 <0>:（确定文本行的倾斜角度）

输入文字: (输入文本)

在此提示下输入一行文本后按 Enter 键，AutoCAD 继续显示"输入文字:"提示，可继续输入文本，待全部输入完成后在此提示下直接按 Enter 键，则退出 TEXT 命令。可见，用 TEXT 命令也可创建多行文本，只是这种多行文本每一行是一个对象，不能对多行文本同时进行操作。

注意： 只有当前文本样式中设置的字符高度为 0 时，在使用 TEXT 命令时 AutoCAD 才出现要求用户确定字符高度的提示。

AutoCAD 允许将文本行倾斜排列，如图 5-7 所示为倾斜角度分别是 0°、45°和 –45°时的排列效果。可在"指定文字的旋转角度 <0>:"提示下输入文本行的倾斜角度或在屏幕上拉出一条直线来指定倾斜角度。

- ■ 对正(J)：在上面的提示下键入 J，用来确定文本的对齐方式。对齐方式决定文本的哪一部分与所选的插入点对齐。选择此选项，AutoCAD 提示：

图 5-7　文本行倾斜排列的效果

　　输入选项[左(L)/居中(C)/右(R)/对齐(A)/中间(M)/布满(F)/左上(TL)/中上(TC)/右上(TR)/左中(ML)/正中(MC)/右中(MR)/左下(BL)/中下(BC)/右下(BR)]:

　　在此提示下选择一个选项作为文本的对齐方式。当文本串水平排列时，AutoCAD 为标注文本串定义了图 5-8 所示的顶线、中线、基线和底线，文本的对齐方式如图 5-9 所示，图中大写字母对应上述提示中各命令。

图 5-8　文本行的底线、基线、中线和顶线

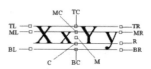

图 5-9　文本的对齐方式

■　对齐(A)：选择此选项，要求用户指定文本行基线的起始点与终止点的位置，AutoCAD 提示：

指定文字基线的第一个端点: (指定文本行基线的起点位置)

指定文字基线的第二个端点: (指定文本行基线的终点位置)

输入文字: (输入一行文本后按 Enter 键)

输入文字: （继续输入文本或直接按 Enter 键结束命令）

　　执行结果：所输入的文本字符均匀地分布于指定的两点之间，如果两点间的连线不水平，则文本行倾斜放置，倾斜角度由两点间的连线与 X 轴夹角确定。字高、字宽根据两点间的距离、字符的多少以及文本样式中设置的宽度系数自动确定。指定了两点之后，每行输入的字符越多，字宽和字高越小。

　　其他选项与"对齐"类似，不再赘述。

　　实际绘图时，有时需要标注一些特殊字符，如直径符号、上划线或下划线、温度符号等，由于这些符号不能直接从键盘上输入，AutoCAD 提供了一些控制码，用来实现这些要求。控制码用两个百分号（％％）加一个字符构成，常用的控制码见表 5-1。

　　其中，％％O 和％％U 分别是上划线和下划线的开关，第一次出现此符号开始画上划线和下划线，第二次出现此符号上划线和下划线终止。例如，在"Text:"提示后输入"I want to ％％U go to Beijing％％U."，则得到图 5-10a 所示的文本行，输入"50％％D+％％C75％％P12"，则得到图 5-10b 所示的文本行。

　　用 TEXT 命令可以创建一个或若干个单行文本，也就是说用此命令可以标注多行文本。

在"输入文本:"提示下输入一行文本后按 Enter 键，AutoCAD 继续提示"输入文本:"，用户可输入第二行文本，依次类推，直到文本全部输入完成，再在此提示下直接按 Enter 键，结束文本输入命令。每一次按 Enter 键就结束一个单行文本的输入。每一个单行文本是一个对象，可以单独修改其文本样式、字高、旋转角度和对齐方式等。

表 5-1　AutoCAD 常用控制码

符号	功能
%%O	上划线
%%U	下划线
%%D	"度"符号
%%P	正负符号
%%C	直径符号
%%%	百分号%
\u+2248	约等于≈
\u+2220	角度
\u+E100	边界线
\u+2104	中心线
\u+0394	差值
\u+0278	电相位
\u+E101	流线
\u+2261	标识
\u+E102	界碑线
\u+2260	不相等
\u+2126	欧姆
\u+03A9	欧米加
\u+214A	低界线
\u+2082	下标 2
\u+00B2	上标 2

I want to go to Bei jing　　　　50°+Ø75±12

a）　　　　　　　　　　　　b）

图 5-10　文本行

用 TEXT 命令创建文本时，在命令行输入的文字同时显示在屏幕上，而且在创建过程中可以随时改变文本的位置，如果将光标移到新的位置按点取键，则当前行结束，随后输入的文本将在新的位置出现。用这种方法可以把多行文本标注到屏幕的任何地方。

5.2.2 多行文本标注

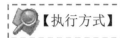【执行方式】

■ 命令行：MTEXT
■ 菜单：绘图→文字→多行文字
■ 工具栏：绘图→多行文字**A** 或文字→多行文字**A**
■ 功能区：单击"默认"选项卡"注释"面板中的"多行文字"按钮**A**或单击"注释"选项卡"文字"面板中的"多行文字"按钮**A**

【操作步骤】

命令:MTEXT✓

选择相应的菜单项或功能区图标，或在命令行输入 MTEXT 命令后按 Enter 键，系统提示：

当前文字样式:"Standard"　当前文字高度:1.9122　注释性：　否

指定第一角点: (指定矩形框的第一个角点)

指定对角点或 [高度(H)/对正(J)/行距(L)/旋转(R)/样式(S)/宽度(W)/栏(C)]:

【选项说明】

■ 指定对角点：直接在屏幕上拾取一个点作为矩形框的第二个角点，AutoCAD以这两个点为对角点形成一个矩形区域，其宽度作为将来要标注的多行文本的宽度，而且第一个点作为第一行文本顶线的起点。响应后 AutoCAD 打开"文字编辑器"选项卡和多行文字编辑器，可利用此编辑器输入多行文本并对其格式进行设置。关于对话框中各选项的含义与编辑器功能，稍后再做详细介绍。

■ 对正(J)：确定所标注文本的对齐方式。

这些对齐方式与"TEXT"命令中的各对齐方式相同，在此不再重复。选择一种对齐方式后按 Enter 键，AutoCAD 回到上一级提示。

■ 行距(L)：确定多行文本的行间距，这里所说的行间距是指相邻两文本行的基线之间的垂直距离。选择此选项，命令行中提示如下：

输入行距类型[至少(A)/精确(E)]<至少(A)>:

在此提示下有两种方式确定行间距："至少"方式和"精确"方式。"至少"方式下 AutoCAD 根据每行文本中最大的字符自动调整行间距。"精确"方式下 AutoCAD 给多行文本赋予一个固定的行间距。可以直接输入一个确切的间距值，也可以输入"nx"的形式，其中"n"是一个具体数，表示行间距设置为单行文本高度的 n 倍，而单行文本高度是本行文本字符高度的 1.66倍。

■ 旋转(R)：确定文本行的倾斜角度。选择此选项，命令行中提示如下。

指定旋转角度<0>:（输入倾斜角度）

输入角度值后按 Enter 键，返回到"指定对角点或[高度(H)/对正(J)/行距(L)/旋转(R)/样式(S)/宽度(W)]："提示。

■ 样式(S)：确定当前的文字样式。

■ 宽度(W)：指定多行文本的宽度。可在屏幕上拾取一点，将其与前面确定的第一个角点组成的矩形框的宽度作为多行文本的宽度，也可以输入一个数值，精确设置多行文本的宽度。

■ 栏(C)：可以将多行文字对象的格式设置为多栏。可以指定栏和栏之间的宽度、高度及栏数，以及使用夹点编辑栏宽和栏高。其中提供了 3 个栏选项："不分栏""静态栏"和"动态栏"。

高手支招

在创建多行文本时，只要指定文本行的起始点和宽度后，AutoCAD 就会打开"文字编辑器"选项卡和多行文字编辑器，如图 5-11 和图 5-12 所示。该编辑器与 Microsoft Word 编辑器界面相似，事实上该编辑器与 Word 编辑器在某些功能上趋于一致，这样既增强了多行文字的编辑功能，又能使用户更熟悉和方便地使用。

图 5-11　"文字编辑器"选项卡

图 5-12　多行文字编辑器

"文字编辑器"选项卡用来控制文本文字的显示特性。可以在输入文本文字前设置文本的特性，也可以改变已输入的文本文字特性。要改变已有文本文字显示特性，首先应选择要修改的文本，选择文本的方式有以下 3 种：

1）将光标定位到文本文字开始处，按住鼠标左键，拖到文本末尾。

2）双击某个文字，则该文字被选中。

3）3 次单击鼠标，则选中全部内容。

下面介绍该选项卡中部分选项的功能：

（1）"文字高度"下拉列表框：用于确定文本的字符高度。可在文本编辑器中输入新的字符高度，也可从此下拉列表框中选择已设定过的高度值。

（2）"加粗"**B**和"斜体"*I*按钮：用于设置加粗或斜体效果，但这两个按钮只对 TrueType 字体有效。

（3）"删除线"按钮：用于在文字上添加水平删除线。

（4）"下划线"按钮 $\underline{U}$ 和"上划线"按钮 $\overline{O}$：用于设置或取消文字的上划线、下划线。

（5）"堆叠"按钮 $\frac{b}{a}$：为层叠或非层叠文本按钮，用于层叠所选的文本文字，也就是创建分数形式。当文本中某处出现"/"、"^"或"#"3 种层叠符号之一时，选中需层叠的文字，才可层叠文本。二者缺一不可。符号左边的文字作为分子，右边的文字作为分母进行层叠。

AutoCAD 提供了 3 种分数形式：

1）如果选中"abcd/efgh"后单击此按钮，则得到如图 5-13a 所示的分数形式。

2）如果选中"abcd^efgh"后单击此按钮，则得到如图 5-13b 所示的形式。此形式多用于标注极限偏差。

3）如果选中"abcd # efgh"后单击此按钮，则创建斜排的分数形式，如图 5-13c 所示。

如果选中已经层叠的文本对象后单击此按钮，则恢复到非层叠形式。

（6）"倾斜角度"（ $0/$ ）文本框：用于设置文字的倾斜角度。

🔧 举一反三

> 倾斜角度与斜体效果是两个不同的概念，前者可以设置任意倾斜角度，后者是在任意倾斜角度的基础上设置斜体效果，如图 5-14 所示。第一行倾斜角度为 0°，非斜体效果；第二行倾斜角度为 12°，非斜体效果；第三行倾斜角度为 12°，斜体效果。

图 5-13　文本层叠　　　　　　　　　　图 5-14　倾斜角度与斜体效果

（7）"符号"按钮 $@$：用于输入各种符号。单击此按钮，系统打开符号列表，如图 5-15 所示。可以从中选择符号输入到文本中。

（8）"字段"按钮 🔤：用于插入一些常用或预设字段。单击此按钮，系统打开"字段"对话框，如图 5-16 所示。用户可从中选择字段，插入到标注文本中。

（9）"追踪"下拉列表框 🔤：用于增大或减小选定字符之间的空间。1.0 表示设置常规间距，设置大于 1.0 表示增大间距，设置小于 1.0 表示减小间距。

（10）"宽度因子"下拉列表框 🔤：用于扩展或收缩选定字符。1.0 表示设置代表此字体中字母的常规宽度，可以增大该宽度或减小该宽度。

（11）"上标" X^2 按钮：将选定文字转换为上标，即在键入线的上方设置稍小的文字。

（12）"下标" X_2 按钮：将选定文字转换为下标，即在键入线的下方设置稍小的文字。

（13）"清除格式"下拉列表：删除选定字符的字符格式，或删除选定段落的段落格式，或删除选定段落中的所有格式。

（14）"段落"：为段落和段落的第一行设置缩进。指定制表位和缩进，控制段落对齐方式、段落间距和段落行距，如图 5-17 所示。

度数	%%d
正/负	%%p
直径	%%c
几乎相等	\U+2248
角度	\U+2220
边界线	\U+E100
中心线	\U+2104
差值	\U+0394
电相角	\U+0278
流线	\U+E101
恒等于	\U+2261
初始长度	\U+E200
界碑线	\U+E102
不相等	\U+2260
欧姆	\U+2126
欧米加	\U+03A9
地界线	\U+214A
下标 2	\U+2082
平方	\U+00B2
立方	\U+00B3
不间断空格	Ctrl+Shift+Space
其他...	

图 5-15　符号列表

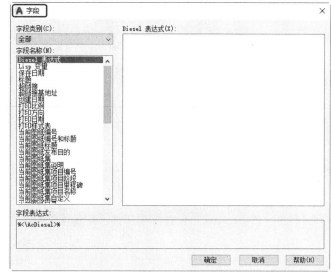

图 5-16　"字段"对话框

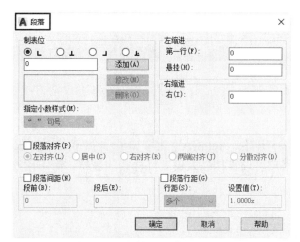

图 5-17　"段落"对话框

（15）输入文字：选择此项，系统打开"选择文件"对话框，如图 5-18 所示。可选择任意 ASCII 或 RTF 格式的文件。输入的文字保留原始字符格式和样式特性，但可以在多行文字编辑器中编辑和格式化输入的文字。选择要输入的文本文件后，可以替换选定的文字或全部文字，或在文字边界内将插入的文字附加到选定的文字中。输入文字的文件必须小于 32K。

（16）编辑器设置：显示"文字格式"工具栏的选项列表。有关详细信息请参见编辑器设置。

图 5-18 "选择文件"对话框

高手支招

> 　　多行文字是由任意数目的文字行或段落组成的，布满指定的宽度，还可以沿垂直方向无限
> 延伸。多行文字中，无论行数是多少，单个编辑任务中创建的每个段落集将构成单个对象；用
> 户可对其进行移动、旋转、删除、复制、镜像或缩放操作。

5.3 表格

　　从 AutoCAD 2005 开始，AutoCAD 新增加了一个"表格"绘图功能，利用该功能，创建表格变得非常容易，用户可以直接插入设置好样式的表格，而不用绘制由单独的图线组成的栅格。

5.3.1 表格样式

　　和文字样式一样，所有 AutoCAD 图形中的表格都有和其相对应的表格样式。当插入表格对象时，系统使用当前设置的表格样式。表格样式是用来控制表格基本形状和间距的一组设置。模板文件 ACAD.DWT 和 ACADISO.DWT 中定义了名叫 STANDARD 的默认表格样式。

【执行方式】

- ■ 命令行：TABLESTYLE
- ■ 菜单：格式→表格样式
- ■ 工具栏：样式→表格样式管理器 ⊞

■ 功能区：单击"默认"选项卡"注释"面板中的"表格样式"按钮📇或单击"注释"选项卡 "表格"面板上的"表格样式"下拉菜单中的"管理表格样式"按钮或单击"注释"选项卡 "表格"面板中"表格样式...."按钮↘

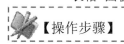
【操作步骤】

命令: TABLESTYLE↙

在命令行输入 TABLESTYLE 命令，或在"格式"菜单中选择"文字样式" 命令，或者在"样式"工具栏中单击"表格样式管理器"按钮，AutoCAD 打开"表格样式"对话框，如图 5-19 所示。

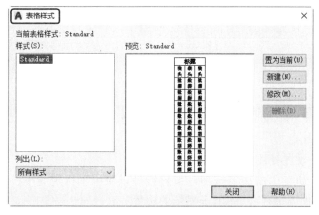

图 5-19 "表格样式"对话框

【选项说明】

■ "新建"按钮：单击该按钮，系统打开"创建新的表格样式"对话框，如图 5-20 所示。 输入新的表格样式名后，单击"继续"按钮，系统打开"新建表格样式"对话框，如图 5-21 所示。从中可以定义新的表格样式。

图 5-20 "创建新的表格样式"对话框

"新建表格样式"对话框中有三个选项卡，即"常规""文字"和"边框"选项卡（见图 5-21），分别控制表格中数据、表头和标题的有关参数，如图 5-22 所示。

除了图 5-21 所示的"常规"选项卡以外还有：

（1）"文字"选项卡：

■ 文字高度：设置文字高度。

■ 文字颜色：设置文字颜色。

■ 文字角度：设置文字角度。

图 5-21 "新建表格样式"对话框   图 5-22 表格样式

（2）"边框"选项卡：

■ 线宽：设置要用于显示边界的线宽。

■ 线型：通过单击边框按钮，设置线型以应用于指定边框。

■ 颜色：指定颜色以应用于显示的边界。

■ 双线：指定选定的边框为双线型。

■ 修改：对当前表格样式进行修改，方式与新建表格样式相同。

5.3.2 表格绘制

在设置好表格样式后，用户可以利用 TABLE 命令创建表格。

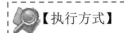【执行方式】

■ 命令行：TABLE

■ 菜单：绘图→表格

■ 工具栏：绘图→表格▦

■ 功能区：单击"默认"选项卡"注释"面板中的"表格"按钮▦或单击"注释"选项卡
"表格"面板中的"表格"按钮▦

【操作步骤】

命令：TABLE✓

在命令行输入 TABLE 命令，或在"绘图"菜单中选择"表格"命令，或者单击"默认"
选项卡"注释"面板中的"表格"按钮，AutoCAD 打开"插入表格"对话框，如图 5-23 所
示。

【选项说明】

- "表格样式"选项组：可以在"表格样式名称"下拉列表框中选择一种表格样式，也可以单击后面的图标按钮新建或修改表格样式。
- "插入方式"选项组：

（1）"指定插入点"单选按钮：指定表左上角的位置。可以使用定点设备，也可以在命令行输入坐标值。如果表格样式将表的方向设置为由下而上读取，则插入点位于表的左下角。

（2）"指定窗口"单选按钮：指定表的大小和位置。可以使用定点设备，也可以在命令行输入坐标值。选定此选项时，行数、列数、列宽和行高取决于窗口的大小以及列和行设置。

- "列和行设置"选项组：指定列和行的数目以及列宽与行高。

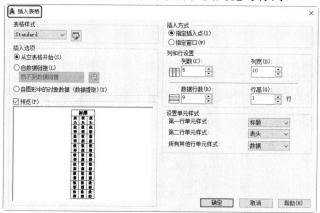

图 5-23　"插入表格"对话框

注意：　在"插入方式"选项组中选择了"指定窗口"单选按钮后，列与行设置的两个参数中只能指定一个，另外一个中指定窗口大小自动等分指定。

在"插入表格"对话框中进行相应设置后，单击"确定"按钮，系统在指定的插入点或窗口自动插入一个空表格，并显示多行文字编辑器（见图 5-24），用户可以逐行逐列输入相应的文字或数据。

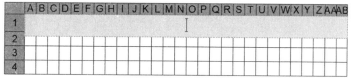

图 5-24　多行文字编辑器

注意：在插入后的表格中选择某一个单元格，单击后出现钳夹点，通过移动钳夹点可以改变单元格的大小，如图 5-25 所示。

图 5-25　改变单元格大小

5.3.3　表格编辑

【执行方式】

- 命令行：TABLEDIT
- 快捷菜单：选定表和一个或多个单元后，单击右键并选择快捷菜单上的"编辑文字"选项（见图 5-26）

图 5-26　快捷菜单

- 定点设备：在表单元内双击

【操作步骤】

命令: TABLEDIT↙

系统打开图 5-24 所示的多行文字编辑器，用户可以对指定表格单元的文字进行编辑。

5.3.4 实例———绘制齿轮参数表

绘制如图 5-27 所示的齿轮参数表。

视频文件\讲解视频\第 5 章\齿轮参数表.MP4

01 设置表格样式。执行"表格样式"命令，打开"表格样式"对话框。

齿数	Z	24
模数	m	3
压力角	α	30°
公差等级及配合类别	6H-GE	T3478.1-1995
作用齿槽宽最小值	E_{Vmin}	4.7120
实际齿槽宽最大值	E_{max}	4.8370
实际齿槽宽最小值	E_{min}	4.7590
作用齿槽宽最大值	E_{Vmax}	4.7900

图 5-27　齿轮参数表

02 单击"修改"按钮，系统打开"修改表格样式"对话框，如图 5-28 所示。在该对话框中进行如下设置：数据、表头和标题的文字样式为"Standard",文字高度为 4.5，文字颜色为"ByBlock"，填充颜色为"无"，对齐方式为"正中"，在"边框特性"选项组中按下第一个按钮，栅格颜色为"洋红"，表格方向为"向下"，水平单元边距和垂直单元边距都为 1.5。

03 设置好文字样式，确定后退出。

04 创建表格。执行"表格"命令，系统打开"插入表格"对话框，设置插入方式为"指定插入点"，行和列设置为 6 行 3 列、列宽为 8、行高为 1。

确定后，在绘图平面指定插入点，则插入空表格，并显示多行文字编辑器。不输入文字，直接在多行文字编辑器中单击"确定"按钮退出。

05 右键单击第 1 列某一个单元格，出现特性面板后，将列宽变成 68，结果如图 5-29 所示。

06 双击单元格，重新打开多行文字编辑器，在各单元格中输入相应的文字或数据，结果如图 5-27 所示。

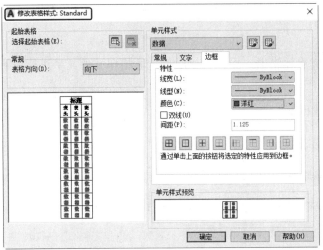

图 5-28 "修改表格样式"对话框

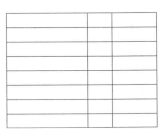

图 5-29 改变列宽

5.4 综合实例——样板图

所谓样板图就是将绘制图形通用的一些基本内容和参数事先设置好,并绘制出来,以.dwt 的格式保存起来。例如,A3 图纸可以绘制好图框和标题栏,设置好图层、文字样式和标注 样式等,然后作为样板图保存。以后需要绘制 A3 幅面的图形时,可打开此样板图,在此基 础上绘图。A3 样板图如图 5-30 所示。

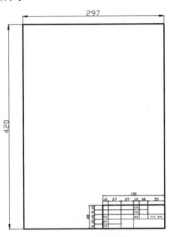

图 5-30 A3 样板图

视频文件\讲解视频\第 5 章\A3 样板图.MP4

01 国家标准对图纸的幅面大小做了严格的规定,在这里,不妨按 A3 图纸幅面设置图 形边界。A3 图纸的幅面为 420mm×297mm,故设置图形边界如下:

命令: limits↙

重新设置模型空间界限:

指定左下角点或 [开(ON)/关(OFF)] <0.0000,0.0000>:

指定右上角点 <420,297.0000>: 420,297

02 单击菜单栏上的"格式"→"文字样式"按钮,在弹出的"文字样式"对话框中新建"样式 1",按实际情况进行设置,单击"关闭"按钮确认退出。

03 单击"默认"选项卡"图层"面板中的"图层特性"按钮,打开"图层特性管理器"对话框。新建图框层和标题栏层,如图 5-31 所示。

04 将图框图层设置为当前图层。利用"矩形"命令,绘制 297mm×420mm 的图框,如图 5-32 所示。

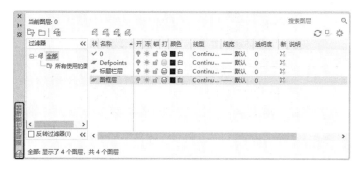

图 5-31　图层特性管理器

图 5-32　绘制图框

05 利用"矩形"命令、"直线"命令、"偏移"命令和"修剪"命令绘制标题栏,如图 5-33 所示。

06 利用"多行文字"命令填写标题栏中的文字,结果如图 5-34 所示。

07 在"文件"下拉菜单中选择"保存"或"另存为"选项,在"存为类型"下拉列表框中选择"AutoCAD 图形样板(*.dwt)"选项,输入文件名即可保存。

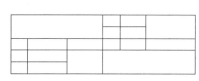

图 5-33　绘制标题栏

图 5-34　填写文字后的结果

5.5　上机实验

实验 1　标注如图 5-35 所示的技术要求。

操作提示:

1)设置文字标注的样式。

技术要求
1.热处理硬度HB255～302（δ=3.8～3.5）
2.未注倒角C1，未注圆角R1
3.锐角修钝
4.未注表面对基准的跳动不大于0.2
5.氧化处理

图 5-35　技术要求

2）利用"多行文字"命令进行标注。

3）利用右键快捷菜单，输入特殊字符。在输入尺寸公差时注意一定要输入"+0.05^-0.06"，然后选择这些文字，单击"文字格式"对话框上的"堆叠"按钮。

实验 2　绘制并填写如图 5-36 所示的标题栏。

阀　体		比例		
		件数		
制图		重量		共1张 第1张
描图		三维书屋工作室		
审核				

图 5-36　标题栏

操作提示：

1）按照有关标准或规范设定的尺寸，利用直线命令和相关编辑命令绘制标题栏。

2）设置两种不同的文字样式。

3）填写标题栏中的文字。

5.6　思考与练习

1．定义一名为"USER"的文本样式，字体为楷体，字体高度为 5，倾斜角度为 15°，并在矩形内输入下面一行文本：

AutoCAD中文版快速入门

2．试用 MTEXT 命令输入如图 5-37 所示的文本。

3．试用 DTEXT 命令输入如图 5-38 所示的文本。

技术要求：
1.Ø20的孔配做。
2.未注倒角C1。

用特殊字符输入下划线
字体倾斜角度为15度

图 5-37　MTEXT 命令练习　　　　图 5-38　DTEXT 命令练习

第6章 尺寸标注

　　尺寸标注是绘图设计过程中相当重要的一个环节。因为图形的主要作用是表达物体的形状，而物体各部分的真实大小和各部分之间的确切位置只能通过尺寸标注来表达，因此没有正确的尺寸标注，绘制出的图形对于加工制造就没什么意义。

学 习 要 点

◎ 尺寸样式

◎ 标注尺寸

◎ 引线标注

◎ 几何公差

6.1 尺寸样式

组成尺寸标注的尺寸界线、尺寸线、尺寸文本及箭头等可以采用多种多样的形式，具体标注一个几何对象的尺寸时，它的尺寸标注以什么形态出现，取决于当前所采用的尺寸标注样式。标注样式决定尺寸标注的形式，包括尺寸线、尺寸界线、箭头和中心标记的形式，尺寸文本的位置、特性等。在 AutoCAD 2022 中用户可以利用"标注样式管理器"对话框方便地设置自己需要的尺寸标注样式。本节将介绍如何定制尺寸标注样式。

6.1.1 新建或修改尺寸样式

在进行尺寸标注之前，要建立尺寸标注的样式。如果用户不建立尺寸样式而直接进行标注，系统将使用默认名称为 Standard 的样式。用户如果认为使用的标注样式某些设置不合适，也可以修改标注样式。

【执行方式】

- 命令行：DIMSTYLE
- 菜单：格式→标注样式 或 标注→标注样式
- 工具栏：标注→标注样式
- 功能区：❶单击"默认"选项卡"注释"面板中的❷"标注,标注样式...."按钮（见图 6-1）或❶单击"注释"选项卡"标注"面板上的❷"标注样式"下拉菜单中的❸"管理标注样式"按钮（见图 6-2）或单击"注释"选项卡"标注"面板中的"标注,标注样式...."按钮 ⬎

图 6-1 "注释"面板

【操作步骤】

命令：DIMSTYLE✓

或选择相应的菜单项或工具图标，AutoCAD 打开"标注样式管理器"对话框，如图 6-3

所示。利用此对话框可方便直观地定制和浏览尺寸标注样式，包括产生新的标注样式、修改已存在的样式、设置当前尺寸标注样式、样式重命名以及删除一个已有样式等。

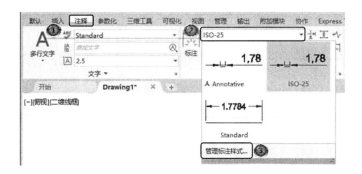

图 6-2　"标注"面板

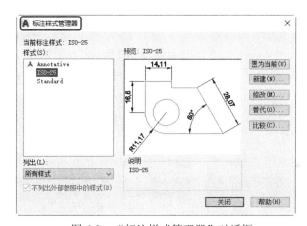

图 6-3　"标注样式管理器"对话框

【选项说明】

■　"置为当前"按钮：单击此按钮，把在"样式"列表框中选中的样式设置为当前样式。

■　"新建"按钮：定义一个新的尺寸标注样式。单击此按钮，AutoCAD 打开"创建新标注样式"对话框，如图 6-4 所示。利用此对话框可创建一个新的尺寸标注样式。其中各项的功能说明如下：

（1）"新样式名"文本框：给新的尺寸标注样式命名。

（2）"基础样式"下拉列表框：选取创建新样式所基于的标注样式。单击右侧的向下箭头，出现当前已有的样式列表，从中选取一个作为定义新样式的基础，新的样式是在这个样式的基础上修改一些特性得到的。

（3）"用于"下拉列表框：指定新样式应用的尺寸类型。单击右侧的向下箭头出现尺寸类型列表。如果新建样式应用于所有尺寸，则选"所有标注"；如果新建样式只应用于特定

的尺寸标注（如只在标注直径时使用此样式），则选取相应的尺寸类型。

（4）"继续"按钮：各选项设置好以后，单击"继续"按钮，AutoCAD 打开"新建标注样式"对话框，如图 6-5 所示，利用此对话框可对新样式的各项特性进行设置。该对话框中各部分的含义和功能将在后面介绍。

- "修改"按钮：修改一个已存在的尺寸标注样式。单击此按钮，系统弹出"修改标注样式"对话框，该对话框中的各选项与"新建标注样式"对话框中的完全相同，可以对已有标注样式进行修改。
- "替代"按钮：设置临时覆盖尺寸标注样式。单击此按钮，AutoCAD 打开"替代当前样式"对话框，该对话框中的各选项与"新建标注样式"对话框完全相同，用户可改变选项的设置覆盖原来的设置，但这种修改只对指定的尺寸标注起作用，而不影响当前尺寸变量的设置。
- "比较"按钮：比较两个尺寸标注样式在参数上的区别或浏览一个尺寸标注样式的参数设置。单击此按钮，AutoCAD 打开"比较标注样式"对话框，如图 6-6 所示。可以把比较结果复制到剪切板上，然后再粘贴到其他的 Windows 应用软件上。

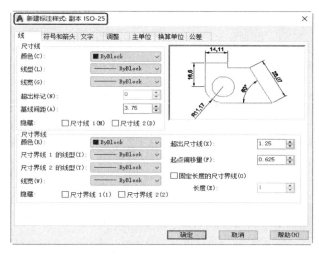

图 6-4　"创建新标注样式"对话框　　　　图 6-5　"新建标注样式"对话框

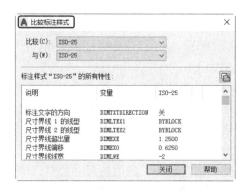

图 6-6　"比较标注样式"对话框

6.1.2 样式定制

1. 线

在"新建标注样式"对话框中，第一个选项卡就是"线"选项卡，如图 6-5 所示。该选项卡用于设置尺寸线、尺寸界线的形式和特性。

■ "尺寸线"选项组：设置尺寸线的特性。其中各选项的含义如下：

（1）"颜色"下拉列表框：设置尺寸线的颜色。可直接输入颜色名字，也可从下拉列表中选择，如果选取"选择颜色"，系统将打开"选择颜色"对话框供用户选择其他颜色。

（2）"线宽"下拉列表框：设置尺寸线的线宽，下拉列表中列出了各种线宽的名字和宽度。

（3）"超出标记"微调框：当尺寸箭头设置为短斜线、短波浪线等，或尺寸线上无箭头时，可利用此微调框设置尺寸线超出尺寸界线的距离。

（4）"基线间距"微调框：设置以基线方式标注尺寸时，相邻两尺寸线之间的距离。

（5）"隐藏"复选框组：确定是否隐藏尺寸线及相应的箭头。选中"尺寸线 1"复选框表示隐藏第一段尺寸线，选中"尺寸线 2"复选框表示隐藏第二段尺寸线。

■ "尺寸界线"选项组：该选项组用于确定尺寸界线的形式。其中各项的含义如下：

（1）"颜色"下拉列表框：设置尺寸界线的颜色。

（2）"线宽"下拉列表框：设置尺寸界线的线宽。

（3）"超出尺寸线"微调框：确定尺寸界线超出尺寸线的距离。

（4）"起点偏移量"微调框：确定尺寸界线的实际起始点相对于指定的尺寸界线的起始点的偏移量。

（5）"超出尺寸线"微调框：确定尺寸界线超出尺寸线的距离，相应的尺寸变量是 DIMEXE。

（6）"起点偏移量"微调框：确定尺寸界线的实际起始点相对于指定的尺寸界线的起始点的偏移量，相应的尺寸变量是 DIMEXO。

（7）"固定长度的尺寸界线"复选框：选中该复选框，系统以固定长度的尺寸界线标注尺寸。可以在下面的"长度"微调框中输入长度值。

（8）"隐藏"复选框组：确定是否隐藏尺寸界线。选中 "尺寸界线 1" 复选框表示隐藏第一段尺寸界线，选中 "尺寸界线 2" 复选框表示隐藏第二段尺寸界线。

2. 尺寸样式显示框

在"新建标注样式"对话框的右上方是一个尺寸样式显示框，该框以样例的形式显示用户设置的尺寸样式。

3. 符号和箭头

在"新建标注样式"对话框中，第二个选项卡就是"符号和箭头"选项卡，如图 6-7 所示。该选项卡用于设置箭头、圆心标记、弧长符号和半径标注折弯的形式和特性。

■ "箭头"选项组：设置尺寸箭头的形式。AutoCAD 提供了多种多样的箭头形状，列在"第一个"和"第二个"下拉列表框中。另外，还允许采用用户自定义的箭头

AutoCAD 2022 中文版机械制图快速入门实例教程

形状。两个尺寸箭头可以采用相同的形式，也可采用不同的形式。

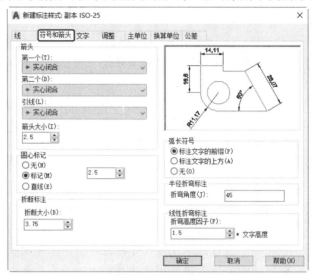

图 6-7   "符号和箭头"选项卡

（1）"第一个"下拉列表框：用于设置第一个尺寸箭头的形式。可单击右侧的小箭头从下拉列表中选择，其中列出了各种箭头形式的名字以及各类箭头的形状。一旦确定了第一个箭头的类型，第二个箭头则自动与其匹配，要想第二个箭头取不同的形状，可在"第二个"下拉列表框中设定。

如果在列表中选择了"用户箭头"，则打开如图 6-8 所示的"选择自定义箭头块"对话框，可以事先把自定义的箭头存成一个图块，在此对话框中输入该图块名即可。

（2）"第二个"下拉列表框：确定第二个尺寸箭头的形式。可与第一个箭头不同。

（3）"引线"下拉列表框：确定引线箭头的形式。与"第一个"设置类似。

（4）"箭头大小"微调框：设置箭头的大小。

■   "圆心标记"选项组：

（1）"标记"单选按钮：中心标记为一个记号。

（2）"直线"单选按钮：中心标记采用中心线的形式。

（3）   "无"单选按钮：既不产生中心标记，也不产生中心线，如图 6-9 所示。

（4）"大小"微调框：设置中心标记和中心线的大小和粗细。

图 6-8   "选择自定义箭头块"对话框　　　　图 6-9   圆心标记

■   "弧长符号"选项组：控制弧长标注中圆弧符号的显示。有三个单选项：

（1）"标注文字的前缀"单选按钮：将弧长符号放在标注文字的前面，如图 6-10a 所示。

164

（2）"标注文字的上方"单选按钮：将弧长符号放在标注文字的上方，如图 6-10b 所示。

（3）"无"单选按钮：不显示弧长符号，如图 6-10c 所示。

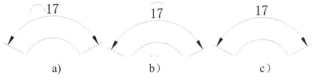

图 6-10　弧长符号

■　"半径折弯标注"选项组:控制折弯（Z 字形）半径标注的显示。折弯半径标注通常在中心点位于页面外部时创建。在"折弯角度"文本框中可以输入连接半径标注的尺寸界线和尺寸线横向直线的角度，如图 6-11 所示。

■　"线性折弯标注"选项组：控制线性标注折弯的显示。当标注不能精确表示实际尺寸时，通常将折弯线添加到线性标注中。

■　"折断标注"选项组：控制折断标注的间距宽度。

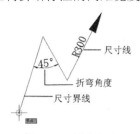

图 6-11　折弯角度

4. 尺寸文本

在"新建标注样式"对话框中，第三个选项卡就是"文字"选项卡，如图 6-12 所示。该选项卡用于设置尺寸文本的形式、布置和对齐方式等。

■　"文字外观"选项组：

（1）"文字样式"下拉列表框：选择当前尺寸文本采用的文本样式。可单击小箭头从下拉列表中选取一个样式，也可单击右侧的▢按钮，打开"文字样式"对话框以创建新的文本样式或对文本样式进行修改。

（2）"文字颜色"下拉列表框：设置尺寸文本的颜色，其操作方法与设置尺寸线颜色的方法相同。

（3）"文字高度"微调框：设置尺寸文本的字高。如果选用的文本样式中已设置了具体的字高（不是 0），则此处的设置无效；如果文本样式中设置的字高为 0，将以此处的设置为准。

（4）"分数高度比例"微调框：确定尺寸文本的比例系数。

（5）"绘制文字边框"复选框：选中此复选框，AutoCAD 在尺寸文本周围加上边框。

■　"文字位置"选项组：

（1）"垂直"下拉列表框：确定尺寸文本相对于尺寸线在垂直方向的对齐方式。单击右侧的向下箭头弹出下拉列表，可选择的对齐方式有以下 4 种：

1）置中：将尺寸文本放在尺寸线的中间。

2）上方：将尺寸文本放在尺寸线的上方。

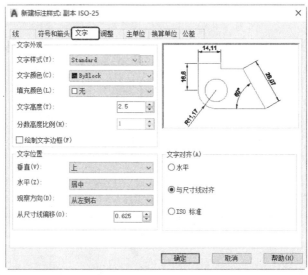

图 6-12 "新建标注样式"对话框的"文字"选项卡

3）外部：将尺寸文本放在远离第一条尺寸界线起点的位置，即和所标注的对象分列于尺寸线的两侧。

4）JIS：使尺寸文本的放置符合 JIS（日本工业标准）规则。

这几种文本布置方式如图 6-13 所示。

（2）"水平"下拉列表框：确定尺寸文本相对于尺寸线和尺寸界线在水平方向的对齐方式。单击右侧的向下箭头弹出下拉列表，对齐方式有 5 种，即居中、第一条尺寸界线、第二条尺寸界线、第一条尺寸界线上方、第二条尺寸界线上方，如图 6-14a~e 所示。

（3）"从尺寸线偏移"微调框：当尺寸文本放在断开的尺寸线中间时，此微调框用来设置尺寸文本与尺寸线之间的距离（尺寸文本间隙）。

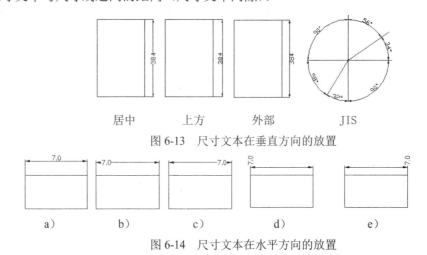

居中　　　上方　　　外部　　　JIS

图 6-13 尺寸文本在垂直方向的放置

a)　　　b)　　　c)　　　d)　　　e)

图 6-14 尺寸文本在水平方向的放置

■ "文字对齐"选项组：用来控制尺寸文本排列的方向。

（1）"水平"单选按钮：尺寸文本沿水平方向放置。不论标注什么方向的尺寸，尺寸文本总保持水平。

（2）"与尺寸线对齐"单选按钮：尺寸文本沿尺寸线方向放置。

（3）"ISO 标准"单选按钮：当尺寸文本在尺寸界线之间时，沿尺寸线方向放置；在尺寸界线之外时，沿水平方向放置。

5. 调整

在"新建标注样式"对话框中，第四个选项卡就是"调整"选项卡，如图 6-15 所示。该选项卡根据两条尺寸界线之间的空间，设置将尺寸文本、尺寸箭头放在两尺寸界线的里边还是外边。如果空间允许，AutoCAD 总是把尺寸文本和箭头放在尺寸界线的里边，若空间不够，则根据本选项卡的各项设置放置。

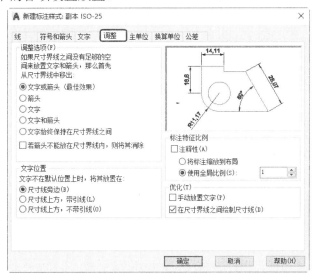

图 6-15 "新建标注样式"对话框的"调整"选项卡

■ "调整选项"选项组：

（1）"文字或箭头（最佳效果）"单选按钮：选中此单选按钮，按以下方式放置尺寸文本和箭头：如果空间允许，把尺寸文本和箭头都放在两尺寸界线之间；如果两尺寸界线之间只够放置尺寸文本，则把文本放在尺寸界线之间，而把箭头放在尺寸界线的外边；如果只够放置箭头，则把箭头放在里边，把文本放在外边；如果两尺寸界线之间既放不下文本，也放不下箭头，则把二者均放在外边。

（2）"箭头"单选按钮：选中此单选按钮，按以下方式放置尺寸文本和箭头：如果空间允许，把尺寸文本和箭头都放在两尺寸界线之间；如果空间只够放置箭头，则在把箭头放在尺寸界线之间，把文本放在外边；如果尺寸界线之间的空间放不下箭头，则把箭头和文本均放在外面。

（3）"文字"单选按钮：选中此单选按钮，按以下方式放置尺寸文本和箭头：如果空间允许，把尺寸文本和箭头都放在两尺寸界线之间，否则把文本放在尺寸界线之间，把箭头放

在外面；如果尺寸界线之间的空间放不下尺寸文本，则把文本和箭头都放在外面。

（4）"文字和箭头"单选按钮：选中此单选按钮，如果空间允许，把尺寸文本和箭头都放在两尺寸界线之间；否则把文本和箭头都放在尺寸界线外面。

（5）"文字始终保持在尺寸界线之间"单选按钮：选中此单选按钮，AutoCAD 总是把尺寸文本放在两条尺寸界线之间。

（6）"若箭头不能放在尺寸界线内，则将其消除"复选框：选中此复选框，则尺寸界线之间的空间不够时省略尺寸箭头。

■ "文字位置"选项组：用来设置尺寸文本的位置。其中三个单选按钮的含义如下：

（1）"尺寸线旁边"单选按钮：选中此单选按钮，把尺寸文本放在尺寸线的旁边，如图 6-14a 所示。

（2）"尺寸线上方，带引线"单选按钮：把尺寸文本放在尺寸线的上方，并用引线与尺寸线相连，如图 6-16b 所示。

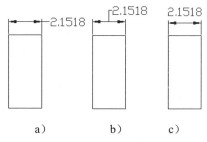

图 6-16　尺寸文本的位置

（3）"尺寸线上方，不带引线"单选按钮：把尺寸文本放在尺寸线的上方，中间无引线，如图 6-16c 所示。

■ "标注特征比例"选项组：

（1）"注释性"复选框：指定标注为"annotative"。

（2）"将标注缩放到布局"单选按钮：确定图纸空间内的尺寸比例系数，默认值为 1。

（3）"使用全局比例"单选按钮：确定尺寸的整体比例系数。其后面的"比例值"微调框可以用来选择需要的比例。

■ "优化"选项组：设置附加的尺寸文本布置选项.包含两个选项：

（1）"手动放置文字"复选框：选中此复选框，标注尺寸时由用户确定尺寸文本的放置位置，忽略前面的对齐设置。

（2）"在尺寸界线之间绘制尺寸线"复选框：选中此复选框，不论尺寸文本在尺寸界线内部还是外面，AutoCAD 均在两尺寸界线之间绘出一尺寸线；否则当尺寸界线内放不下尺寸文本而将其放在外面时，尺寸界线之间无尺寸线。

6. 主单位

在"新建标注样式"对话框中，第五个选项卡就是"主单位"选项卡，如图 6-17 所示。该选项卡用来设置尺寸标注的主单位和精度，以及给尺寸文本添加固定的前缀或后缀。本选项卡含两个选项组，分别用于对长度型标注和角度型标注进行设置。

■ "线性标注"选项组：用来设置标注长度型尺寸时采用的单位和精度。

（1）"单位格式"下拉列表框：确定标注尺寸时使用的单位制（角度型尺寸除外）。在下拉菜单中 AutoCAD 提供了"科学""小数""工程""建筑""分数"和"Windows 桌面"6种单位制，可根据需要选择。

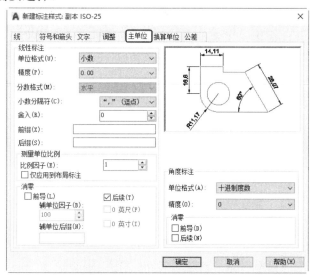

图 6-17 "新建标注样式"对话框中的"主单位"选项卡

（2）"精度"下拉列表用以设置单位的精度。

（3）"分数格式"下拉列表框：设置分数的形式。AutoCAD 提供了"水平""对角"和"非堆叠"三种形式供用户选用。

（4）"小数分隔符"下拉列表框：确定十进制单位（Decimal）的分隔符。AutoCAD 提供了三种形式：点(.)、逗点(,)和空格。

（5）"舍入"微调框：设置除角度之外的尺寸测量的圆整规则。在文本框中输入一个值，如果输入 1 则所有测量值均圆整为整数。

（6）"前缀"文本框：设置固定前缀。可以输入文本，也可以用控制符产生特殊字符，这些文本将被加在所有尺寸文本之前。

（7）"后缀"文本框：给尺寸标注设置固定后缀。

（8）"测量单位比例"选项组：确定 AutoCAD 自动测量尺寸时的比例因子。其中"比例因子"微调框用来设置除角度之外所有尺寸测量的比例因子。例如，如果用户确定比例因子为 2，AutoCAD 则把实际测量为 1 的尺寸标注为 2。

如果选中"仅应用到布局标注"复选框，则设置的比例因子只适用于布局标注。

（9）"消零"选项组：用于设置是否省略标注尺寸时的 0。

1）"前导"复选框：选中此复选框省略尺寸值处于高位的 0。例如，0.50000 标注为 .50000。

2）"后续"复选框：选中此复选框省略尺寸值小数点后末尾的 0。例如，12.5000 标注为 12.5，而 30.0000 标注为 30。

3）"0 英尺"复选框：采用"工程"和"建筑"单位制时，如果尺寸值小于 1 尺，则省

略尺。

例如， 0'-6 1/2" 标注为 6 1/2"。

4) "0 英寸"复选框：采用"工程"和"建筑"单位制时，如果尺寸值是整数尺，则省略寸。

例如， 1'-0"标注为 1'。

■ "角度标注"选项组：用来设置标注角度时采用的角度单位。

（1）"单位格式"下拉列表框：设置角度单位制。AutoCAD 提供了"十进制度数""度/分/秒""百分度"和"弧度"四种角度单位。

（2）"精度"下拉列表框：设置角度型尺寸标注的精度。

（3）"消零"选项组：设置是否省略标注角度时的 0。

7．换算单位

在"新建标注样式"对话框中，第六个选项卡就是"换算单位"选项卡，如图 6-18 所示。该选项卡用于对替换单位进行设置。

■ "显示换算单位"复选框：选中此复选框，则替换单位的尺寸值也同时显示在尺寸文本上。

■ "换算单位"选项组：用于设置替换单位。其中各选项的含义如下：

（1）"单位格式"下拉列表框：选取替换单位采用的单位制。

（2）"精度"下拉列表框：设置替换单位的精度。

（3）"换算单位倍数"微调框：指定主单位和替换单位的转换因子。

（4）"舍入精度"微调框：设定替换单位的圆整规则。

（5）"前缀"文本框：设置替换单位文本的固定前缀。

（6）"后缀"文本框：设置替换单位文本的固定后缀。

图 6-18 "新建标注样式"对话框中的"换算单位"选项卡

■ "消零"选项组：设置是否省略尺寸标注中的 0。

■ "位置"选项组：设置替换单位尺寸标注的位置。

（1）"主值后"单选按钮：把替换单位尺寸标注放在主单位标注的后边。

（2）"主值下"单选按钮：把替换单位尺寸标注放在主单位标注的下边。

8．公差

在"新建标注样式"对话框中，第七个选项卡就是"公差"选项卡，如图 6-19 所示。该选项卡用来确定标注公差的方式。

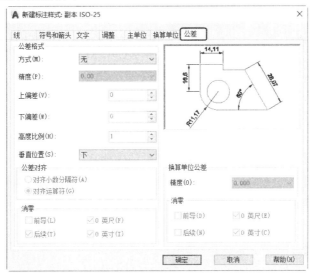

图 6-19 "新建标注样式"对话框中的"公差"选项卡

■ "公差格式"选项组：设置公差的标注方式。

（1）"方式"下拉列表框：设置以何种形式标注公差。单击右侧的向下箭头，弹出一下拉列表，其中列出了 AutoCAD 提供的 5 种标注公差的形式，用户可从中选择。这 5 种形式分别是"无""对称""极限偏差""极限尺寸"和"基本尺寸"。其中"无"表示不标注公差，即前面通常的标注情形。其余 4 种的标注情况如图 6-20 所示。

图 6-20 公差标注的形式

（2）"精度"下拉列表框：确定公差标注的精度。

（3）"上偏差"微调框：设置尺寸的上极限偏差。

（4）"下偏差"微调框：设置尺寸的下极限偏差。

（5）"高度比例"微调框：设置公差文本的高度比例，即公差文本的高度与一般尺寸文

本的高度之比。

（6）"垂直位置"下拉列表框：控制"对称"和"极限偏差"形式的公差标注的文本对齐方式。

1）"上"：公差文本的顶部与一般尺寸文本的顶部对齐。

2）"中"：公差文本的中线与一般尺寸文本的中线对齐。

3）"下"：公差文本的底线与一般尺寸文本的底线对齐。

这三种对齐方式如图 6-21 所示。

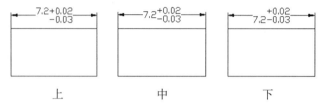

上　　　　　　　　中　　　　　　　　下

图 6-21　公差文本的对齐方式

（7）"消零"选项组：设置是否省略公差标注中的 0。

■　"换算单位公差"选项组：对几何公差标注的替换单位进行设置。其中各项的设置方法与前面相同。

6.2　标注尺寸

正确地进行尺寸标注是设计绘图工作中非常重要的一个环节，AutoCAD 提供了方便快捷的尺寸标注方法，可通过执行命令实现，也可利用菜单或工具图标实现。本节将重点介绍如何对各种类型的尺寸进行标注。

6.2.1　线性标注

【执行方式】

■　命令行：DIMLINEAR（缩写名 DIMLIN）

■　菜单：标注→线性

■　工具栏：标注→线性 ⊢

■　功能区：❶单击"默认"选项卡❷"注释"面板中的❸"线性"按钮 ⊢（见图 6-22）或❶单击"注释"选项卡❷"标注"面板中的❸"线性"按钮 ⊢（见图 6-23）

【操作步骤】

■　命令：DIMLIN↙

■　指定第一个尺寸界线原点或 <选择对象>：

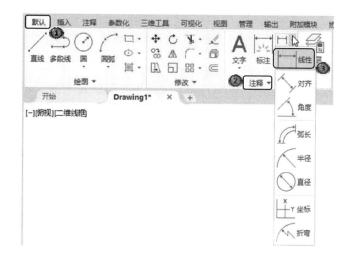

图 6-22　"注释"面板

图 6-23　"标注"面板

【选项说明】

■　直接按 Enter 键：光标变为拾取框，并且在命令行提示：

选择标注对象：（用拾取框点取要标注尺寸的线段）

指定尺寸线位置或[多行文字(M)/文字(T)/角度(A)/水平(H)/垂直(V)/旋转(R)]：

各项的含义如下：

（1）指定尺寸线位置：确定尺寸线的位置。用户可移动鼠标选择合适的尺寸线位置，然后按 Enter 键或单击鼠标左键，AutoCAD 则自动测量所标注线段的长度并标注出相应的尺寸。

（2）多行文字(M)：用多行文本编辑器确定尺寸文本。

（3）文字(T)：在命令行提示下输入或编辑尺寸文本。选择此选项后，AutoCAD 提示：

输入标注文字 <默认值>：

其中的默认值是 AutoCAD 自动测量得到的被标注线段的长度，直接按 Enter 键即可采用此长度值，也可输入其他数值代替默认值。当尺寸文本中包含默认值时，可使用尖括号"<>"表示默认值。

要在公差尺寸前或后添加某些文本符号，必须输入尖括号"<>"表示默认值。例如，要将图 6-24a 所示原始尺寸改为图 6-24b 所示尺寸，在进行线性标注时，在执行 M 或 T 命令后，在"输入标注文字 <默认值>:"提示下应该输入"%%c<>"；如果要将图 6-24a 的尺寸文本改为图 6-24c 所示的文本则比较麻烦，因为后面的公差是堆叠文本，这时可以用多行文字命令 M 选项来执行，在多行文字编辑器中输入"5.8+0.1^-0.2"，然后堆叠处理一下即可。

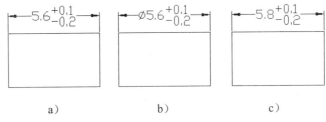

a)   b)   c)

图 6-24　在公差尺寸前或后添加某些文本符号

（4）角度(A)：确定尺寸文本的倾斜角度。

（5）水平(H)：水平标注尺寸，不论标注什么方向的线段，尺寸线均水平放置。

（6）垂直(V)：垂直标注尺寸，不论被标注线段沿什么方向，尺寸线总保持垂直。

（7）旋转(R)：输入尺寸线旋转的角度值，旋转标注尺寸。

■　指定第一条尺寸界线原点：指定第一条与第二条尺寸界线的起始点。

6.2.2　实例——标注螺栓尺寸

标注如图 6-25 所示的螺栓尺寸。

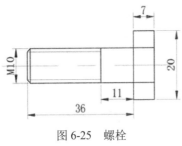

图 6-25　螺栓

视频文件\讲解视频\第 6 章\标注螺栓尺寸.MP4

01 利用"标注样式"命令，设置标注样式。命令行提示与操作如下：

命令：DIMSTYLE↙

按 Enter 键后，①打开"标注样式管理器"对话框，如图 6-26 所示。也可选择"格式"下拉菜单中的"标注样式"选项，或者选择"标注"下拉菜单下的"样式"选项，均可调出该对话框。由于系统的标注样式有些不符合要求，因此我们要进行角度、直径、半径标注样式的设置。②单击"新建"按钮，③弹出"创建新标注样式"对话框，如图 6-27 所示，④单击"用于"下拉列表框后的按钮，从中选择"线性标注"，⑤然后单击"继续"按钮，⑥弹出"新建标注样式"对话框，⑦单击"文字"选项卡，进行如图 6-28 所示的设置。设置完成后，⑧单击"确定"按钮，回到"标注样式管理器"对话框。

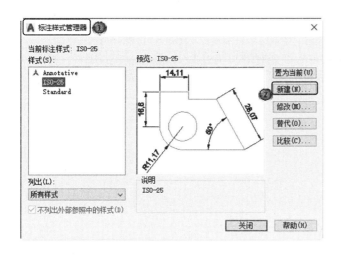

图 6-26 "标注样式管理器"对话框

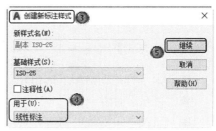

图 6-27 "创建新标注样式"对话框

图 6-28 "新建标注样式"对话框

02 利用"线性"命令标注主视图高度。命令行提示与操作如下：

命令：DIMLINEAR√

指定第一条尺寸界线起点或 <选择对象>：_endp 于（捕捉标注为"M10"的边的一个端点，作为第一条尺寸界线的起点）

指定第二条尺寸界线起点：_endp 于（捕捉标注为"M10"的边的另一个端点，作为第二条尺寸界线的起点）

指定尺寸线位置或[多行文字(M)/文字(T)/角度(A)/水平(H)/垂直(V)/旋转(R)]:T↙（按 Enter 键后，系统在命令行显示尺寸的自动测量值，可以对尺寸值进行修改）

输入标注文字<10>:M10↙

指定尺寸线位置或[多行文字(M)/文字(T)/角度(A)/水平(H)/垂直(V)/旋转(R)]:（指定尺寸线的位置。拖动鼠标，将出现动态的尺寸标注，在合适的位置按下鼠标左键，确定尺寸线的位置）

03 利用"线性"命令标注其他水平方向的尺寸。方法与上面相同。

04 利用"线性"命令标注竖直方向的尺寸。方法与上面相同。

6.2.3 对齐标注

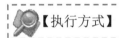【执行方式】

- 命令行：DIMALIGNED
- 菜单：标注→对齐
- 工具栏：标注→对齐
- 功能区：单击"默认"选项卡"注释"面板中的"对齐"按钮或单击"注释"选项卡"标注"面板中的"已对齐"按钮

【选项说明】

命令：DIMALIGNED↙

指定第一个尺寸界线原点或 <选择对象>：

这种命令标注的尺寸线与所标注轮廓线平行，标注的是起始点到终点之间的距离尺寸。

6.2.4 直径和半径标注

【执行方式】

- 命令行：DIMDIAMETER
- 菜单：标注→直径
- 工具栏：标注→直径
- 功能区：单击"默认"选项卡"注释"面板中的"直径"按钮或单击"注释"选项卡"标注"面板中的"直径"按钮

【操作步骤】

命令：DIMDIAMETER↙

选择圆弧或圆：（选择要标注直径的圆或圆弧）

指定尺寸线位置或 [多行文字(M)/文字(T)/角度(A)]:（确定尺寸线的位置或选某一选项）

用户可以选择"多行文字(M)"选项、"文字(T)"选项或"角度(A)"选项来输入、编辑尺寸文本或确定尺寸文本的倾斜角度，也可以直接确定尺寸线的位置，标注出指定圆或圆弧的直径。

半径标注可参照直径标注。

6.2.5　基线标注

基线标注用于产生一系列基于同一条尺寸界线的尺寸标注，适用于长度尺寸标注、角度标注和坐标标注等。在使用基线标注方式之前，应该先标注出一个相关的尺寸。

【执行方式】

- ■ 命令行：DIMBASELINE
- ■ 菜单：标注→基线
- ■ 工具栏：标注→基线
- ■ 功能区：单击"注释"选项卡"标注"面板中的"基线"按钮

【操作步骤】

命令：DIMBASELINE✓
指定第二条尺寸界线原点或 [放弃(U)/选择(S)] <选择>:

【选项说明】

- ■ 指定第二条尺寸界线原点：直接确定另一个尺寸的第二条尺寸界线的起点，AutoCAD 以上次标注的尺寸为基准标注，标注出相应尺寸。
- ■ <选择>：在上述提示下直接按 Enter 键，AutoCAD 提示：

选择基准标注：（选取作为基准的尺寸标注）

6.2.6　连续标注

连续标注又叫尺寸链标注，用于产生一系列连续的尺寸标注，后一个尺寸标注均把前一个标注的第二条尺寸界线作为它的第一条尺寸界线。适用于长度型尺寸标注、角度型标注和坐标标注等。在使用连续标注方式之前，应该先标注出一个相关的尺寸。

【执行方式】

- ■ 命令行：DIMCONTINUE
- ■ 菜单：标注→连续
- ■ 工具栏：标注→连续

■ 功能区：单击"注释"选项卡"标注"面板中的"连续"按钮 ⊬⊬⊬

命令：DIMCONTINUE↙

选择连续标注：

指定第二条尺寸界线原点或 [放弃(U)/选择(S)] <选择>:

在此提示下的各选项与基线标注中完全相同，不再叙述。

注意：

AutoCAD 允许用户利用基线标注方式和连续标注方式进行角度标注，如图 6-29 所示。

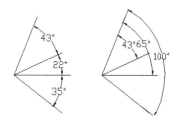

图 6-29　连续型和基线型角度标注

6.2.7　实例——标注轴承座尺寸

标注如图 6-30 所示的轴承座尺寸。

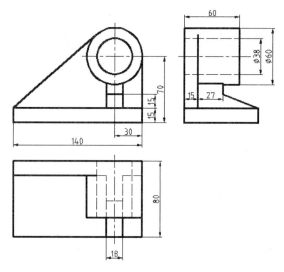

图 6-30　轴承座

视频文件\讲解视频\第 6 章\标注轴承座尺寸.MP4

利用"文字样式"命令为后面尺寸标注输入文字做准备。

01 利用"标注样式"命令设置标注样式。

02 利用"线性"命令，标注轴承座的线性尺寸。其中在标注左视图尺寸 $\phi60$ 时，命令行提示与操作如下：

命令：DIMLINEAR↙

指定第一个尺寸界线原点或 <选择对象>：（打开对象捕捉功能，捕捉 $\phi60$ 圆的上端点）

指定第二条尺寸界线原点：（捕捉 $\phi60$ 圆的下端点）

指定尺寸线位置或[多行文字（M）/文字（T）/角度（A）/水平（H）/垂直（V）/旋转（R）]:T

输入标注文字 <60>:%%C60↙

指定尺寸线位置或[多行文字（M）/文字（T）/角度（A）/水平（H）/垂直（V）/旋转（R）]：（拖动鼠标，在适当位置单击，确定尺寸线位置）

用同样的方法标注尺寸 30、70、60、18、80、15（左视图中）和 $\phi38$。

03 利用"基线"命令标注轴承座主视图中的基线尺寸。命令行提示与操作如下：

命令：DIMBASELINE↙

指定第二个尺寸界线原点或 [选择(S)/放弃(U)] <选择>:↙

选择基准标注：（选择尺寸标注 30）

指定第二个尺寸界线原点或 [选择(S)/放弃(U)] <选择>:↙

标注文字 =140

指定第二个尺寸界线原点或 [选择(S)/放弃(U)] <选择>:↙

选择基准标注：↙

利用"线性"命令，标注尺寸 15（主视图下面的尺寸 15）。

04 利用"连续"命令，标注轴承座主视图中的连续尺寸。命令行提示与操作如下：

命令：DIMCONTINUE↙

指定第二个尺寸界线原点或 [放弃（U）/选择（S）] <选择>:↙

选择连续标注：（选择主视图尺寸 15）

指定第二个尺寸界线原点或 [放弃（U）/选择（S）] <选择>:（捕捉图 6-31 中的交点 1）

标注文字 =15

指定第二个尺寸界线原点或 [放弃（U）/选择（S）] <选择>:↙

选择连续标注：↙ （结果如图 6-31）

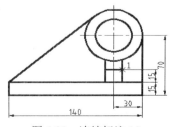

图 6-31　连续标注 15

用同样方法标注左视图中的连续尺寸 27，结果如图 6-30 所示。

6.2.8 角度型尺寸标注

【执行方式】

■ 命令行：DIMANGULAR
■ 菜单：标注→角度
■ 工具栏：标注→角度标注△
■ 功能区：单击"默认"选项卡"注释"面板中的"角度"按钮△或单击"注释"选项卡"标注"面板中的"角度"按钮△

【操作步骤】

命令：DIMANGULAR↙
选择圆弧、圆、直线或 <指定顶点>：

【选项说明】

■ 选择圆弧（标注圆弧的中心角）：当用户选取一段圆弧后，AutoCAD 提示：
指定标注弧线位置或 [多行文字(M)/文字(T)/角度(A)]：（确定尺寸线的位置或选取某一项）
在此提示下确定尺寸线的位置 AutoCAD 按自动测量得到的值标注出相应的角度，在此之前用户可以选择"多行文字(M)"选项、"文字(T)"选项或"角度(A)"选项通过多行文本编辑器或命令行来输入或定制尺寸文本以及指定尺寸文本的倾斜角度。

■ 圆（标注圆上某段弧的中心角）：当用户点取圆上一点选择该圆后，AutoCAD 提示选取第二点：
指定角的第二个端点：（选取另一点，该点可在圆上，也可不在圆上）
指定标注弧线位置或 [多行文字(M)/文字(T)/角度(A)]：
在此提示下确定尺寸线的位置，AutoCAD 标出一个角度值，该角度以圆心为顶点，两条尺寸界线通过所选取的两点，第二点可以不必在圆周上。用户还可以选择"多行文字(M)"选项、"文字(T)"选项或"角度(A)"选项编辑尺寸文本和指定尺寸文本倾斜角度，如图 6-32 所示。

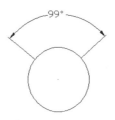

图 6-32 标注角度

■ 直线（标注两条直线间的夹角）：当用户选取一条直线后，AutoCAD 提示选取另一条直线：

选择第二条直线：（选取另外一条直线）

指定标注弧线位置或 [多行文字(M)/文字(T)/角度(A)]:

在此提示下确定尺寸线的位置，AutoCAD 标出这两条直线之间的夹角。该角以两条直线的交点为顶点，以两条直线为尺寸界线，所标注角度取决于尺寸线的位置，如图 6-33 所示。用户还可以利用"多行文字(M)"选项、"文字(T)"选项或"角度(A)"选项编辑尺寸文本和指定尺寸文本的倾斜角度。

图 6-33　用 DIMANGULAR 命令标注两直线的夹角

■ <指定顶点>：直接按 Enter 键，AutoCAD 提示：

指定角的顶点：（指定顶点）

指定角的第一个端点：（输入角的第一个端点）

指定角的第二个端点：（输入角的第二个端点）

创建了无关联的标注。

指定标注弧线位置或 [多行文字(M)/文字(T)/角度(A)]:（输入一点作为角的顶点）

在此提示下给定尺寸线的位置，AutoCAD 根据给定的三点标注出角度，如图 6-34 所示。另外，用户还可以用"多行文字(M)"选项、"文字(T)"选项或"角度(A)"选项编辑尺寸文本和指定尺寸文本的倾斜角度。

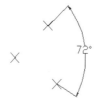

图 6-34　标注三点确定的角度

6.2.9　实例——标注曲柄尺寸

标注如图 6-35 所示的曲柄尺寸。

视频文件\讲解视频\第 6 章\标注曲柄尺寸.MP4

01 打开"源文件/第 6 章/曲柄"，进行局部修改。

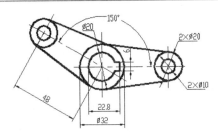

图 6-35　曲柄

02 设置绘图环境。利用"DIMSTYLE"命令，弹出"标注样式管理器"对话框，根据图 6-36 中的标注样式分别进行线性、角度、直径标注样式的设置。单击"新建"按钮，在弹出的"创建新标注样式"对话框中的"新样式"名中输入"机械制图"，单击"继续"按钮，弹出"修改标注样式"对话框，在"符号和箭头"选项卡中将箭头大小设置为 3，在"文字"选项卡中将文字高度设置为 5，其他选项按默认设置。设置完成后，单击"置为当前"按钮，将"机械制图"标注样式设置为当前标注样式。

03 利用"线性"命令标注曲柄中的线性尺寸。捕捉 ϕ32mm 圆与水平中心线的左交点，作为第一条尺寸界线的起点，捕捉 ϕ32mm 圆与水平中心线的右交点，作为第二条尺寸界线的起点，输入文字" ϕ32"。用同样方法标注线性尺寸 22.8 和 6。

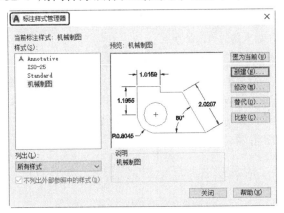

图 6-36　"标注样式管理器"对话框

04 标注曲柄中的对齐尺寸。利用"DIMALIGNED"命令，捕捉倾斜部分中心线的交点，作为第二条尺寸界线的起点，捕捉中间中心线交点，作为第二条尺寸界线的终点，对齐尺寸为 48。

05 标注曲柄中的直径尺寸。在"标注样式管理器"对话框中，单击"新建"按钮，在弹出的"创建新标注样式"对话框中的"新样式"名中输入"直径"，在"用于"下拉列表中选择"直径标注"，单击"继续"按钮，弹出"修改标注样式"对话框，在"符号和箭头"选项卡中将箭头大小设置为 5，在"文字"选项卡中将文字高度设置为 5，在"文字对齐"选项组中选择"ISO 标准"单选按钮，其他选项按默认设置。方法同前，设置"角度"标注样式，用于角度标注。

命令：DIMDIAMETER✓　　（直径标注命令。标注图中的直径尺寸"2× ϕ10"）

选择圆弧或圆：(选择右边 ϕ10 小圆)

标注文字 =10

指定尺寸线位置或 [多行文字(M)/文字(T)/角度(A)]:M↙　　(按 Enter 键后弹出"多行文字"编辑器，其中"<>"表示测量值，即"ϕ10"，在前面输入"2×"，即为"2×<>")

指定尺寸线位置或 [多行文字(M)/文字(T)/角度(A)]:(指定尺寸线位置)

采用同样方法标注直径尺寸 ϕ20 和 2×ϕ20。

06 标注曲柄中的角度尺寸。利用 DIMANGULAR 命令，标注 150° 角，结果如图 6-35 所示。

6.3 引线标注

AutoCAD 提供了引线标注功能，利用该功能不仅可以标注特定的尺寸，如圆角、倒角等，还可以实现在图中添加多行旁注、说明。在引线标注中，指引线可以是折线，也可以是曲线，指引线端部可以有箭头，也可以没有箭头。

6.3.1 利用 LEADER 命令进行引线标注

LEADER 命令可以创建灵活多样的引线标注形式，可根据需要把指引线设置为折线或曲线，指引线可带箭头，也可不带箭头；注释文本可以是多行文本，也可以是几何公差，还可以从图形其他部位复制，还可以是一个图块。

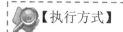【执行方式】

命令行：LEADER

【操作步骤】

命令：LEADER↙

指定引线起点：(输入指引线的起始点)

指定下一点：(输入指引线的另一点)

指定下一点或 [注释(A)/格式(F)/放弃(U)] <注释>:

【选项说明】

■　指定下一点：直接输入一点，AutoCAD 根据前面的点画出折线作为指引线。

■　<注释>:输入注释文本，为默认项。在上面提示下直接按 Enter 键，AutoCAD 提示：

输入注释文字的第一行或 <选项>:

（1）输入注释文本：在此提示下输入第一行文本后按 Enter 键，可继续输入第二行文本，如此反复执行，直到输入全部注释文本，然后在此提示下直接按 Enter 键，AutoCAD 会在指

引线终端标注出所输入的多行文本，并结束 LEADER 命令。

（2）直接按 Enter 键：如果在上面的提示下直接按 Enter 键，AutoCAD 提示：

输入注释选项 [公差(T)/副本(C)/块(B)/无(N)/多行文字(M)] <多行文字>：

在此提示下选择一个注释选项或直接按 Enter 键选择"多行文字"选项。其中各选项的含义如下：

1）公差(T)：标注几何公差。几何公差的标注见 6.4 节。

2）副本(C)：把已由 LEADER 命令创建的注释复制到当前指引线末端。执行该选项，系统提示：

选择要复制的对象：

在此提示下选取一个已创建的注释文本，则 AutoCAD 把它复制到当前指引线的末端。

3）块(B)：插入块，把已经定义好的图块插入到指引线的末端。执行该选项，系统提示：

输入块名或 [?]：

在此提示下输入一个已定义好的图块名，AutoCAD 把该图块插入到指引线的末端。或键入"？"列出当前已有图块，用户可从中选择。

4）无(N)：不进行注释，没有注释文本。

5）<多行文字>：用多行文本编辑器标注注释文本并定制文本格式，为默认选项。

■ 格式(F)：确定指引线的形式。选择该项，AutoCAD 提示：

输入引线格式选项 [样条曲线(S)/直线(ST)/箭头(A)/无(N)] <退出>：

选择指引线形式，或直接按 Enter 键回到上一级提示。

（1）样条曲线(S)：设置指引线为样条曲线。

（2）直线(ST)：设置指引线为折线。

（3）箭头(A)：在指引线的起始位置画箭头。

（4）无(N)：在指引线的起始位置不画箭头。

（5）<退出>：此项为默认选项，选取该项退出"格式"选项，返回"指定下一点或 [注释(A)/格式(F)/放弃(U)] <注释>："提示，并且指引线形式按默认方式设置。

6.3.2　利用 QLEADER 命令进行引线标注

利用 QLEADER 命令可快速生成指引线及注释，而且可以通过命令行优化对话框进行用户自定义，由此可以消除不必要的命令行提示，取得最高的工作效率。

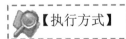【执行方式】

命令行：QLEADER

【操作步骤】

命令：QLEADER✓

指定第一个引线点或 [设置(S)] <设置>：

【选项说明】

■ 指定第一个引线点：在上面的提示下确定一点作为指引线的第一点，AutoCAD 提示：

指定下一点：（输入指引线的第二点）

指定下一点：（输入指引线的第三点）

AutoCAD 提示用户输入的点的数目由"引线设置"对话框（见图 6-37）确定。输入完指引线的点后 AutoCAD 提示：

指定文字宽度 <0.0000>：（输入多行文本的宽度）

输入注释文字的第一行 <多行文字(M)>：

此时，有两种命令输入选择，含义如下：

（1）输入注释文字的第一行：在命令行输入第一行文本。系统继续提示：

输入注释文字的下一行：（输入另一行文本）

输入注释文字的下一行：（输入另一行文本或按 Enter 键）

（2）<多行文字(M)>：打开多行文字编辑器，输入编辑多行文字。

直接按 Enter 键，结束 QLEADER 命令并把多行文本标注在指引线的末端附近。

■ <设置>：直接按 Enter 键或键入 S，打开图 6-37 所示的"引线设置"对话框，允许对引线标注进行设置。该对话框包含"注释""引线和箭头""附着"三个选项卡，下面分别进行介绍。

（1）"注释"选项卡（见图 6-37）：用于设置引线标注中注释文本的类型、多行文本的格式并确定注释文本是否多次使用。

（2）"引线和箭头"选项卡（见图 6-38）：用来设置引线标注中指引线和箭头的形式。其中，"点数"选项组可用来设置执行 QLEADER 命令时 AutoCAD 提示用户输入的点的数目。例如，设置点数为 3，执行 QLEADER 命令时，当用户在提示下指定三个点后，AutoCAD 自动提示用户输入注释文本。注意设置的点数要比用户希望的指引线的段数多 1。可利用微调框进行设置，如果选择"无限制"复选框，AutoCAD 会一直提示用户输入点直到连续按 Enter 键两次为止。"角度约束"选项组可用来设置第一段和第二段指引线的角度约束。

图 6-37 "引线设置"对话框"注释"选项卡　　图 6-38 "引线设置"对话框"引线和箭头"选项卡

（3）"附着"选项卡（见图 6-39）：设置注释文本和指引线的相对位置。如果最后一段指引线指向右边，则系统自动把注释文本放在右侧；反之放在左侧。利用该选项卡左侧和右侧的单选按钮可分别设置位于左侧和右侧的注释文本与最后一段指引线的相对位置，二者可相同也可不相同。

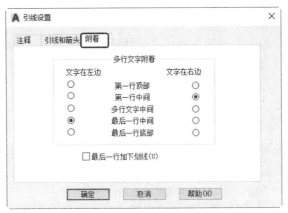

图 6-39　"引线设置"对话框的"附着"选项卡

6.3.3　多重引线

多重引线可创建为箭头优先、引线基线优先或内容优先。

【执行方式】

■　命令行：MLEADER
■　菜单：标注→多重引线
■　功能区：单击"注释"选项卡"引线"面板上的"多重引线样式"下拉菜单中的"管理多重引线样式"按钮或单击"注释"选项卡"引线"面板中的"多重引线样式管理器"按钮
■　工具栏：多重引线→多重引线样式

【操作步骤】

命令：MLEADER
指定引线箭头的位置或 [引线基线优先(L)/内容优先(C)/选项(O)] <选项>：

【选项说明】

■　引线箭头位置：指定多重引线对象箭头的位置。
■　引线基线优先(L)：指定多重引线对象的基线的位置。如果先前绘制的多重引线对象是基线优先，则后续的多重引线也将先创建基线（除非另外指定）。
■　内容优先(C)：指定与多重引线对象相关联的文字或块的位置。如果先前绘制的多重引线对象是内容优先，则后续的多重引线对象也将先创建内容（除非另外指定）。
- 选项（O）：指定用于放置多重引线对象的选项。

输入选项 [引线类型(L)/引线基线(A)/内容类型(C)/最大点数(M)/第一个角度(F)/第二个角度(S)/退出选项(X)]：

（1）引线类型（L）：指定要使用的引线类型。

输入选项 [类型(T)/基线(L)]：
类型(T)：指定直线、样条曲线或无引线。

选择引线类型 [直线(S)/样条曲线(P)/无(N)]：
基线(L)：更改水平基线的距离。

使用基线 [是(Y)/否(N)]：
如果此时选择"否"，则不会有与多重引线对象相关联的基线。

（2）内容类型(C)：指定要使用的内容类型。

输入内容类型 [块(B)//无(N)]：
块：指定图形中的块，以与新的多重引线相关联。

输入块名称：
无：指定"无"内容类型。

（3）最大点数(M)：指定新引线的最大点数。

输入引线的最大点数或 <无>：
（4）第一个角度 (F)：约束新引线中的第一个点的角度。

输入第一个角度约束或 <无>：
（5）第二个角度(S)：约束新引线中的第二个角度。

输入第二个角度约束或 <无>：
（6）退出选项(X)：返回到第一个 MLEADER 命令提示。

6.3.4　实例——标注齿轮轴套尺寸

标注如图 6-40 所示的齿轮轴套尺寸。

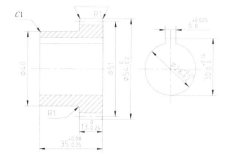

图 6-40　齿轮轴套尺寸

视频文件\讲解视频\第 6 章\标注齿轮轴套尺寸.MP4

01 利用"文字样式"命令设置文字样式，为后面尺寸标注输入文字做准备。

02 利用"标注样式"命令设置标注样式。

03 利用"线性"命令与"基线"命令标注齿轮主视图中的线性及基线尺寸。在标注公差的过程中，要先设置替代尺寸样式，在替代样式中逐个设置公差。

04 利用"半径"命令标注齿轮主视图中的半径尺寸。

05 利用"引线"命令标注齿轮主视图上部圆角半径。命令行提示与操作如下：

命令:Leader✓（引线标注）

指定引线起点:_nea 到（捕捉齿轮主视图上部圆角上一点）

指定下一点:（拖动鼠标，在适当位置处单击）

指定下一点或 [注释(A)/格式(F)/放弃(U)] <注释>: <正交 开>（打开正交功能，向右拖动鼠标，在适当位置处单击）

指定下一点或 [注释(A)/格式(F)/放弃(U)] <注释>:✓

输入注释文字的第一行或 <选项>:R1✓

输入注释文字的下一行:✓

命令:✓（继续引线标注）

指定引线起点:_nea 到（捕捉齿轮主视图上部右端圆角上一点）

指定下一点:（利用对象追踪功能，捕捉上一个引线标注的端点，拖动鼠标，在适当位置处单击鼠标）

指定下一点或 [注释(A)/格式(F)/放弃(U)] <注释>:（捕捉上一个引线标注的端点）

指定下一点或 [注释(A)/格式(F)/放弃(U)] <注释>:✓

输入注释文字的第一行或 <选项>:✓

输入注释选项 [公差(T)/副本(C)/块(B)/无(N)/多行文字(M)] <多行文字>:N✓（无注释的引线标注）

06 利用"引线"命令标注齿轮主视图的倒角。

07 利用"线性"命令与"直径"命令标注齿轮局部视图中的尺寸。在标注公差的过程中，同样要先设置替代尺寸样式，在替代样式中逐个设置公差。

6.4 几何公差

为方便机械设计工作，AutoCAD 提供了标注几何公差的功能。几何公差的标注如图 6-41 所示，包括指引线、特征符号、公差值以及基准代号和附加符号。

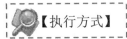【执行方式】

- ■ 命令行：TOLERANCE
- ■ 菜单：标注→公差
- ■ 工具栏：标注→公差 ⊞1

■ 功能区：单击"注释"选项卡"标注"面板中的"公差"按钮

【操作步骤】

命令：TOLERANCE✓

在命令行输入 TOLERANCE 命令，或选择相应的菜单项或工具栏图标，AutoCAD 打开如图 6-42 所示的"形位公差"对话框。可通过此对话框对几何公差标注进行设置。

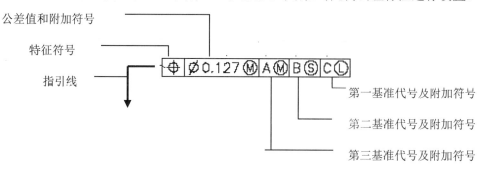

图 6-41 几何公差标注

【选项说明】

■ 符号：设定或改变公差代号。单击下面的黑方块，系统打开图 6-43 所示的"特征符号"对话框，可从中选取公差代号。

■ 公差1(2)：产生第一（二）个公差的公差值及"附加符号"符号。白色文本框左侧的黑块控制是否在公差值之前加一个直径符号，单击它，则出现一个直径符号，再单击则又消失。白色文本框用于确定公差值，可在其中输入一个具体数值。右侧黑块用于插入"附加符号"符号，单击它，AutoCAD 打开图 6-44 所示的"附加符号"对话框，可从中选取所需符号。

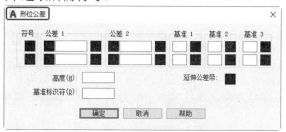

图 6-42 "形位公差"对话框

图 6-43 "特征符号"对话框　　图 6-44 "附加符号"对话框

■ "高度"文本框：确定标注复合几何公差的高度。

- 延伸公差带：单击此黑块，在复合公差带后面加一个复合公差符号。
- "基准标识符"文本框：产生一个标识符，用一个字母表示。图 6-45 所示为几个利用 TOLERANCE 命令标注的几何公差。
- 基准 1(2、3)：确定第一（二、三）个基准代号及材料状态符号。在白色文本框中输入一个基准代号。

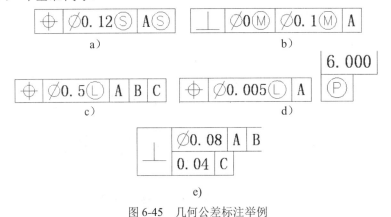

图 6-45　几何公差标注举例

注意：　在"形位公差"对话框中有两行，可实现复合几何公差的标注。如果两行中输入的公差代号相同，则得到如图 6-45e 所示的形式。

6.5　综合实例——标注圆柱齿轮

本实例的绘制思路：首先标注无公差尺寸和公差尺寸，然后标注几何公差，最后绘制表格并标注文字。结果如图 6-46 所示。

视频文件\讲解视频\第 6 章\标注圆柱齿轮.MP4

01 配制绘图环境。

❶调入样板图。新建一个文件，选择"A3 横向样板"文件，其中样板图左下端点坐标为（0，0）。

❷新建图层。利用"图层"命令，新建一个图层，将图层名设置为"尺寸标注层"，其他选项按默认设置。

02 插入圆柱齿轮视图。将已经绘制好的圆柱齿轮视图复制到当前图形中。

03 标注圆柱齿轮。

❶无公差尺寸标注。

1）将"尺寸标注层"设置为当前图层。利用"标注样式"命令，弹出"标注样式管理器"对话框，将"主单位"选项卡中的比例因子设置为 2，将"机械制图"样式设置为当前使用的标注样式。

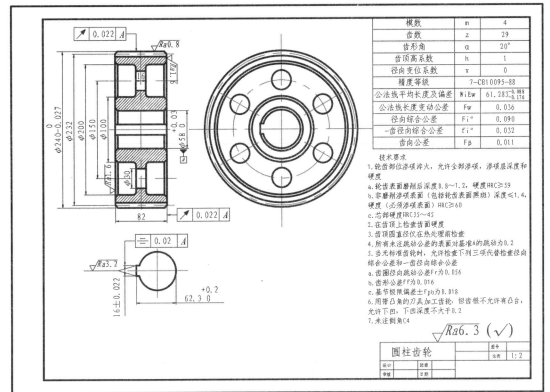

图 6-46 标注圆柱齿轮

模数	m	4
齿数	z	29
齿形角	α	20°
齿顶高系数	h	1
径向变位系数	x	0
精度等级		7-CB10095-88
公法线平均长度及偏差	WiEw	$61.283^{-0.088}_{-0.176}$
公法线长度变动公差	Fw	0.036
径向综合公差	Fi″	0.090
一齿径向综合公差	fi″	0.032
齿向公差	Fβ	0.011

技术要求
1.轮齿部位渗碳淬火，允许全部渗碳，渗碳层深度和硬度
  a.轮齿表面磨削后深度0.8~1.2，硬度HRC≥59
  b.非磨削渗碳表面（包括轮齿表面黑斑）深度≤1.4，硬度（必须渗碳表面）HRC≥60
  c.芯部硬度HRC35~45
2.在齿顶上检查齿面硬度
3.齿顶圆直径仅在热处理前检查
4.所有未标注跳动公差的表面对基准A的跳动为0.2
5.当无标准齿轮时，允许检查下列三项代替检查径向综合公差和一齿径向综合公差
  a.齿圈径向跳动公差Fr为0.056
  b.齿形公差ff为0.016
  c.基节极限偏差±fpb为0.018
6.用带凸角的刀具加工齿轮，但齿根不允许有凸台，允许下凹，下凹深度不大于0.2
7.未注倒角C4

$\sqrt{Ra6.3}$ ($\sqrt{}$)

圆柱齿轮		图号	
		比例	1:2
设计		班级	
审核		日期	

📖 **说　明**

　　机械制图国家标准中规定，标注的尺寸值必须是零件的实际值，而不是在图形上的值。这里之所以修改标注样式，是因为在绘制图形时将图形整个缩小了一半。在此将比例因子设置为2，标注出的尺寸数值刚好恢复为原来绘制时的数值。

　　2）线性标注：利用"线性"命令，标注同心圆，使用特殊符号表示法"%%C"表示"ϕ"，如"%%C100"表示"$\phi100$"；然后标注其他无公差尺寸，结果如图 6-47 所示。

❷带公差尺寸标注。

　　1）设置带公差标注样式：利用"标注样式"命令，弹出"创建新标注样式"对话框，建立一个名为"副本机械制图（带公差）"的样式，"基础样式"为"机械制图"，如图 6-48 所示。在"新建标注样式"对话框中设置"公差"选项卡，如图 6-49 所示，并把"副本机械制图（带公差）"的样式设置为当前使用的标注样式。

　　2）线性标注：利用"线性"命令，标注带公差的尺寸。

　　3）同理，标注其他公差尺寸，标注时可在命令行中输入 M，打开"文字格式"对话框，利用"堆叠"功能进行编辑。

　　4）选择需要编辑的尺寸的极限偏差分别为 $\phi58$：+0.030 和 0；$\phi240$：0 和-0.027；16：

+0.022 和-0.022；62.3：+0.20 和 0，如图 6-50 所示。

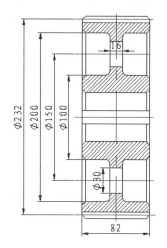

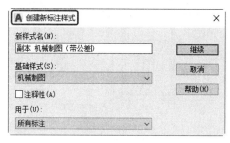

图 6-47　无公差尺寸标注　　　　　　　　　　图 6-48　新建标注样式

图 6-49　"公差"选项卡设置

❸几何公差标注。

1）插入基准符号，如图 6-51 所示。

2）标注几何公差。利用 QLEADER 命令标注几何公差，如图 6-52 所示。

3）打开图层：利用"图层"命令，弹出"图层特性管理器"对话框，单击"标题栏层"和"图框层"属性中呈灰暗色的"打开/关闭图层" 图标，使其呈鲜亮色 ，在绘图窗口中显示图幅边框和标题栏。

4）图形移动：利用"移动"命令，分别移动圆柱齿轮主视图、左视图和键槽，使其均布于图纸版面里。利用"打断"命令，删掉过长的中心线，结果如图 6-52 和图 6-53 所示。

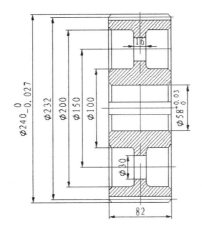
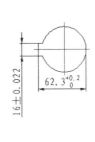

图 6-50 标注公差尺寸

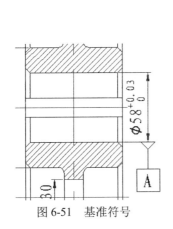

图 6-51 基准符号

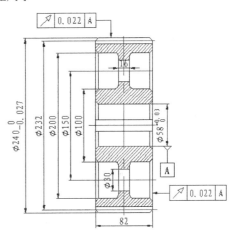

图 6-52 标注主视图的几何公差

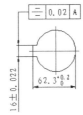

图 6-53 标注键槽的几何公差

04 标注表面粗糙度、参数表与技术要求。

❶表面粗糙度标注。

1）将"尺寸标注层"设置为当前图层。

2）制作表面粗糙度图块，结合"多行文字"命令标注表面粗糙度，结果如图 6-54 所示。

❷参数表标注。

1）将"注释层"设置为当前图层。

2）利用"表格样式"命令，①弹出"表格样式"对话框，如图 6-55 所示。

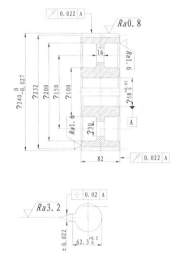

图 6-54　表面粗糙度标注　　　　　　　　　图 6-55　"表格样式"对话框

3）②单击"修改"按钮，③弹出"修改表格样式"对话框，如图 6-56 所示。在该对话框中进行如下设置：数据文字样式为"Standard"，文字高度为 4.5，文字颜色为"ByBlock"，填充颜色为"无"，对齐方式为"正中"，表格方向向下，水平页边距和垂直页边距都为 1.5。

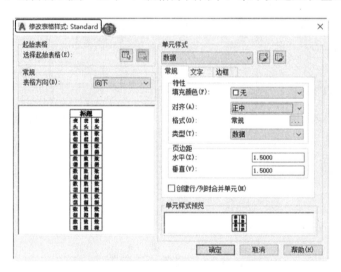

图 6-56　"修改表格样式"对话框

4）设置好文字样式，确定后退出。

5）创建表格。利用"表格"命令，①弹出"插入表格"对话框，如图 6-57 所示。②设置插入方式为"指定插入点"，③行和列设置为 9 行 3 列，④列宽为 8，行高为 1，"单元样式"均设置为"数据"。

确定后，在绘图平面指定插入点，则插入如图 6-58 所示的空表格，并显示多行文字编辑器。不输入文字，直接在多行文字编辑器中❺单击"确定"按钮退出。

6）单击第 1 列某一个单元格，右击，利用特性命令调整列宽，使列宽变成 65。用同样方法，将第 2 列和第 3 列的列宽拉成 20 和 40，结果如图 6-59 所示。

7）双击单元格，重新打开多行文字编辑器，在各单元格中输入相应的文字或数据，结果如图 6-60 所示。

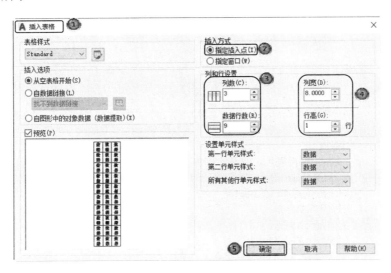

图 6-57　"插入表格"对话框

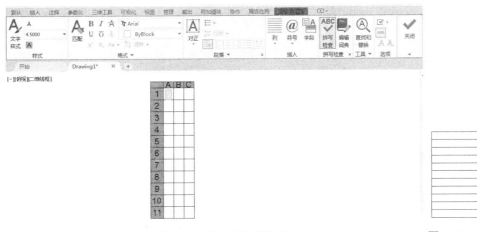

图 6-58　多行文字编辑器　　　　　　　　图 6-59　改变列宽

❸技术要求标注。

1）将"注释层"设置为当前图层。

2）利用"多行文字"命令，标注技术要求，如图 6-61 所示。

05 填写标题栏。

❶将"标题栏层"设置为当前图层。

❷在标题栏中输入相应文本。圆柱齿轮标注的结果如图 6-46 所示。

模数	m	4
齿数	Z	29
齿形角	α	20°
齿顶高系数	h	1
径向变位系数	X	0
精度等级		7-GB10095-88
公法线平均长度及偏差	W.E$_w$	61.283$_{-4.176}^{-3.090}$
公法线长度变动公差	Fw	0.036
径向综合公差	Fi′	0.090
一齿轮向综合公差	fi″	0.032
齿向公差	Fβ	0.011

图 6-60　参数表

技术要求

1.轮齿部位渗碳淬火,允许全部渗碳,渗碳层深度和硬度

　　a.轮齿表面磨削后深度0.8~1.2,硬度HRC≥59

　　b.非磨削渗碳表面(包括轮齿表面黑亮)深度≤1.4,硬度(必须渗碳表面)HRC≥60

　　c.芯部硬度HRC35~45

2.在齿顶上检查齿面硬度

3.齿顶圆直径仅在热处理前检查

4.所有未注跳动公差的表面对基准A的跳动为0.2

5.当无标准齿轮时,允许检查下列三项代替检查径向综合公差和一齿径向综合公差

　　a.齿圈径向跳动公差Fr为0.056

　　b.齿形公差f_f为0.016

　　c.基节极限偏差±f_{pb}为0.018

6.用带凸角的刀具加工齿轮,但齿根不允许有凸台,允许下凹,下凹深度不大于0.2

7.未注倒角$C2$

图 6-61　技术要求

6.6　上机实验

　　实验　标注如图 6-62 所示的挂轮架尺寸。

操作提示:

1)设置文字样式和标注样式。

2)标注线性尺寸。

3)标注直径尺寸。

4)标注半径尺寸。

5)标注角度尺寸。

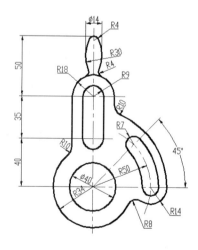

图 6-62　挂轮架

6.7　思考与练习

1. 标注如图 6-63 所示的尺寸公差。
2. 绘制并标注图 6-64 所示的图形。
3. 绘制并标注图 6-65 所示的图形。

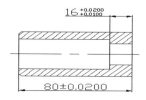

图 6-63　尺寸公差标注

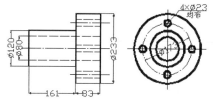

图 6-64　尺寸标注练习

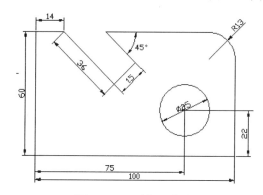

图 6-65　尺寸标注练习

第7章 图块

在设计绘图过程中经常会遇到一些重复出现的图形（如机械设计中的螺钉和螺母、建筑设计中的桌椅和门窗等），如果每次都重新绘制这些图形，不仅要重复大量的绘图工作，而且存储这些图形及其信息要占据相当大的磁盘空间。为此，AutoCAD 设计了模块化作图的方式，这样不仅避免了大量的重复工作，提高了绘图速度和工作效率，而且可大大节省磁盘空间。

学 习 要 点

◎ 图块操作

◎ 图块的属性

7.1 图块操作

图块也叫块，它是由一组图形组成的集合。一组对象一旦被定义为图块，它们将成为一个整体，拾取图块中任意一个图形对象即可选中构成图块的所有对象。AutoCAD 可把一个图块作为一个对象进行编辑修改等操作，用户可根据绘图需要把图块插入到图中任意指定的位置，而且在插入时还可以指定不同的缩放比例和旋转角度。如果需要对组成图块的单个图形对象进行修改，还可以利用"分解"命令把图块分解成若干个对象。图块还可以重新定义，一旦被重新定义，整个图中基于该块的对象都将随之改变。

7.1.1 定义图块

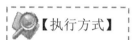【执行方式】

- 命令行：BLOCK
- 菜单：绘图→块→创建
- 工具栏：绘图→创建块
- 功能区：①单击"默认"选项卡②"块"面板中的③"创建"按钮 （见图 7-1）或①单击"插入"选项卡②"块定义"面板中的③"创建块"按钮 （见图 7-2）

图 7-1 "块"面板

图 7-2 "块定义"面板

【操作步骤】

命令：BLOCK↙
选择相应的菜单命令或单击相应的工具栏图标，或在命令行输入 BLOCK 后按 Enter 键，

AutoCAD 打开如图 7-3 所示的"块定义"对话框,利用该对话框可定义图块并为之命名。

图 7-3 "块定义"对话框

【选项说明】

■ "基点"选项组:确定图块的基点,默认值是(0,0,0)。也可以在下面的 X(Y、Z)文本框中输入块的基点坐标值。单击"拾取点"按钮,AutoCAD 将临时切换到作图屏幕,用鼠标在图形中拾取一点后,返回"块定义"对话框,把所拾取的点作为图块的基点。

■ "对象"选项组:该选项组用于选择制作图块的对象以及对象的相关属性。

如图 7-4 所示,把图 7-4a 中的正五边形定义为图块,图 7-4b 所示为选中"删除"单选按钮的结果,图 7-4c 所示为选中"保留"单选按钮的结果。

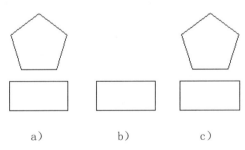

a)　　　　　　　b)　　　　　　　c)

图 7-4 删除图形对象

■ "设置"选项组:指定从 AutoCAD 设计中心拖动图块时用于测量图块的单位,以及缩放、分解和超链接等设置。

■ "在块编辑器中打开"复选框:选中此复选框,系统打开块编辑器,可以定义动态块。后面将详细讲述。

7.1.2　图块的存盘

用 BLOCK 命令定义的图块保存在其所属的图形当中，该图块只能在该图中插入，而不能插入到其他的图中，但是有些图块在许多图中要经常用到，这时可以用 WBLOCK 命令把图块以图形文件的形式（扩展名为.DWG）写入磁盘。图形文件可以在任意图形中用 INSERT 命令插入。

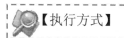

【执行方式】

- ■　命令行：WBLOCK
- ■　功能区：单击"插入"选项卡"块定义"面板中的"写块"按钮🗔

【操作步骤】

命令：`WBLOCK✓`

在命令行输入 WBLOCK 后按 Enter 键，AutoCAD 打开"写块"对话框，如图 7-5 所示。利用此对话框可把图形对象保存为图形文件或把图块转换成图形文件。

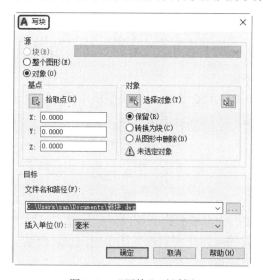

图 7-5　"写块"对话框

【选项说明】

- ■　"源"选项组：确定要保存为图形文件的图块或图形对象。选中"块"单选按钮，单击右侧的向下箭头，在下拉列表框中选择一个图块，可将其保存为图形文件。选中"整个图形"单选按钮，则把当前的整个图形保存为图形文件。选中"对象"单选按钮，则把不属于图块的图形对象保存为图形文件。对象的选取通过"对象"选项组来完成。
- ■　"目标"选项组：用于指定图形文件的名字、保存路径和插入单位等。

7.1.3 实例——螺栓图块

将图 7-6 所示的图形定义为图块，取名为"螺栓"并保存。

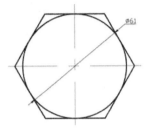

图 7-6 "螺栓"图块

视频文件\讲解视频\第 7 章\螺栓图块.MP4

01 利用"创建块"命令，打开"块定义"对话框。

02 在"名称"下拉列表框中输入"螺栓"。

03 单击"拾取点"按钮切换到作图屏幕，选择圆心为插入基点，返回"块定义"对话框。

04 单击"选择对象"按钮切换到作图屏幕，选择图 7-6 所示的对象后，按 Enter 键返回"块定义"对话框。

05 确认后关闭对话框。

06 在命令行输入 WBLOCK 命令，系统打开"写块"对话框，在"源"选项组中选择"块"单选按钮，在后面的下拉列表框中选择"螺栓"图块，并进行其他相关设置，确认后退出。

7.1.4 图块的插入

在用 AutoCAD 绘图过程中，可根据需要随时把已经定义好的图块或图形文件插入到当前图形的任意位置，在插入的同时还可以改变图块的大小、旋转一定角度或把图块分解等。插入图块的方法有多种，下面逐一进行介绍。

【执行方式】

- ■ 命令行：INSERT
- ■ 菜单：插入→块选项板
- ■ 工具栏：插入→插入块 或绘图→插入块
- ■ 功能区：选择"默认"选项卡"块"面板中的"插入下拉菜单栏"命令（或选择"插入"选项卡"块"面板中的"插入下拉菜单"命令）

【操作步骤】

命令：INSERT↙

AutoCAD 打开"块"选项板，如图 7-7 所示。在该选项板中可以指定要插入的图块及插入位置。

图 7-7   "块"选项板

【选项说明】

■　　"插入点"选项组：指定块的插入点。 如果选中该选项，则插入块时使用定点设备或手动输入坐标，即可指定插入点。如果取消选中该选项，将使用之前指定的坐标。

■　"比例"选项组：确定插入图块时的缩放比例。图块被插入到当前图形中的时候，可以以任意比例放大或缩小，如图 7-8 所示，其中，图 7-8a 所示为被插入的图块，图 7-8b 取比例系数为 1.5 插入该图块的结果，图 7-8c 所示为取比例系数为 0.5 的结果。X 轴方向和 Y 轴方向的比例系数也可以取不同，如图 7-8d 所示为 X 轴方向的比例系数为 1、Y 轴方向的比例系数为 1.5 的结果。另外，比例系数还可以是一个负数，当为负数时表示插入图块的镜像，其效果如图 7-9 所示。

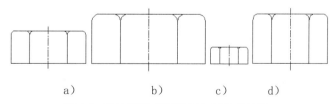

a)　　　　　　　　b)　　　　c)　　　　d)

图 7-8   取不同比例系数插入图块的结果

■　"旋转"选项组：不勾选"旋转"复选框，直接在右侧的"角度"文本框中输入旋转角度。图块被插入到当前图形中的时候，可以绕其基点旋转一定的角度，角度可

以是正数（表示沿逆时针方向旋转），也可以是负数（表示沿顺时针方向旋转）。如图 7-10b 所示为图 7-10a 所示的图块旋转 30°插入的效果，图 7-10c 所示为旋转－30°插入的效果。

X 比例=1，Y 比例=1　　　X 比例= -1，Y 比例=1　　　X 比例=1，Y 比例= -1　　　X 比例= -1，Y 比例= -1

图 7-9　取比例系数为负值插入图块的效果

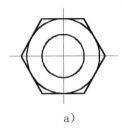　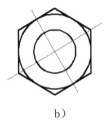　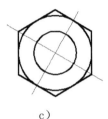

a)　　　　　　　　b)　　　　　　　　c)

图 7-10　以不同旋转角度插入图块的效果

如果勾选"旋转"复选框，系统将切换到作图屏幕，在屏幕上拾取一点，AutoCAD 自动测量插入点与该点连线和 X 轴正方向之间的夹角，并把它作为块的旋转角。也可以在"角度"文本框直接输入插入图块时的旋转角度。

- ■ "重复放置"复选框：控制是否自动重复块插入。如果选中该选项，系统将自动提示其他插入点，直到按 Esc 键取消命令。如果取消选中该选项，将插入指定的块一次。
- ■ "分解"复选框：选中此复选框，则在插入块的同时把其分解，插入到图形中的组成块的对象不再是一个整体，可对每个对象单独进行编辑操作。

7.1.5　动态块

动态块具有灵活性和智能性，在操作时可以轻松地更改图形中的动态块参照，可以通过自定义夹点或自定义特性来操作动态块参照中的几何图形。这使得用户可以根据需要在位调整块，而不用搜索另一个块以插入或重定义现有的块。例如，如果在图形中插入一个门块参照，编辑图形时可能需要更改门的大小。如果该块是动态的，并且定义为可调整大小，那么只需拖动自定义夹点或在"特性"选项板中指定不同的大小就可以修改门的大小，如图 7-11 所示。用户可能还需要修改门的打开角度，如图 7-12 所示。该门块还可能会包含对齐夹点，使用对齐夹点可以轻松地将门块参照与图形中的其他几何图形对齐，如图 7-13 所示。

可以使用块编辑器创建动态块。块编辑器是一个专门的编写区域，用于添加能够使块成为动态块的元素。用户可以从头创建块，也可以向现有的块定义中添加动态行为。也可以像在绘图区域中一样创建几何图形。

【执行方式】

- ■　命令行：BEDIT
- ■　菜单：工具→块编辑器
- ■　工具栏：标准→块编辑器 🔲
- ■　快捷菜单：选择一个块参照。在绘图区域中单击鼠标右键。选择"块编辑器"选项
- ■　功能区：单击"默认"选项卡"块"面板中的"编辑"按钮🔲（或单击"插入"选项卡"块定义"面板中的"块编辑器"按钮🔲）

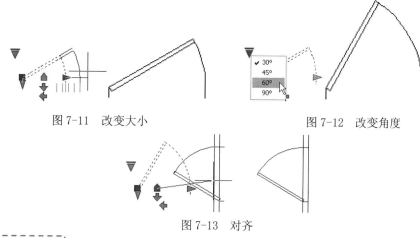

图 7-11　改变大小　　　　　　　　　　图 7-12　改变角度

图 7-13　对齐

【操作步骤】

命令：BEDIT↙

系统❶打开"编辑块定义"对话框，如图 7-14 所示，❷在"要创建或编辑的块"文本框中输入块名或在列表框中选择已定义的块或当前图形。确认后，系统❸打开块编写选项板和❹"块编辑器"工具栏，如图 7-15 所示。利用块编写选项板和"块编辑器"工具栏，可以对图块进行动态编辑。

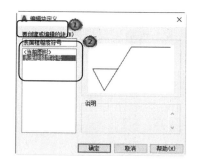

图 7-14　"编辑块定义"对话框

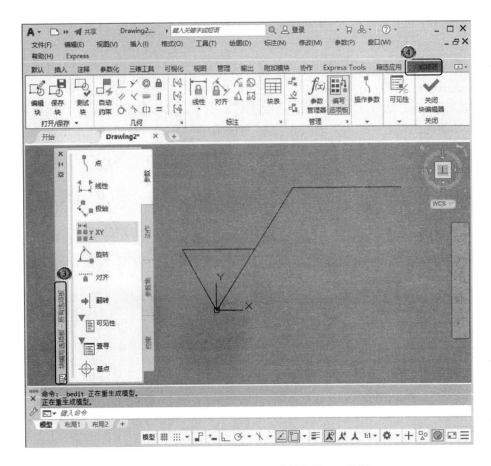

图 7-15　块编写选项板和 "块编辑器" 工具栏

7.2　图块的属性

图块除了包含图形对象以外，还具有非图形信息。例如，把一个椅子的图形定义为图块后，还可把椅子的号码、材料、重量、价格以及说明等文本信息一并加入到图块当中。图块的这些非图形信息叫作图块的属性，它是图块的一个组成部分，与图形对象一起构成一个整体，在插入图块时 AutoCAD 把图形对象连同属性一起插入到图形中。

7.2.1　定义图块属性

【执行方式】

- 命令行：ATTDEF
- 菜单：绘图→块→定义属性

■　功能区：单击"默认"选项卡"块"面板中的"定义属性"按钮 （或单击"插入"选项卡"块定义"面板中的"定义属性"按钮 ）

【操作步骤】

命令：ATTDEF↙

选取相应的菜单项或在命令行输入 ATTDEF 按 Enter 键，打开"属性定义"对话框，如图 7-16 所示。

图 7-16　"属性定义"对话框

【选项说明】

■　"模式"选项组：确定属性的模式。

（1）"不可见"复选框：插入图块并输入属性值后，属性值在图中并不显示出来。

（2）"固定"复选框：属性值为常量。

（3）"验证"复选框：当插入图块时，AutoCAD 重新显示属性值，让用户验证该值是否正确。

（4）"预设"复选框：当插入图块时自动把事先设置好的默认值赋予属性，而不再提示输入属性值。

（5）"锁定位置"复选框：选中此复选框，当插入图块时 AutoCAD 锁定块参照中属性的位置。解锁后，属性可以相对于使用夹点编辑的块的其他部分移动，并且可以调整多行属性的大小。

注意：
　　在动态块中，由于属性的位置包括在动作的选择集中，因此必须将其锁定。

（6）"多行"复选框：指定属性值可以包含多行文字。

■　"属性"选项组：用于设置属性值。在每个文本框中 AutoCAD 允许输入不超过 256

个字符。

（1）"标记"文本框：输入属性标签。属性标签可由除空格和感叹号以外的所有字符组成，AutoCAD 自动把小写字母改为大写字母。

（2）"提示"文本框：输入属性提示。属性提示是插入图块时 AutoCAD 要求输入属性值的提示，如果不在此文本框内输入文本，则以属性标签作为提示。如果在"模式"选项组选中"固定"复选框，即设置属性为常量，则不需设置属性提示。

（3）"默认"文本框：设置默认的属性值。可把使用次数较多的属性值作为默认值，也可不设默认值。

- "插入点"选项组：确定属性文本的位置。可以在插入时由用户在图形中确定属性文本的位置，也可在 X、Y、Z 文本框中直接输入属性文本的位置坐标。
- "文字"选项组：设置属性文本的对齐方式、文本样式、字高和倾斜角度。
- "在上一个属性定义下对齐"复选框：选中此复选框，表示把属性标签直接放在前一个属性的下面，而且该属性继承前一个属性的文本样式、字高和倾斜角度等特性。

7.2.2 修改属性的定义

在定义图块之前，可以对属性的定义加以修改，不仅可以修改属性标签，还可以修改属性提示和属性默认值。

【执行方式】

- 命令行：DDEDIT
- 菜单：修改→对象→文字→编辑
- 快捷方法：双击要修改的属性定义

【操作步骤】

命令：DDEDIT↙

选择注释对象或 [放弃(U)]：

在此提示下选择要修改的属性定义，AutoCAD 打开"编辑属性定义"对话框，如图 7-17 所示。在该对话框中要修改的属性标记为"文字"，提示为"数值"，无默认值。可在各文本框中对各项进行修改。

图 7-17 "编辑属性定义"对话框

7.2.3　图块属性编辑

当属性被定义到图块当中，甚至图块被插入到图形当中之后，用户还可以对属性进行编辑。利用"ATTEDIT"命令可以通过对话框对指定图块的属性值进行修改，利用"-ATTEDIT"命令不仅可以修改属性值，而且可以对属性的位置、文本等其他设置进行编辑。

【执行方式】

- ■　命令行：ATTEDIT
- ■　菜单：修改→对象→属性→单个
- ■　工具栏：修改 II→编辑属性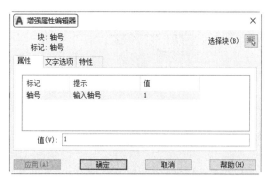
- ■　功能区：默认→块→编辑属性

【操作步骤】

命令：ATTEDIT✓

选择块参照：

同时光标变为拾取框。选择要修改属性的图块，则 AutoCAD 打开图 7-18 所示的"编辑属性"对话框。该对话框中显示出所选图块中包含的前 8 个属性的值，用户可对这些属性值进行修改。如果该图块中还有其他的属性，可单击"上一个"和"下一个"按钮对它们进行观察和修改。

当用户通过菜单或工具栏执行上述命令时，系统打开"增强属性编辑器"对话框，如图7-19 所示。在该对话框中不仅可以编辑属性值，还可以编辑属性的文字选项和图层、线型、颜色等特性值。

图 7-18　"编辑属性"对话框

图 7-19　"增强属性编辑器"对话框

另外，还可以通过"块属性管理器"对话框来编辑属性，方法是：

1）工具栏：修改 II→块属性管理器。执行此命令后，①系统打开"块属性管理器"对话框，如图 7-20 所示。

2）②单击"编辑"按钮，③系统打开"编辑属性"对话框，如图 7-21 所示。可以通过该对话框编辑属性。

图 7-20　"块属性管理器"对话框

图 7-21　"编辑属性"对话框

7.3　综合实例——标注阀盖表面粗糙度

本实例要标注的阀盖表面粗糙度如图 7-22 所示。首先绘制表面粗糙度的符号，然后将其写入块，利用插入块命令将表面粗糙度符号插入到图中，并调整相应的位置和角度。在制作图块时，可以采用普通图块、动态块和属性设置三种形式来完成。本例将分别讲述这三种方法。绘制过程中要用到写块、插入块、插入文本等命令。

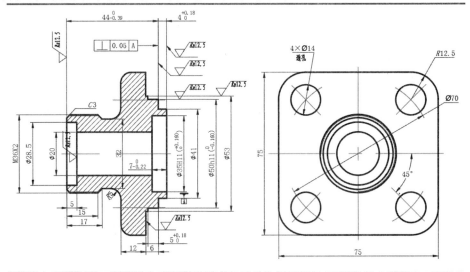

图 7-22　标注阀盖表面粗糙度

视频文件\讲解视频\第 7 章\标注阀盖表面粗糙度.MP4

首先采用普通图块的方法，步骤如下：

01 利用"直线"命令绘制如图 7-23 所示的图形。

02 利用 WBLOCK 命令打开"写块"对话框，拾取图 7-23 所示图形的下尖点为基点，以该图形为对象，输入图块名称并指定路径，确认后退出。

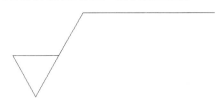

图 7-23　绘制表面粗糙度符号

03 利用"插入块"命令，单击"浏览"按钮找到刚才保存的图块，在屏幕上指定插入点、比例和旋转角度，将该图块插入到图 7-22 所示的图形中。

04 利用"单行文字"命令标注文字，标注时注意对文字进行旋转。

05 同样利用插入图块的方法标注其他表面粗糙度。

下面采用动态块的方法，步骤如下：

01 利用"直线"命令绘制如图 7-23 所示的图形。

02 利用 WBLOCK 命令打开"写块"对话框，拾取图 7-23 所示图形的下尖点为基点，以该图形为对象，输入图块名称并指定路径，确认后退出。

03 利用"插入块"命令，单击"浏览"按钮找到刚才保存的图块，在屏幕上指定插入点、旋转角度和比例，将该图块插入到图 7-22 所示的图形中，结果如图 7-25 所示。

04 利用"BEDIT"命令，选择刚才保存的块，打开块编辑界面和块编写选项板，在块编写选项板的"参数"选项卡中选择"旋转参数"选项。系统提示：

命令：_BParameter 旋转

指定基点或 [名称(N)/标签(L)/链(C)/说明(D)/选项板(P)/值集(V)]：（指定表面粗糙度图块下角点为基点）

指定参数半径：（指定适当半径）

指定默认旋转角度或 [基准角度(B)] <0>：（指定适当角度）

指定标签位置：（指定适当位置）

在块编写选项板的"动作"选项卡中选择"旋转动作"选项。系统提示：

命令：_BActionTool 旋转

选择参数：（选择刚设置的旋转参数）

指定动作的选择集

选择对象：（选择表面粗糙度图块）

05 关闭块编辑器。

06 在当前图形中选择刚才标注的图块，系统显示图块的动态旋转标记，选中该标记，按住鼠标拖动，如图 7-24 所示，直到图块旋转到满意的位置为止，如图 7-26 所示。

07 利用"单行文字"命令标注文字，标注时注意对文字进行旋转。同样，利用插入

图块的方法标注其他表面粗糙度。

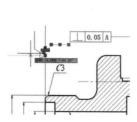

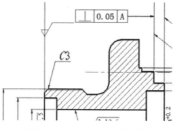

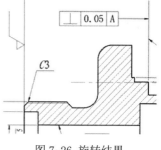

图 7-24　动态旋转　　　　图 7-25　插入表面粗糙度符号　　　　图 7-26　旋转结果

下面采用属性设置的方法，步骤如下：

01 利用"直线"命令绘制如图 7-23 所示的表面粗糙度符号图形。

02 利用"定义属性"命令，系统打开"属性定义"对话框，进行如图 7-27 所示的设置。其中插入点为表面粗糙度符号水平线中点，确认后退出。

03 利用"WBLOCK"命令打开"写块"对话框，拾取图 7-23 所示图形的下尖点为基点，以该图形为对象，输入图块名称并指定路径，确认后退出。

04 利用"插入块"命令，单击"浏览"按钮找到刚才保存的图块，在屏幕上指定插入点、比例和旋转角度，将该图块插入到图 7-26 所示的图形中。这时，命令行会提示输入属性，并要求验证属性值，输入表面粗糙度数值 1.6，就完成了一个表面粗糙度的标注。

05 插入表面粗糙度图块，输入不同属性值作为表面粗糙度数值，直到完成所有表面粗糙度标注。

图 7-27　"属性定义"对话框

7.4　上机实验

实验 1　将图 7-28 所示的图形定义为图块，取名为"螺母"。

操作提示：

1）利用"块定义"对话框进行适当设置定义块。

2）利用"WBLOCK"命令，进行适当设置，保存块。

实验 2　标注如图 7-29 所示图形的表面粗糙度。

操作提示：

1）利用"直线"命令绘制表面粗糙度符号。

2）定义表面粗糙度符号的属性，将表面粗糙度值设置为其中需要验证的标记。

3）将绘制的表面粗糙度符号及其属性定义成图块。

4）保存图块。

5）在图形中插入表面粗糙度图块，每次插入时输入不同的表面粗糙度值作为属性值。

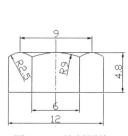

图 7-28　绘制图块

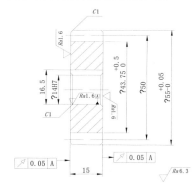

图 7-29　标注粗糙度

7.5　思考与练习

1．问答题

（1）图块的定义是什么？图块有何特点？

（2）动态图块有什么优点？

（3）什么是图块的属性？如何定义图块属性？

2．操作题

定义如图 7-30 所示的图块并存盘。

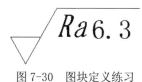

图 7-30　图块定义练习

第 8 章 零件图与装配图

本章将通过球阀的零件图和装配图的绘制,介绍 AutoCAD 2020 绘制完整零件图和装配图的基础知识以及绘制方法和技巧。

学 习 要 点

◎ 完整零件图绘制方法

◎ 阀盖设计

◎ 阀体设计

◎ 完整装配图绘制方法

◎ 球阀装配平面图

8.1 完整零件图绘制方法

零件图是设计者用以表达对零件设计意图的一种技术文件。

8.1.1 零件图内容

零件图是表示零件的结构形状、大小和技术要求的工程图样，并根据它加工制造零件。一幅完整零件图应包括以下内容：

（1）一组视图：表达零件的形状与结构。

（2）一组尺寸：标出零件上结构的大小、结构间的位置关系。

（3）技术要求：标出零件加工、检验时的技术指标。

（4）标题栏：注明零件的名称、材料、设计者、审核者和制造厂家等信息的表格。

8.1.2 零件图绘制过程

零件图的绘制过程包括草绘和绘制工作图，AutoCAD 一般用于绘制工作图。下面是绘制零件图的基本步骤：

1）设置作图环境。作图环境的设置一般包括两方面：

选择比例：根据零件的大小和复杂程度选择比例，尽量采用 1:1。

选择图纸幅面：根据图形、标注尺寸、技术要求所需图纸幅面，选择标准幅面。

2）确定作图顺序，选择尺寸转换为坐标值的方式。

3）标注尺寸，标注技术要求，填写标题栏。标注尺寸前要关闭剖面层，以免剖面线在标注尺寸时影响端点捕捉。

4）校核与审核。

8.2 阀盖设计

阀盖的绘制过程可以说是机械制图中比较常见的例子。本例在绘图环境设置、文字和尺寸标注样式设置的讲解中，充分使用了二维绘图和二维编辑命令，是使用 AutoCAD 2022 二维绘图功能的综合实例。

本实例的制作思路：首先设置阀盖的绘图环境，然后依次绘制阀盖的中心线、主视图、辅助线和左视图，最后标注阀盖的尺寸和表面粗糙度等。阀盖零件如图 8-1 所示。

视频文件\讲解视频\第 8 章\阀盖.MP4

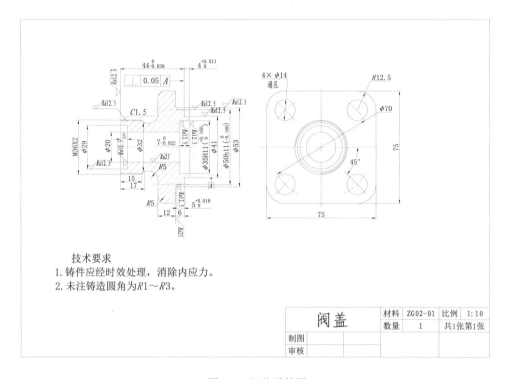

图 8-1　阀盖零件图

8.2.1　配置绘图环境

01 建立新文件。启动 AutoCAD 2022 应用程序，选择菜单栏中的"文件→新建"命令，打开"选择样板文件"对话框，选择已有的样板图建立新文件，本例选择"A3"样板图。

02 开启线宽。单击状态栏中"线宽"按钮，在绘制图形时显示线宽，命令行中会提示"命令：　<线宽 开>"。

03 创建新图层。利用"图层"命令，打开"图层特性管理器"对话框，新建并设置每一个图层，如图 8-2 所示。

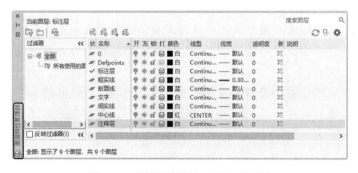

图 8-2　"图层特性管理器"对话框

8.2.2　绘制视图

1．绘制中心线

1）切换图层。将"中心线"图层设置为当前图层。单击状态栏中的"对象捕捉"按钮□，打开对象捕捉功能。

2）绘制中心线。利用"直线"命令，在绘图区任意指定一点，输入下一点坐标（@80,0），绘制水平中心线。重复直线命令，利用"对象捕捉"工具栏中的"捕捉自"按钮，捕捉中心线的中点作为基点，指定偏移量为（@0,40），输入下一点坐标为（@0,-80）。

3）绘制中心线及圆。利用"直线"命令，从中心线的交点到坐标点（@45<45），绘制直线；利用"圆"命令，捕捉中心线的交点，绘制 ϕ70mm 圆，结果如图 8-3 所示。

2．绘制左视图

1）绘制阀盖左视图外轮廓线。将"轮粗实线"图层设置为当前图层，利用"多边形"命令，设置边数为 4，捕捉中心线的交点为正多边形的中心点，设置外切圆的半径为 37.5mm。

2）利用"圆角"命令，对正方形进行倒圆操作，圆角半径设置为 12.5mm。利用"圆"命令，捕捉中心线的交点，分别绘制 ϕ36mm、ϕ33mm、ϕ29mm 及 ϕ20mm 圆；捕捉中心线圆与倾斜中心线的交点，绘制 ϕ14mm 圆。利用"环形阵列"命令，选择刚刚绘制的 ϕ14mm 圆及倾斜中心线，将其进行环形阵列，设置填充角度为 360°、数目为 4，捕捉 ϕ36mm 圆的圆心为阵列中心。对中心线圆进行修剪，利用"拉长"命令，对中心线的长度进行适当调整，结果如图 8-4 所示。

3）绘制螺纹小径圆。将"细实线"图层设置为当前图层，利用"圆"命令，捕捉 ϕ36mm 圆的圆心，绘制 ϕ34mm 圆。利用"修剪"命令，对细实线的螺纹小径圆进行修剪，结果如图 8-5 所示。

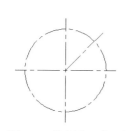

图 8-3　绘制中心线及圆

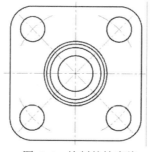

图 8-4　绘制外轮廓线

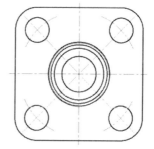

图 8-5　绘制螺纹小径圆

3．绘制主视图

1）将"粗实线"图层设置为当前图层，单击状态栏中的"正交模式"按钮和"对象捕捉追踪"按钮，打开正交功能和对象捕捉追踪功能。利用"直线"命令，捕捉左视图水平中心线的端点，如图 8-6 所示，向左拖动鼠标，此时出现一条虚线，在适当位置处单击，确定起点。

2）从该起点→（@0,18）→（@15,0）→（@0,-2）→（@11,0）→（0,21.5）→（@12,0）→（@0,-11）→（@1,0）→（@0,-1.5）→（@5,0）→（@0,-4.5）→（@4,0），将光标移动

到中心线端点，此时出现一条虚线，如图 8-7 所示。

3）向左移动光标到两条虚线的交点处单击，结果如图 8-8 所示。

4）绘制阀盖主视图中心线。将"中心线"图层设置为当前图层，利用"直线"命令，利用"对象捕捉"工具栏中的"捕捉自"按钮，捕捉阀盖主视图左端点作为基点，指定偏移量为（@-5,0），在提示指定下一点时，重复利用"捕捉自"命令，捕捉阀盖主视图右端点作为基点，输入偏移量为（@5,0）。

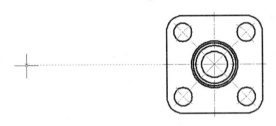 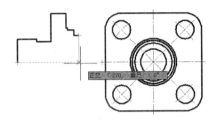

图 8-6　确定起点　　　　　　　　　　　图 8-7　确定终点

5）绘制阀盖主视图内轮廓线。将"粗实线"图层设置为当前图层，利用"直线"命令，捕捉左视图 $\phi29$ 圆的上象限点，如图 8-9 所示，向左移动光标，此时出现一条虚线，捕捉主视图左边线上的最近点，单击。从该点→（@5,0），捕捉与中心线的交点，绘制直线。

采用同样的方法，捕捉左视图 $\phi20mm$ 圆的上象限点，向左移动光标，此时出现一条虚线，捕捉刚刚绘制的直线上的最近点，单击，从该点→（@36,0）→（@0,7.5），捕捉与阀盖右边线的交点，绘制直线，结果如图 8-10 所示。

6）绘制主视图 M36 螺纹小径。利用"偏移"命令，选择阀盖主视图左端 M36 轴段上边线，将其向下偏移 1。选择偏移后的直线，将其所在图层修改为"细实线"图层。

7）对主视图进行倒圆及倒角操作。利用"倒角"命令，对主视图 M36 轴段左端进行倒角操作，倒角距离设置为 1.5mm，并对 M36 螺纹小径的细实线进行修剪。利用"圆角"命令，对主视图进行倒圆操作，圆角半径分别为 2mm 和 5mm。利用"修剪"命令修剪掉多余线段，结果如图 8-11 所示。

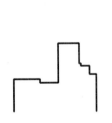
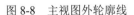 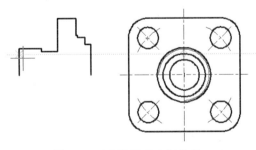

图 8-8　主视图外轮廓线　　　　　　　图 8-9　对象追踪确定起始点

8）完成阀盖主视图。利用"镜像"命令，用窗口选择方式，选择主视图的轮廓线，以主视图的中心线为对称轴，进行镜像操作。将"剖面线"图层设置为当前图层。利用"图案填充"命令，选择"图案填充创建"选项卡，设置"图案填充图案"为 ANSI31 图案，如图 8-12 所示，拾取填充区域内一点，按 Enter 键，绘制剖面线，如图 8-13 所示。阀盖视图的最终结果如图 8-1 所示。

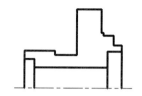

图 8-10　阀盖主视图内轮廓线

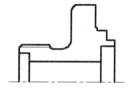

图 8-11　倒圆及倒角后的主视图

图 8-12　"图案填充创建"选项卡

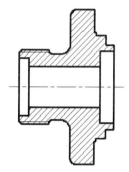

图 8-13　阀盖主视图

8.2.3　标注阀盖

1. 设置尺寸标注样式

1）设置图层。将"标注层"设置为当前图层。

2）新建文字样式。利用"文字样式"命令，打开"文字样式"对话框，方法同前，新建义字样式为"sz"。

3）设置标注样式。利用"格式"中的"标注样式"命令，打开"标注样式管理器"对话框，单击"新建"按钮，创建新的标注样式"机械图样"，用于标注图样中的尺寸。

4）单击"继续"按钮，打开"新建标注样式：机械图样"对话框，对其中的选项卡中的选项进行设置，如图 8-14 和图 8-15 所示。设置完成后，单击"确定"按钮。

5）在"标注样式管理器"对话框中选择"机械图样"，单击"新建"按钮，分别设置直径、半径和角度标注样式。其中，直径和半径标注样式的"调整"选项卡设置如图 8-16 所示。

6）角度标注样式的"文字"选项卡如图 8-17 所示。

7）在"标注样式管理器"对话框中，选择"机械图样"标注样式，单击"置为当前"按钮，将其设置为当前标注样式。

图 8-14 "符号和箭头"选项卡

图 8-15 "文字"选项卡

2. 标注阀盖主视图中的线性尺寸

1）标注主视图竖直线性尺寸。利用"线性"命令，方法同前，从左至右依次标注阀盖主视图中的竖直线性尺寸 M36×2、ϕ29mm、ϕ20mm、ϕ32mm、ϕ35mm、ϕ41mm、ϕ50mm及 ϕ53mm，结果如图 8-18 所示。

2）标注主视图水平线性尺寸。利用"线性"命令，标注阀盖主视图上部的线性尺寸 44mm；利用"连续"命令，标注连续尺寸 4mm。

3）利用"线性"命令，标注阀盖主视图中部的线性尺寸 7mm，标注阀盖主视图下部左边的线性尺寸 5mm。

4）利用"基线"命令，标注基线尺寸 15mm 和 17mm。

图 8-16　直径和半径标注样式的"调整"选项卡

图 8-17　角度标注样式的"文字"选项卡

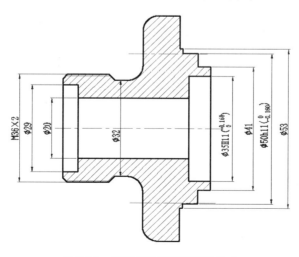

图 8-18　标注主视图竖直线性尺寸

5）利用"线性"命令，标注阀盖主视图下部右边的线性尺寸 5mm 和 6mm。利用"连续"命令，标注连续尺寸 12mm， 结果如图 8-19 所示。

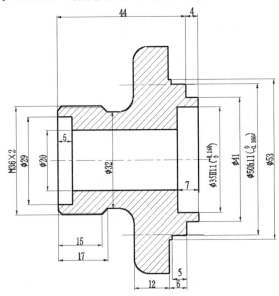

图 8-19　标注主视图水平线性尺寸

6）标注尺寸偏差。利用"标注样式"命令，在打开的"标注样式管理器"对话框的样式列表框中选择"机械图样"，单击"替代"按钮。

7）系统打开"替代当前样式"对话框，选择"主单位"选项卡，将"线性标注"选项组中的"精度"值设置为 0.000；选择"公差"选项卡，在"公差格式"选项组中，在"方式"下拉列表中选择"极限偏差"选项，设置"上偏差"为 0、下偏差"为 0.039，"高度比例"为 0.7。设置完成后单击"确定"按钮。

8）利用"标注更新"命令，选择主视图上部的线性尺寸 44mm，即可为该尺寸添加尺寸偏差。

9）采用同样的方法，分别为主视图中的线性尺寸 4mm、7mm 及 5mm 标注尺寸偏差。

3．标注阀盖主视图中的倒角及圆角半径

1）利用"qleader"命令，标注主视图中的倒角尺寸 C1.5。在命令行输入该命令后，按 Enter 键，系统打开"引线设置"对话框，如图 8-20、图 8-21 所示设置各个选项卡中的选项，设置完成后，单击"确定"按钮。命令行继续提示如下：

指定第一个引线点或 [设置(s)]<设置>:（捕捉阀盖主视图左端倒角线上端点）

指定下一点:（向右上拖动鼠标，在适当位置处单击）

指定下一点:（向右上拖动鼠标，在适当位置处单击）

然后利用"多行文字"命令，在刚绘制的横线上输入"C1.5"。

2）利用"半径"命令，标注主视图中的半径尺寸 R5mm。

结果如图 8-22 所示。

图 8-20 "注释"选项卡   图 8-21 "引线和箭头"选项卡

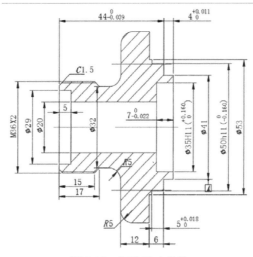

图 8-22 标注尺寸偏差

4．标注阀盖左视图中的尺寸。

1）利用"线性"命令，标注阀盖左视图中的线性尺寸 75 mm。

2）利用"直径"命令，标注阀盖左视图中的直径尺寸 ϕ70 mm 及 4× ϕ14mm。在标注尺寸 4× ϕ14mm 时，需要输入标注文字"4-%%C"。

3）利用"半径"命令，标注左视图中的半径尺寸 R12.5mm。

4）利用"角度"命令，标注左视图中的角度尺寸 45°。

方法同前，利用"文字样式"命令，新建文字样式"hz"，用于添加汉字，该标注样式的"字体名"为"仿宋_GB2312"，"宽度因子"为 0.7。

5）在命令行输入"text"，设置当前文字样式为"hz"，在尺寸 4× ϕ14mm 的引线下部输入文字"通孔"，结果如图 8-23 所示。

5．标注阀盖主视图中的表面粗糙度

在这里，可以绘制如图 8-24 所示的图块，也可以直接借用前面绘制好的表面粗糙度图块。

1）在命令行输入"WBLOCK"，❶打开"写块"对话框，如图 8-25 所示。❷单击"拾

取点"按钮,拾取表面粗糙度符号最下端点为基点,❸单击"选择对象"按钮,选择所绘制的表面粗糙度符号,❹在"文件名和路径"文本框输入图块名为表面粗糙度,❺单击"确定"按钮。

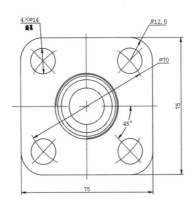

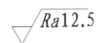

图 8-23　标注左视图中的尺寸　　　　　图 8-24　表面粗糙度符号

2)将"细实线"设置为当前图层。将制作的图块插入到图形中的适当位置。单击"默认"选项卡"块"面板中的"插入"下拉菜单中"最近使用的块"选项,❶打开"块"选项板,如图 8-26 所示,❷单击"控制选项"中的"浏览"按钮,❸弹出"选择要插入的文件"对话框,如图 8-27 所示。❹在该对话框中选择"粗糙度"文件,❺然后单击"打开"按钮,返回到"块"选项板。❻勾选"插入选项"列表中的"重复放置""插入点""旋转"复选框,❼在"当前图形"选项卡右键单击"粗糙度",❽在打开的快捷菜单中选择"插入"选项,完成块插入操作。

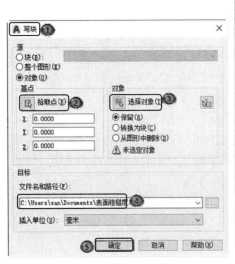

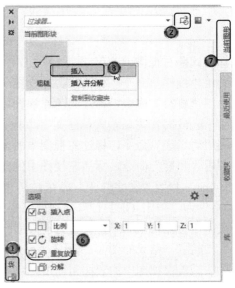

图 8-25　"写块"对话框　　　　　　　图 8-26　"块"选项板

图 8-27 "选择要插入的文件"对话框

注意：表面粗糙度图块的绘制和标注位置一定要按照最新的机械制图国家标准来执行。

6．标注阀盖主视图中的几何公差

1）利用快速引线命令，标注几何公差。在命令行输入 qleader 命令，按 Enter 键，系统打开"引线设置"对话框，如图 8-28、图 8-29 所示设置各个选项卡中的选项，设置完成后，单击"确定"按钮。捕捉阀盖主视图尺寸 44mm 右端尺寸延伸线上的最近点，在适当位置处单击，打开"形位公差"对话框，如图 8-30 所示，对其进行相关设置，然后单击"确定"按钮。

图 8-28 "注释"选项卡

2）方法同前，利用"插入块"命令，在尺寸 $\phi35\text{mm}$ 下端尺寸延伸线下的适当位置插入

"基准符号"图块，设置均同前，结果如图 8-31 所示。最终的标注结果如图 8-1 所示。

7．标注文字

将"文字"设置为当前图层，利用"多行文字"命令，指定插入位置后，系统打开"文字编辑器"选项卡，如图 8-32 所示。在下面的编辑框中输入文字，如技术要求等。

采用同样方法，标注标题栏，最终结果如图 8-1 所示。

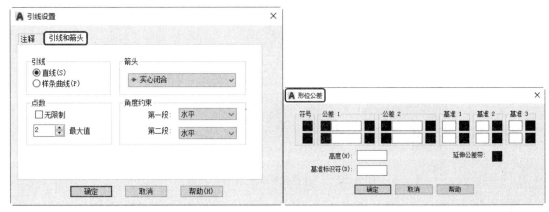

图 8-29 "引线和箭头"选项卡   图 8-30 "形位公差"对话框

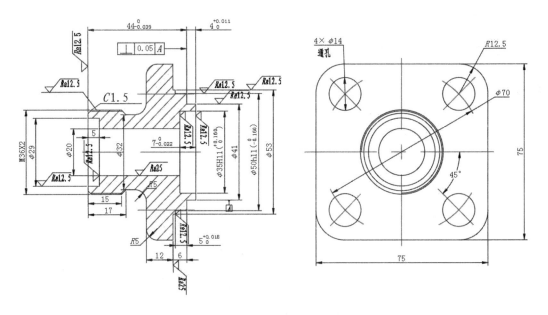

图 8-31 标注主视图中的几何公差

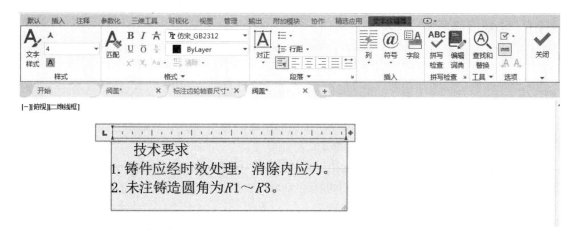

图 8-32　多行文字编辑器

8.3　阀体设计

阀体（见图 8-33）的绘制过程是复杂二维图形制作中比较典型的实例，在本例中对绘制异形图形做了初步的叙述，主要是利用绘制圆弧线以及利用修剪、圆角等命令来实现。

本实例的制作思路：首先绘制中心线和辅助线作为定位线，并且作为绘制其他视图的辅助线；然后再绘制主视图和俯视图以及左视图。

视频文件\讲解视频\第 8 章\阀体.MP4

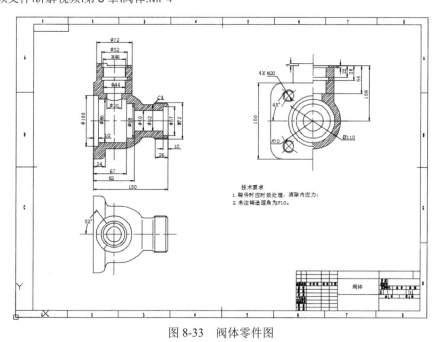

图 8-33　阀体零件图

8.3.1 绘制球阀阀体

01 打开上面保存的样板图。打开图层管理器，将图框线与标题栏所在图层关闭。

02 绘制中心线和辅助线。

❶切换图层。将"中心线图层"设定为当前图层。

❷绘制中心线。利用"直线"命令，在视图中绘制最下面的水平对称中心线、中间的竖直对称中心线和右端的倾斜对称中心线。

在绘图平面适当位置绘制两条互相垂直的直线，长度分别大约为 500mm 和 700mm。然后进行偏移操作，将水平中心线向下偏移 200mm。用同样方法，将竖直中心线向右偏移 400mm。

利用"直线"命令，指定偏移后中心线右下交点为起点，下一点坐标为（@300<139）。

将绘制的斜线向右下方移动到适当位置，使其仍然经过右下方的中心线交点，结果如图 8-34 所示。

03 绘制主视图。

❶绘制基本轮廓线。利用"偏移"命令，将上面中心线向下偏移 75mm，将左边中心线向左偏移 42mm。

选择偏移形成的两条中心线，如图 8-35 所示。然后在"图层"选项板的图层下拉列表中选择"粗实线"图层，如图 8-36 所示，将这两条中心线转换成粗实线，同时其所在图层也转换成"粗实线"图层，如图 8-37 所示。

利用"修剪"命令，将转换的两条粗实线作一些修剪，结果如图 8-38 所示。

❷偏移与修剪图线。利用"偏移"命令，分别将刚修剪的竖直线向右偏移（单位为 mm）10、24、55、67、82、124、140、150，将水平直线向上偏移（单位为 mm）20、25、32、39、40.8、43、46.7、55，结果如图 8-39 所示。然后将图 8-398-77 所示图形利用"修剪"命令修剪成如图 8-40 所示的图形。

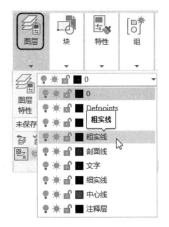

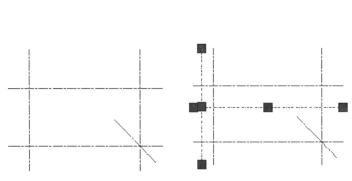

图 8-34　绘制中心线和辅助线　　图 8-35　绘制的直线　　图 8-36　图层下拉列表

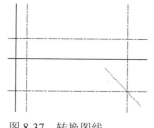

图 8-37　转换图线

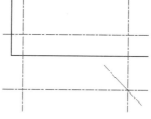

图 8-38　修剪图线

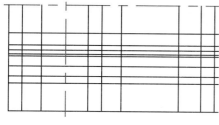

图 8-39　偏移图线

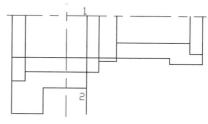

图 8-40　修剪图线

❸绘制圆弧。利用"圆弧"命令，以图 8-41 中 1 点为圆心，以 2 点为起点绘制圆弧，圆弧终点为适当位置，如图 8-41 所示。

利用"删除"命令删除点 1、2 处直线。利用"修剪"命令修剪圆弧以及与它相交的直线，结果如图 8-42 所示。

❹倒角。利用"倒角"和"圆角"命令，对右下边的直角进行倒角，设置倒角距离为 4，采用的修剪模式为"不修剪"。

采用相同方法，对其左边的直角倒角，距离为 4mm。

对下部的直角进行圆角处理，设置圆角半径为 10mm。

采用相同方法，对修剪的圆弧直线相交处倒圆，半径为 3mm，结果如图 8-43 所示。

❺绘制螺纹牙底。利用"偏移"命令，将右下边水平线向上偏移 2mm。然后利用"延伸"命令，将偏移的直线进行延伸处理，再将延伸后的线转换到"细实线"图层，如图 8-44 所示。

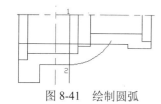

图 8-41　绘制圆弧

图 8-42　修剪圆弧

图 8-43　倒圆

❻镜像处理。利用"镜像"命令，选择如图 8-45 所示亮显的对象，将其以水平中心线为轴镜像，结果如图 8-46 所示。

❼偏移修剪图线。利用"镜像"命令，将竖直中心线向左右分别偏移（单位为 mm）15、22、26、36，将水平中心线向上分别偏移（单位为 mm）54、80、86、104、108、112，结果如图 8-47 所示。

利用"修剪"命令，对偏移的图线进行修剪，结果如图 8-48 所示。

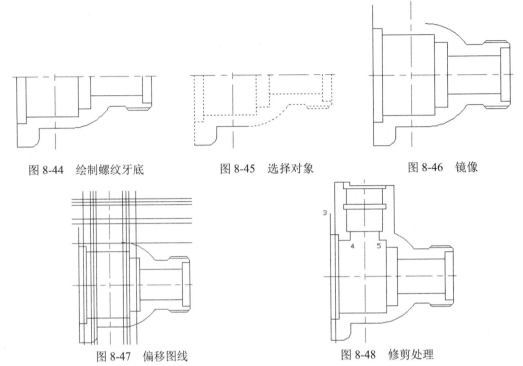

图 8-44 绘制螺纹牙底 　　　图 8-45 选择对象 　　　图 8-46 镜像

图 8-47 偏移图线 　　　　　　图 8-48 修剪处理

❽绘制圆弧。利用"圆弧"命令，选择 3 点为圆弧起点、适当一点为第二点、3 点右边竖直线上适当一点为终点绘制圆弧。完成后利用"修剪"命令，以圆弧为界将 3 点右边直线下部剪掉。

再次利用"圆弧"命令，绘制圆弧。圆弧起点和终点分别为 4 点和 5 点，第二点为竖直中心线上适当位置一点，结果如图 8-49 所示。

❾绘制螺纹牙底。利用"偏移"命令，将图 8-49 中 6、7 两条线各向外偏移 1mm，然后将其转换到"细实线"图层，结果如图 8-50 所示。

❿图案填充。将图层转换到"细实线"图层。利用"图案填充"命令，选择"图案填充创建"选项卡，进行如图 8-51 所示的设置，选择填充区域进行填充，结果如图 8-52 所示。

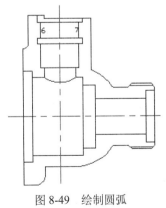

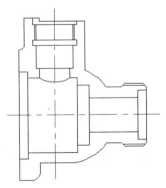

图 8-49 绘制圆弧 　　　　　　图 8-50 绘制螺纹牙底

图 8-51　"图案填充创建"选项卡

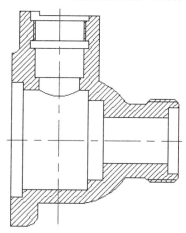

图 8-52　图案填充

04 绘制俯视图。

❶利用"复制"命令，将图 8-53 主视图中亮显的对象水平复制，结果如图 8-54 所示。

❷绘制辅助线。利用"直线"命令，捕捉主视图上相关点，向下绘制竖直辅助线，如图 8-55 所示。

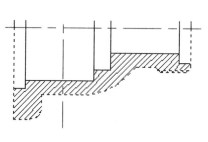

图 8-53　选择对象

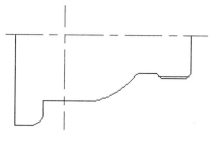

图 8-54　复制结果

❸绘制轮廓线。利用"圆"命令，按辅助线与水平中心线交点指定的位置，以左下边中心线交点为圆心，以这些交点为圆弧上一点绘制 4 个同心圆。利用"直线"命令，以左边第 4 条辅助线与从外往里第 2 个圆的交点为起点绘制直线。打开状态栏上"DYN"开关，指定适当位置为终点，绘制与水平线成 232º 角的直线，如图 8-56 所示。

❹整理图线。利用"修剪"命令，以最外面圆为界修剪刚绘制的斜线，以水平中心线为界修剪最右边的辅助线。利用"删除"命令，删除其余辅助线，结果如图 8-57 所示。

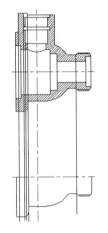
图 8-55　绘制辅助线

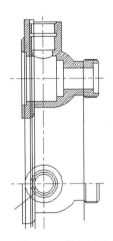
图 8-56　绘制轮廓线

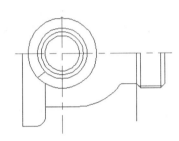
图 8-57　修剪与删除图线

❺利用"圆角"命令，对俯视图同心圆正下方的直角以 10mm 为半径倒圆；利用"打断"命令将刚修剪的最右边辅助线打断，结果如图 8-58 所示。

❻利用"延伸"命令，以刚倒圆的圆弧为界，将圆角形成的断开直线延伸。利用"复制"命令，将刚打断的辅助线向左边适当位置平行复制，结果如图 8-59 所示。

❼利用"镜像"命令，以水平中心线为轴，将水平中心线以下所有的对象镜像，完成俯视图的绘制，结果如图 8-60 所示。

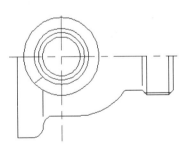
图 8-58　圆角与打断

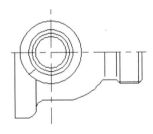
图 8-59　延伸与复制图线

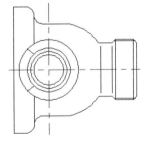
图 8-60　俯视图

05 绘制左视图。

❶利用"直线"命令，捕捉主视图与左视图上相关点，绘制如图 8-61 所示的水平与竖直辅助线。

❷绘制初步轮廓线。利用"圆"命令，按水平辅助线与左视图中心线指定的交点为圆弧

上的一点，以中心线交点为圆心绘制 5 个同心圆，并初步修剪辅助线，如图 8-62 所示。进一步修剪辅助线，如图 8-63 所示。

❸绘制孔板。利用"圆角"命令，对图 8-63 左下角的直角倒圆，半径为 25mm。转换到"中心线"图层，利用"圆"命令，以垂直中心线交点为圆心绘制半径为 70 的圆。利用"直线"命令，以垂直中心线交点为起点，向左下方绘制 45° 斜线。转换到"粗实线"图层，利用"圆"命令，以中心线圆与斜中心线交点为圆心，绘制半径为 10mm 的圆。再转换到"细实线"图层，利用"圆"命令，以中心线圆与斜中心线交点为圆心，绘制半径为 12mm 的圆，如图 8-64 所示。

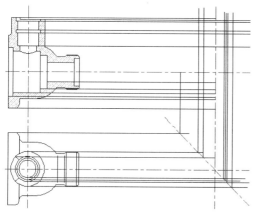
图 8-61　绘制辅助线

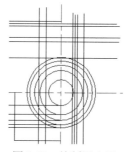
图 8-62　绘制同心圆

图 8-63　修剪辅助线

❹修剪图线。利用"修剪"命令，选择相应边界，修剪左边辅助线与 5 个同心圆中的最外边的两个同心圆，结果如图 8-65 所示。

❺图案填充。利用"图案填充"命令，参照主视图绘制方法，对左视图进行填充，结果如图 8-66 所示。

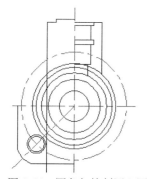
图 8-64　圆角与绘制同心圆

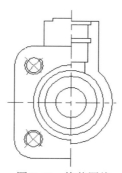
图 8-65　修剪图线

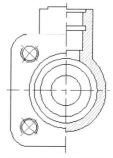
图 8-66　图案填充

❻删除其余的辅助线。利用"打断"命令修剪过长的中心线，再将左视图整体水平向左适当移动，最终绘制的阀体三视图如图 8-67 所示。

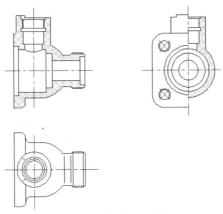

图 8-67　阀体三视图

8.3.2　标注球阀阀体

01 设置尺寸样式。

执行"标注样式"命令，AutoCAD❶弹出"标注样式管理器"对话框，如图 8-68 所示。

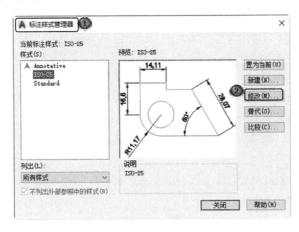

图 8-68　"标注样式管理器"对话框

❷单击"修改"按钮，AutoCAD 打开"修改标注样式"对话框，❸分别对"符号和箭头"以及❹"文字"选项卡中的选项进行如图 8-69 和图 8-70 所示的设置。

02 标注主视图尺寸。

1）将"尺寸标注图层"设置为当前图层。利用"线性"标注命令，选择要标注的线性尺寸的第一个点和第二个点，在命令行提示下输入"M"，按 Enter 键，输入标注文字"%%C"，用鼠标选择要标注尺寸的位置。

同理，标注线性尺寸 $\phi52$、M46、$\phi44$、$\phi36$、$\phi100$、$\phi86$、$\phi68$、$\phi40$、$\phi64$、$\phi99$、M72、10、24、67、82、150、26、10。

2）在命令行中输入 QLEADER 命令，标注倒角尺寸 C4。标注后的图形如图 8-71 所示。

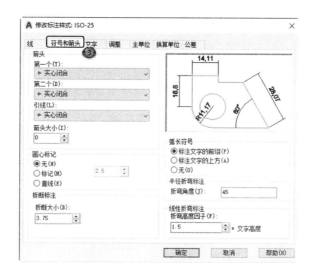

图 8-69　"符号和箭头"选项卡

03 标注左视图。按上面方法标注线性尺寸 150、4、4、22、28、54、108。

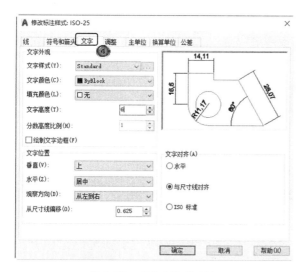

图 8-70　"文字"选项卡

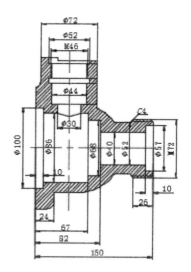

图 8-71　标注主视图

利用"标注样式"命令，打开"标注样式管理器"对话框，单击"新建"按钮，❶系统打开"创建新标注样式"对话框，❷在"用于"下拉列表中选择"直径标注"，如图 8-72 所示。❸单击"继续"按钮，❹系统打开"新建标注样式"对话框，在"文字"选项卡"文字对齐"选项组中❺选择"水平"单选按钮，如图 8-73 所示。确定后退出。

命令：_dimdiameter

选择圆弧或圆：（选择左视图最外圆）

标注文字 = 110

指定尺寸线位置或 [多行文字(M)/文字(T)/角度(A)]：（指定适当位置）

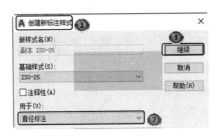

图 8-72　"创建新标注样式"对话框

图 8-73　"新建标注样式"对话框

采用同样方法，标注 4×M20。

采用相同方法，设置用于标注半径的标注样式，其设置与上面用于直径标注的标注样式一样。标注半径尺寸 *R*70：

命令：_dimradius

选择圆弧或圆：(选择中心线圆弧)

标注文字 = 70

指定尺寸线位置或 [多行文字(M)/文字(T)/角度(A)]：(指定适当位置)

采用相同方法，设置用于标注半径的标注样式，其设置与上面用于直径标注的标注样式一样。然后标注角度尺寸 45°。

命令：DIMANGULAR↙

选择圆弧、圆、直线或 <指定顶点>：(选择要标注的尺寸界线)

选择第二条直线：(选择要标注的另一条尺寸界线)

指定标注弧线位置或 [多行文字(M)/文字(T)/角度(A)]：(指定适当位置)

结果如图 8-74 所示。

04 标注俯视图。接上面角度标注，在俯视图上标注角度 52°，结果如图 8-75 所示。

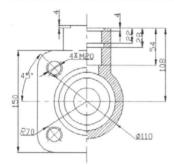

图 8-74 标注左视图

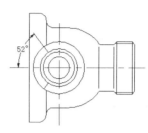

图 8-75 标注俯视图

05 插入"技术要求"文本。

❶ 切换图层。将"文字"设定为当前图层。

❷ 填写技术要求。利用"多行文字"命令，此时 AutoCAD 弹出如图 8-76 所示的"文字格式"对话框。按照图示进行设置，并在其中输入相应的文字，然后单击"确定"按钮，结果如图 8-77 所示。

06 填写标题栏。

❶ 切换图层。将"0 图层"设定为当前图层，并打开此图层。

❷ 填写标题栏。选择菜单栏上的"文字"命令，填写标题，结果如图 8-33 所示。

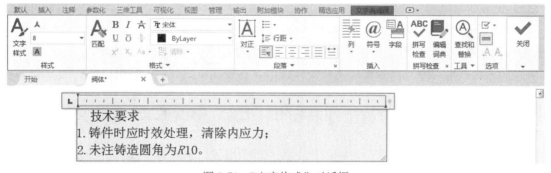

图 8-76 "文字格式"对话框

07 保存文件。利用"保存"命令，保存文件。

8.4 完整装配图绘制方法

装配图表达了部件的设计构思、工作原理和装配关系，也表达了各零件间的相互位置、尺寸及结构形状。它是绘制零件工作图、部件组装、调试及维护等的技术依据。设计装配图时要综合考虑工作要求、材料、强度、刚度、磨损、加工、装拆、调整、润滑和维护以及经济等因素，并要用足够的视图表达清楚。

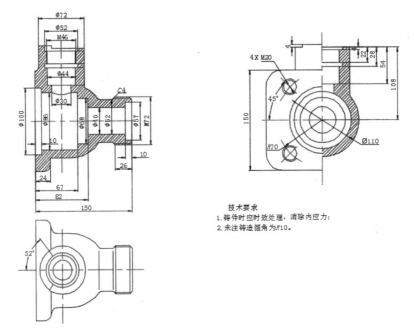

图 8-77　插入 "技术要求" 文本

8.4.1　装配图内容

　　（1）一组图形：用一般表达方法和特殊表达方法，正确、完整、清晰和简便地表达出装配体的工作原理，零件之间的装配关系、连接关系和零件的主要结构形状。

　　（2）必要的尺寸：在装配图上必须标注出表示装配体的性能、规格以及装配、检验、安装时所需的尺寸。

　　（3）技术要求：用文字或符号说明装配体的性能、装配、检验、调试、使用等方面的要求。

　　（4）标题栏、零件的序号和明细栏：按一定的格式，将零件、部件进行编号，并填写标题栏和明细栏，以便读图。

8.4.2　装配图绘制过程

　　画装配图时应注意检验、校正零件的形状、尺寸，纠正零件草图中的不妥或错误之处。

　　绘图前应当进行必要的设置，如绘图单位、图幅大小、图层线型、线宽、颜色、字体格式、尺寸格式等，设置方法见前述章节。为了绘图方便，比例选择为 1:1，或者调入事先绘制的装配图标题栏及有关设置。

　　绘图步骤如下：

　　1）根据零件草图，装配示意图绘制各零件图，各零件的比例应当一致，零件尺寸必须准确，可以暂不标尺寸，将每个零件用 WBLOCK 命令定义为 DWG 文件。定义时，必须选好插入点，插入点应当是零件间相互有装配关系的特殊点。

2）调入装配干线上的主要零件（如轴），然后沿装配干线展开，逐个插入相关零件。插入后，若需要剪断不可见的线段，应当炸开插入块。插入块时应当注意确定它的轴向和径向定位。

3）根据零件之间的装配关系，检查各零件的尺寸是否有干涉现象。

4）根据需要对图形进行缩放，布局排版，然后根据具体情况设置尺寸样式，标注好尺寸及公差，最后填写标题栏，完成装配图。

8.5 球阀装配平面图

球阀装配图如图 8-78 所示。装配图是零部件加工和装配过程中重要的技术文件，在设计过程中要用到剖视以及放大等表达方式，还要标注装配尺寸，绘制和填写明细栏等。因此，通过球阀装配图的绘制，可以提高读者的综合设计能力。

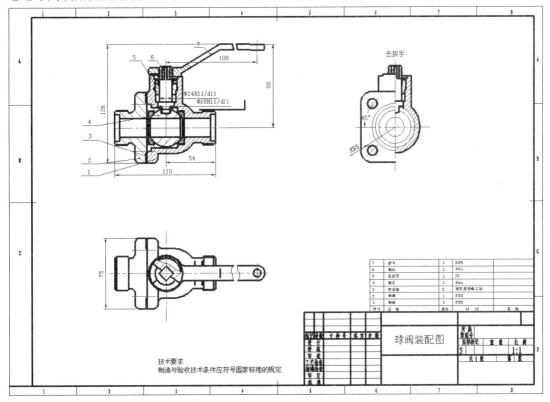

图 8-78　球阀装配图

本实例的制作思路：将零件图的视图进行修改，制作成块，然后将这些块插入装配图中。制作块的步骤本节不再介绍，用户可以参考相应的介绍。

视频文件\讲解视频\第 8 章\球阀装配平面图.MP4

8.5.1 配置绘图环境

01 建立新文件。选择菜单栏中的"文件/新建"命令，打开"选择样板"对话框，选择"A2-2"样板图文件作为模板，模板如图 8-79 所示。将新文件命名为"球阀装配图.dwg"并保存。

02 创建新图层。利用"图层"命令，打开"图层特性管理器"对话框，新建并设置每一个图层，如图 8-80 所示。

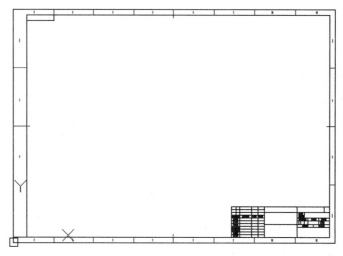

图 8-79　球阀平面装配图模板

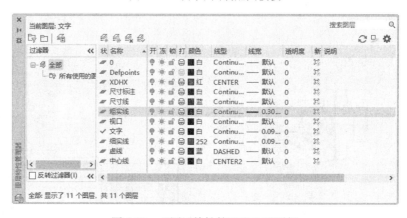

图 8-80　"图层特性管理器"对话框

8.5.2 组装装配图

球阀装配平面图主要由阀体、阀盖、密封圈、阀芯、压紧套、阀杆和扳手等零件图组成。

在绘制零件图时,用户可以为了装配的需要,将零件的主视图以及其他视图分别定义成图块,但是在定义的图块中不包括零件的尺寸标注和定位中心线,块的基点应选择在与其零件有装配关系或定位关系的关键点上。本例球阀平面装配图中所有的装配零件图在附赠光盘的"平面装配图"中,并且已定义好块,用户可以直接应用。具体尺寸参考各零件的立体图。

01 装配零件图。

❶插入阀体平面图。利用"设计中心"命令,AutoCAD 弹出"设计中心"对话框,如图 8-81 所示。在 AutoCAD 设计中心中有"文件夹""打开的图形"和"历史记录"3 个选项卡,用户可以根据需要从中选择相应的选项。

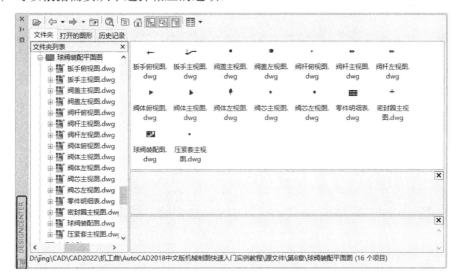

图 8-81　"设计中心"对话框

在设计中心中选择"文件夹"选项卡,则计算机中所有的文件都会显示在其中,在其中找出要插入轴零件图的文件。选择相应的文件后,双击该文件,然后单击该文件中"块"选项,则图形中所有的块都会出现在右边的图框中,如图 8-81 所示。然后右击"阀体主视图"块,在弹出的快捷菜单中选择"插入为块"命令,则 AutoCAD 弹出"插入"对话框,如图8-82 所示。

按照图示进行设置,设置插入的图形比例为 1:1,旋转角度为 0°,然后单击"确定"按钮,此时 AutoCAD 在命令行会提示:

指定插入点或 [比例(S)/X/Y/Z/旋转(R)/预览比例(PS)/PX/PY/PZ/预览旋转(PR)]:

在命令行中输入(100,200),则"阀体主视图"块会插入到"球阀装配图"中,且插入后轴右端中心线处的坐标为(100,200)。阀体主视图如图 8-83 所示。

在"设计中心"对话框中继续插入"阀体俯视图"块,设置插入的图形比例为 1:1、旋转角度为 0,插入点的坐标为(100,100);继续插入"阀体左视图"块,设置插入的图形比例为 1:1、旋转角度为 0°、插入点的坐标为(300,200)。插入的阀体主视图如图 8-84 所示。

❷插入"阀盖主视图"的图块。设置比例为 1:1、旋转角度为 0°、插入点坐标为(84,200)。由于阀盖的外形轮廓与阀体左视图的外形轮廓相同,故"阀盖左视图"块不需要插入。因为

阀盖是一个对称结构，其主视图与俯视图相同，所以把"阀盖主视图"块插入到"阀体装配图"的俯视图中即可，结果如图 8-85 所示。

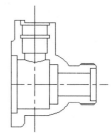

图 8-82 "插入"对话框　　　　　　　　　图 8-83 阀体主视图

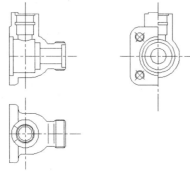

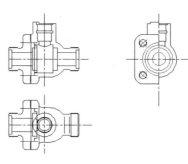

图 8-84 阀体三视图　　　　　　　　　图 8-85 插入阀盖

把俯视图中的"阀盖主视图"图块分解并修改，如图 8-86 所示。

❸插入"密封圈主视图"图块。设置比例为 1:1、旋转角度为 90°、插入点坐标为（120,200）。由于该装配图中有两个密封圈，所以再插入一个，设置插入的图形比例为 1:1、旋转角度为-90°、插入点坐标为（77,200），结果如图 8-87 所示。

❹插入"阀芯主视图"图块。设置比例为 1:1、旋转角度为 0°、插入点坐标为（100,200），结果如图 8-88 所示。

❺继续插入"阀杆"图块。插入"阀杆主视图"图块，设置比例为 1:1、旋转角度为-90°、插入点坐标为（100,227）；插入"阀杆俯视图"图块，设置图形比例为 1:1、旋转角度为 0°、插入点坐标为（100,100）；"阀杆左视图"图块与主视图相同，所以插入"阀杆主视图"图块的左视图，设置图形比例为 1:1、旋转角度为-90°、插入点坐标为（300,227），并对左视图图块进行分解删除，结果如图 8-89 所示。

❻插入"压紧套"图块。插入"压紧套主视图"图块，设置比例为 1:1、旋转角度为 0°、插入点坐标为（100,235）；由于压紧套左视图与主视图相同，故可在阀体左视图中继续插入压紧套主视图图块，设置插入的图形比例为 1:1、旋转角度为 0°、插入点坐标为（300,235），结果如图 8-90 示。

❼把主视图和左视图中的压紧套图块分解并修改，结果如图 8-91 所示。

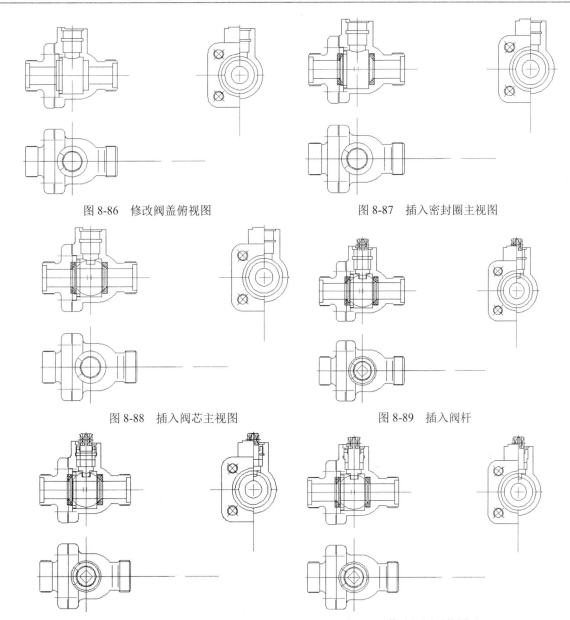

图 8-86　修改阀盖俯视图　　　　　　　　图 8-87　插入密封圈主视图

图 8-88　插入阀芯主视图　　　　　　　　图 8-89　插入阀杆

图 8-90　插入压紧套　　　　　　　　　　图 8-91　修改视图后的图形

❽插入"扳手"图块。插入"扳手主视图"图块，设置比例为 1:1、旋转角度为 0°、插入点坐标为（100,254）；插入"扳手俯视图"图块，设置图形比例为 1:1、旋转角度为 0°、插入点坐标为（100,100），结果如图 8-92 所示。

❾把主视图和俯视图中的扳手图块分解并修改，结果如图 8-93 所示。

（02）填充剖面线。

❶修改视图。综合运用各种命令，将图 8-93 所示的图形进行修改并绘制填充剖面线的边界线，结果如图 8-94 所示。

❷绘制剖面线。利用"图案填充"命令，选择需要的剖面线样式，进行剖面线的填充。

❸如果对填充后的效果不满意，可以双击图形中的剖面线，打开"图案填充编辑"对话框进行二次编辑。

❹重复"图案填充"命令，将视图中需要填充的区域进行填充。

❺将有些图线被挡住的图块的相关图线进行修剪，结果如图 8-95 所示。

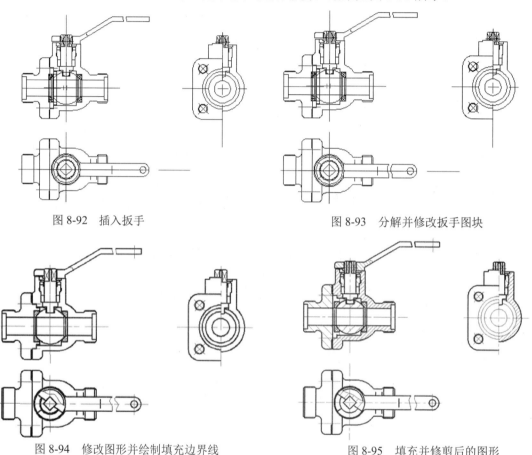

图 8-92　插入扳手　　　　　　　　　　　　图 8-93　分解并修改扳手图块

图 8-94　修改图形并绘制填充边界线　　　　　图 8-95　填充并修剪后的图形

8.5.3　标注球阀装配平面图

01 标注尺寸。在装配图中，不需要将每个零件的尺寸全部标注出来，需要标注的尺寸有：规格尺寸、装配尺寸、外形尺寸、安装尺寸以及其他重要尺寸。在本例中，只需要标注一些装配尺寸，而且其都为线性标注，比较简单，前面也有相应的介绍，这里就不再赘述。图 8-96 所示为标注后的装配图。

02 标注零件序号。

❶标注零件序号采用引线标注方式（QLEADER 命令）。在标注引线时，为了保证引线中的文字在同一水平线上，可以在合适的位置绘制一条辅助线。

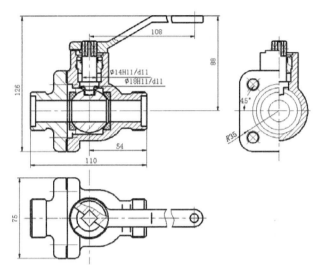

图 8-96　标注尺寸后的装配图

❷利用"多行文字"命令，在左视图上方标注"去扳手"三个字，表示左视图上省略了扳手零件的轮廓线。

❸标注完成后，将绘图区所有的图形移动到图框中合适的位置。图 8-97 所示为标注了零件序号后的装配图。

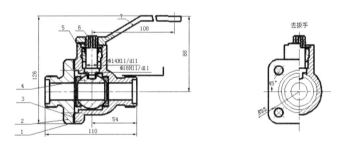

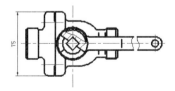

图 8-97　标注零件序号后的装配图

03 绘制和填写明细栏。通过设计中心，将"明细栏"图块插入到装配图中，插入点选择在标题栏的右上角处。也可以利用二维绘图和修改命令绘制明细栏，然后利用"多行文字"命令填写明细栏，结果如图 8-98 所示。

04 填写技术要求。将"文字"层设置为当前图层，利用"多行文字"命令，填写技

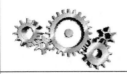

术要求。

7	扳手	1	ZG25	
6	阀杆	1	40Cr	
5	压紧套	1	35	
4	阀芯	1	40cr	
3	密封圈	2	填充聚四氟乙烯	
2	阀盖	1	ZG25	
1	阀体	1	ZG25	
序号	名 称	数量	材 料	备 注

图 8-98 装配图明细栏

8.5.4 填写标题栏

01 将“文字层”设置为当前图层。

02 填写标题栏。利用“多行文字”命令，填写标题栏中相应的项目，结果如图 8-99 所示。

球阀装配平面图	所属装配号				
	图样标记			重 量	比 例
	S				1:1

图 8-99 填写标题栏结果

8.6 上机实验

实验 1 绘制如图 8-100～图 8-103 所示滑动轴承的四个零件图。

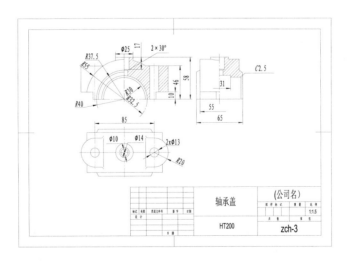

图 8-100 滑动轴承的上盖

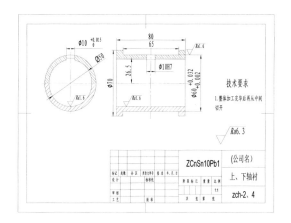

图 8-101　滑动轴承的上、下轴衬

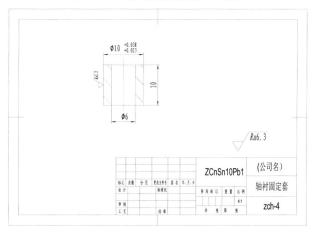

图 8-102　滑动轴承的轴衬固定套

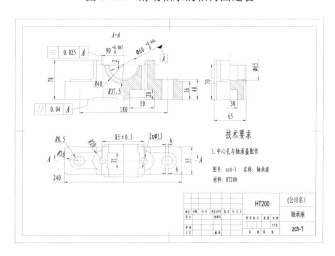

图 8-103　滑动轴承的轴承座

实验 2 绘制如图 **8-104** 所示滑动轴承的装配图。

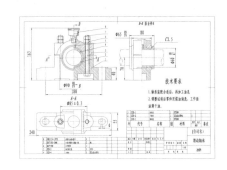

图 8-104　滑动轴承装配图

8.7　思考与练习

1. 零件图包括哪些内容?
2. 零件图的绘制过程有哪些步骤?
3. 零件图与装配图之间有什么关系?
4. 装配图的绘制过程有哪些步骤?

第9章　绘制与编辑三维表面

　　随着 CAD 技术的普及，有越来越多的工程技术人员使用 AutoCAD 进行工程设计。虽然在工程设计中通常都使用二维图形来描述三维实体，但是由于三维图形具有逼真的效果，并且可以通过三维立体图直接得到透视图或平面效果图，因此计算机三维设计越来越受到工程技术人员的青睐。

- ◎　三维坐标系
- ◎　三维绘制
- ◎　绘制三维网格曲面
- ◎　编辑三维曲面

9.1 三维坐标系

AutoCAD 2022 使用的是笛卡儿坐标系。AutoCAD 2022 使用的直角坐标系有世界坐标系和用户坐标系两种类型。绘制二维图形时常用的坐标系即世界坐标系（WCS），由系统默认提供。世界坐标系又称通用坐标系或绝对坐标系。

对于二维绘图来说，世界坐标系足以满足要求。为了方便创建三维模型，AutoCAD 2022允许用户根据自己的需要设定坐标系，即用户坐标系（UCS）。合理的创建 UCS，用户可以方便地创建三维模型。

9.1.1 创建坐标系

【执行方式】

- 命令行：UCS
- 菜单栏：选择菜单栏中的"工具"→"新建 UCS"命令
- 工具栏：单击"UCS"工具栏中的任一按钮
- 功能区：❶单击"视图"选项卡❷"坐标"面板中的❸"UCS"按钮 ⅃（见图 9-1）

图 9-1 "坐标"面板

【操作步骤】

命令行提示与操作如下：

命令：ucs↙

当前 UCS 名称：*左视*

指定 UCS 的原点或 [面(F)/命名(NA)/对象(OB)/上一个(P)/视图(V)/世界(W)/X/Y/Z/Z 轴(ZA)] <世界>：

【选项说明】

（1）指定 UCS 的原点：使用一点、两点或三点定义一个新的 UCS。如果指定单个点 1，当前 UCS 的原点将会移动而不会更改 X、Y 和 Z 轴的方向。选择该选项，命令行提示与操作如下。

指定 X 轴上的点或 <接受>：继续指定 X 轴通过的点 2 或直接按 Enter 键，接受原坐标系 X 轴为新

坐标系的 X 轴

    指定 XY 平面上的点或 <接受>:

    继续指定 XY 平面通过的点 3 以确定 Y 轴或直接按 Enter 键，接受原坐标系 XY 平面为新坐标系的 XY 平面，根据右手法则，相应的 Z 轴也同时确定。

    指定 UCS 原点示意图如图 9-2 所示。

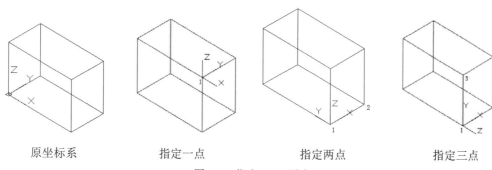

      原坐标系   指定一点   指定两点   指定三点

图 9-2　指定 UCS 原点

    （2）面（F）：将 UCS 与三维实体的选定面对齐。要选择一个面，可在此面的边界内或面的边上单击，被选中的面将亮显，UCS 的 X 轴将与找到的第一个面上最近的边对齐。选择该选项，命令行提示与操作如下：

选择实体对象的面：选择面

输入选项 [下一个(N)/X 轴反向(X)/Y 轴反向(Y)] <接受>：✓

    结果如图 9-3 所示。

    如果选择"下一个"选项，系统将 UCS 定位于邻接的面或选定边的后向面。

    （3）对象（OB）：根据选定三维对象定义新的坐标系，如图 9-4 所示。新建 UCS 的拉伸方向（Z 轴正方向）与选定对象的拉伸方向相同。选择该选项，命令行提示与操作如下：

选择对齐 UCS 的对象：选择对象

    对于大多数对象，新 UCS 的原点位于离选定对象最近的顶点处，并且 X 轴与一条边对齐或相切。对于平面对象，UCS 的 XY 平面与该对象所在的平面对齐。对于复杂对象，将重新定位原点，但是轴的当前方向保持不变。

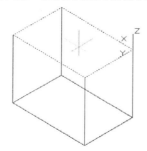

    图 9-3　选择面确定坐标系

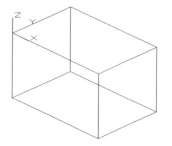

    图 9-4　选择对象确定坐标系

    （4）视图（V）：以垂直于观察方向（平行于屏幕）的平面为 XY 平面，创建新的坐标系。UCS 原点保持不变。

（5）世界（W）：将当前用户坐标系设置为世界坐标系。WCS 是所有用户坐标系的基准，不能被重新定义。

（6）X、Y、Z：绕指定轴旋转当前 UCS。

（7）Z 轴（ZA）：利用指定的 Z 轴正半轴定义 UCS。

9.1.2 动态坐标系

打开动态坐标系的具体操作方法是单击状态栏中的"动态 UCS"按钮 ⬚。可以使用动态 UCS 在三维实体的平整面上创建对象，而无须手动更改 UCS 方向。在执行命令的过程中，当将光标移动到面上方时，动态 UCS 会临时将 UCS 的 XY 平面与三维实体的平整面对齐，如图 9-5 所示。

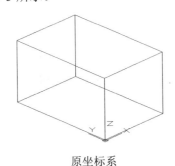

原坐标系　　　　　　　　　　　　　　　绘制圆柱体时的动态坐标系

图 9-5　动态 UCS

动态 UCS 激活后，指定的点和绘图工具（如极轴追踪和栅格）都将与动态 UCS 建立的临时 UCS 相关联。

9.2　观察模式

9.2.1　动态观察

AutoCAD 2022 提供了具有交互控制功能的三维动态观测器，利用三维动态观测器用户可以实时地控制和改变当前视口中创建的三维视图，以得到期望的效果。动态观察分为如下 3 类。

1．受约束的动态观察

【执行方式】

■　命令行：3DORBIT（快捷命令：3DO）

■　菜单栏：选择菜单栏中的"视图"→"动态观察"→"受约束的动态观察"命令

■ 快捷菜单：启用交互式三维视图后，在视口中右击，打开快捷菜单，如图 9-6 所示，
选择"受约束的动态观察"命令

图 9-6　快捷菜单

■ 工具栏：单击"动态观察"工具栏中的"受约束的动态观察"按钮 或"三维导航"
工具栏中的"受约束的动态观察"按钮 （见图 9-7）

图 9-7　"动态观察"和"三维导航"工具栏

■ 功能区：①单击"视图"选项卡"导航"面板上的②"动态观察"下拉菜单中的③
"动态观察"按钮 （见图 9-8）

图 9-8　"动态观察"下拉菜单

执行上述操作后，视图的目标将保持静止，而视点将围绕目标移动。但是，从用户的视
点看起来就像三维模型正在随着光标的移动而旋转，用户可以以此方式指定模型的任意视
图。

系统显示三维动态观察光标图标。如果水平拖动鼠标，相机将平行于世界坐标系（WCS）
的 XY 平面移动，如果垂直拖动鼠标，相机将沿 Z 轴移动，如图 9-9 所示。

原始图形   拖动鼠标

图 9-9 受约束的三维动态观察

2．自由动态观察

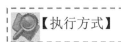【执行方式】

- 命令行：3DFORBIT
- 菜单栏：选择菜单栏中的"视图"→"动态观察"→"自由动态观察"命令
- 快捷菜单：启用交互式三维视图后，在视口中右击，打开快捷菜单，如图 9-6 所示，选择"自由动态观察"命令
- 工具栏：单击"动态观察"工具栏中的"自由动态观察"按钮 或"三维导航"工具栏中的"自由动态观察"按钮
- 功能区：单击"视图"选项卡"导航"面板上的"动态观察"下拉菜单中的"自由动态观察"按钮

执行上述操作后，在当前视口出现一个绿色的大圆，在大圆上有 4 个绿色的小圆，如图 9-10 所示。此时通过拖动鼠标就可以对视图进行旋转观察。

在三维动态观测器中，查看目标的点被固定，用户可以利用鼠标控制相机位置绕观察对象得到动态的观测效果。当光标在绿色大圆的不同位置进行拖动时，光标的表现形式是不同的，视图的旋转方向也不同。视图的旋转由光标的表现形式和其位置决定，光标在不同位置有 、 、 、 几种表现形式，可分别对对象进行不同形式的旋转。

3．连续动态观察

【执行方式】

- 命令行：3DCORBIT
- 菜单栏：选择菜单栏中的"视图"→"动态观察"→"自由动态观察"命令
- 快捷菜单：启用交互式三维视图后，在视口中右击，打开快捷菜单，如图 9-6 所示，选择"连续动态观察"命令
- 工具栏：单击"动态观察"工具栏中的"连续动态观察"按钮 或"三维导航"工具栏中的"连续动态观察"按钮
- 功能区：单击"视图"选项卡"导航"面板上的"动态观察"下拉菜单中的"连续动态观察"按钮

执行上述操作后，绘图区出现动态观察图标，按住鼠标左键拖动，图形按鼠标拖动的方向旋转，旋转速度为鼠标拖动的速度，如图 9-11 所示。

图 9-10　自由动态观察

图 9-11　连续动态观察

9.2.2　视图控制器

使用视图控制器功能可以方便地转换方向视图。

【执行方式】

■　命令行：NAVVCUBE

【操作步骤】

命令行提示与操作如下：

命令：navvcube↙

输入选项 [开(ON)/关(OFF)/设置(S)] <ON>：

上述命令控制视图控制器的打开与关闭，当打开该功能时，绘图区的右上角自动显示视图控制器，如图 9-12 所示。

单击控制器的显示面或指示箭头，界面图形就自动转换到相应的方向视图，如图 9-13 所示为单击控制器"前"面后，系统转换到上视图的情形。单击控制器上的按钮 ，系统回到西南等轴测视图。

图 9-12　显示视图控制器

图 9-13　单击控制器"前"面后的视图

其他观察模式（如漫游与飞行、相机、运动路径动画等）在这里不再详细讲述，读者可以结合"帮助"文件自行学习体会。

9.3 三维绘制

9.3.1 绘制三维面

【执行方式】

- 命令行：3DFACE
- 菜单：绘图→建模→网格→三维面

【操作步骤】

命令：3DFACE✓

指定第一点或 [不可见（I）]：（指定某一点或输入 I）

【选项说明】

- 指定第一点：输入某一点的坐标或用鼠标确定某一点，以定义三维面的起点。在输入第一点后，可按顺时针或逆时针方向输入其余的点，以创建普通三维面。如果在输入的四点后按 Enter 键，则以指定的四点生成一个空间三维平面。如果在提示下继续输入第二个平面上的第三点和第四点坐标，则生成第二个平面。该平面以第一个平面的第三点和第四点作为第二个平面的第一点和第二点，创建第二个三维平面。继续输入点可以创建用户要创建的平面，按 Enter 键结束。
- 不可见：控制三维面各边的可见性，以便建立有孔对象的正确模型。如果在输入某一边之前输入 I，则可以使该边不可见。如图 9-14 所示为建立一长方体时某一边使用 I 命令和不使用 I 命令的视图的比较。

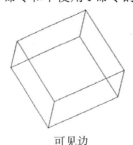
可见边

不可见边

图 9-14 "不可见"命令选项视图比较

9.3.2 绘制多边网格

【执行方式】

- 命令行：PFACE

【操作步骤】

命令：PFACE↙

指定顶点 1 的位置：　(输入点 1 的坐标或指定一点)

指定顶点 2 的位置或 <定义面>:(输入点 2 的坐标或指定一点)

… …

指定顶点 n 的位置或 <定义面>:(输入点 N 的坐标或指定一点)

在输入最后一个顶点的坐标后，在提示下直接按 Enter 键，AutoCAD 出现如下提示：

输入顶点编号或 [颜色(C)/图层(L)]:（输入顶点编号或输入选项）

【选项说明】

输入平面上顶点的编号后，根据指定的顶点的序号，AutoCAD 会生成一平面。当确定了一个平面上的所有顶点之后，在提示的状态下按 Enter 键，AutoCAD 则指定另外一个平面上的顶点。

9.3.3　绘制三维网格

【执行方式】

■　命令行：3DMESH

【操作步骤】

命令：3DMESH↙

输入 M 方向上的网格数量：（输入 2~256 之间的值）

输入 N 方向上的网格数量：（输入 2~256 之间的值）

指定顶点(0，0)的位置：（输入第一行第一列的顶点坐标）

指定顶点(0，1)的位置：（输入第一行第二列的顶点坐标）

指定顶点(0，2)的位置：（输入第一行第三列的顶点坐标）

　… …

指定顶点(0,N-1)的位置：（输入第一行第 N 列的顶点坐标）

指定顶点(1，0)的位置：（输入第二行第一列的顶点坐标）

指定顶点(1，1)的位置：（输入第二行第二列的顶点坐标）

　… …

指定顶点(1，N-1)的位置：（输入第二行第 N 列的顶点坐标）

… …

指定顶点(M-1，N-1)的位置：（输入第 M 行第 N 列的顶点坐标）

图 9-15 所示为绘制的三维网格表面。

图 9-15　三维网格

9.4 绘制基本三维网格

网格模型由使用多边形表示来定义三维形状的顶点、边和面组成。三维基本图元与三维基本形体表面类似，有长方体表面、圆柱体表面、棱锥面、楔体表面、球面、圆锥面、圆环面等。但是与实体模型不同的是，网格没有质量特性。

9.4.1 绘制网格长方体

给定长、宽、高绘制一个立方壳面。

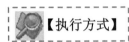【执行方式】

- 命令行：MESH
- 菜单栏：选择菜单栏中"绘图"→"建模"→"网格"→"图元"→"长方体(B)"命令
- 工具栏：单击"平滑网格图元"工具栏中的"网格长方体"按钮
- 功能区：单击"三维工具"选项卡"建模"面板中的"网格长方体"按钮

【操作步骤】

命令: MESH
当前平滑度设置为: 0
输入选项 [长方体(B)/圆锥体(C)/圆柱体(CY)/棱锥体(P)/球体(S)/楔体(W)/圆环体(T)/设置(SE)] <长方体>:B
指定第一个角点或 [中心(C)]:
指定其他角点或 [立方体(C)/长度(L)]:
指定高度或 [两点(2P)]:

【选项说明】

（1）指定第一个角点：设置网格长方体的第一个角点。

（2）中心：设置网格长方体的中心。

（3）立方体：将长方体的所有边设置为长度相等。

（4）指定宽度：设置网格长方体沿 Y 轴的宽度。

（5）指定高度：设置网格长方体沿 Z 轴的高度。

（6）两点（高度）：基于两点之间的距离设置高度。

9.4.2 绘制网格圆环体

给定圆心、环的半径和管的半径，绘制一个圆环。

【执行方式】

- 命令行：MESH
- 菜单栏：选择菜单栏中的"绘图"→"建模"→"网格"→"图元"→"圆环体(T)"命令
- 工具栏：单击"平滑网格图元"工具栏中的"网格圆环体"按钮
- 功能区：单击"三维工具"选项卡"建模"面板中的"网格圆环体"按钮

【操作步骤】

- 命令：_MESH
- 当前平滑度设置为: 0
- 输入选项 [长方体(B)/圆锥体(C)/圆柱体(CY)/棱锥体(P)/球体(S)/楔体(W)/圆环体(T)/设置(SE)] <圆环体>:_TORUS
- 指定中心点或 [三点(3P)/两点(2P)/切点、切点、半径(T)]: （指定一点）
- 指定半径或 [直径(D)]: （指定半径或直径）
- 指定圆管半径或 [两点(2P)/直径(D)]: （指定半径）

【选项说明】

（1）指定中心点：设置网格圆环体的中心点。

（2）三点(3P)：通过指定三点设置网格圆环体的位置、大小和旋转面。圆管的路径通过指定的点。

（3）两点（圆环体直径）：通过指定两点设置网格圆环体的直径。直径从圆环体的中心点开始计算，直至圆管的中心点。

（4）切点、切点、半径(T)：定义与两个对象相切的网格圆环体半径。

（5）指定半径（圆环体）：设置网格圆环体的半径，从圆环体的中心点开始测量，直至圆管的中心点。

（6）指定直径（圆环体）：设置网格圆环体的直径，从圆环体的中心点开始测量，直至圆管的中心点。

（7）指定圆管半径：设置沿网格圆环体路径扫掠的轮廓半径。

（8）两点（圆管半径）：基于指定的两点之间的距离设置圆管轮廓的半径。

9.4.3 实例——O 形圈

绘制如图 9-16 所示的 O 形圈。

视频文件\讲解视频\第 9 章\O 形圈.MP4

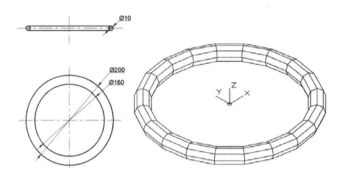

图 9-16　O 形圈

1）单击"可视化"选项卡"视图"面板中的"西南等轴测"按钮，设置视图方向。

2）在命令行中输入"DIVMESHTORUSPATH"命令，将圆环体网格的边数设置为 20，命令行提示与操作如下：

命令: DIVMESHTORUSPATH
输入 DIVMESHTORUSPATH 的新值 <8>: 20

3）单击"三维工具"选项卡"建模"面板中的"网格圆环体"按钮，绘制网格。命令行提示与操作如下：

命令: _MESH
当前平滑度设置为: 0
输入选项 [长方体(B)/圆锥体(C)/圆柱体(CY)/棱锥体(P)/球体(S)/楔体(W)/圆环体(T)/设置(SE)] <圆环体>: _TORUS
指定中心点或 [三点(3P)/两点(2P)/切点、切点、半径(T)]: 0,0,0
指定半径或 [直径(D)]: 100
指定圆管半径或 [两点(2P)/直径(D)]: 10
结果如图 9-17 所示。

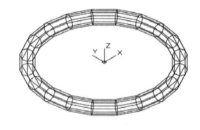

图 9-17　O 形圈网格

4）单击"可视化"选项卡"视觉样式"面板中的"隐藏"按钮，对图形进行消隐处理，结果如图 9-16 所示。

9.5　绘制三维网格曲面

9.5.1　直纹曲面

【执行方式】

- 命令行：RULESURF
- 菜单：绘图→建模→网格→直纹网格
- 功能区：❶单击"三维工具"选项卡❷"建模"面板中的❸"直纹曲面"按钮（见图 11-18）

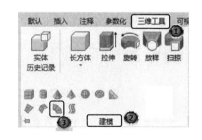

图 9-18　"建模"面板

【操作步骤】

命令：RULESURF✓

当前线框密度：SURFTAB1=当前值

选择第一条定义曲线：(指定的一条曲线)

选择第二条定义曲线：(指定的二条曲线)

　　下面来生成一个简单的直纹曲面。首先将视图转换为"西南轴测图"，然后绘制如图 9-19a 所示的两个圆作为草图，然后执行直纹曲面命令 RULESURF，分别拾取绘制的两个圆作为第一条和第二条定义曲线，得到的直纹曲面如图 9-19b 所示。

a） 作为草图的圆　　　　　　　　　　b） 生成的直纹曲面

图 9-19　绘制直纹曲面

9.5.2　平移曲面

【执行方式】

- 命令行：TABSURF
- 菜单：绘图→建模→网格→平移网格
- 功能区：单击"三维工具"选项卡"建模"面板中的"平移曲面"按钮 ▧

【操作步骤】

命令：TABSURF✓

当前线框密度：SURFTAB1=6

选择用作轮廓曲线的对象：(选择一个已经存在的轮廓曲线)

选择用作方向矢量的对象：(选择一个方向线)

【选项说明】

- 轮廓曲线：可以是直线、圆弧、圆、椭圆、二维或三维多段线。AutoCAD 从轮廓曲线上离选定点最近的点开始绘制曲面。
- 方向矢量：指出形状的拉伸方向和长度。在多段线或直线上选定的端点决定拉伸的方向。

　　选择图 9-20a 所示的六边形为轮廓曲线对象，直线为方向矢量绘制的图形，如图 9-20b 所示。

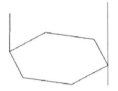
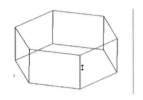

a）六边形和方向线　　　　　b）平移后的曲面

图 9-20　平移曲面的绘制

9.5.3　边界曲面

【执行方式】

- 命令行：EDGESURF
- 菜单：绘图→建模→网格→边界网格
- 功能区：单击"三维工具"选项卡"建模"面板中的"边界曲面"按钮

【操作步骤】

命令：EDGESURF✓

当前线框密度：SURFTAB1=6 SURFTAB2=6

选择用作曲面边界的对象 1：（指定第一条边界线）

选择用作曲面边界的对象 2：（指定第二条边界线）

选择用作曲面边界的对象 3：（指定第三条边界线）

选择用作曲面边界的对象 4：（指定第四条边界线）

【选项说明】

系统变量 SURFTAB1 和 SURFTAB2 分别控制 M、N 方向的网格分段数。可通过在命令行输入 SURFTAB1 改变 M 方向的默认值，在命令行输入 SURFTAB2 改变 N 方向的默认值。

下面生成一个简单的边界曲面。首先将视图转换为"西南轴测图"，绘制四条首尾相连的边界，如图 9-21a 所示。在绘制边界的过程中，为了方便绘制，可以首先绘制一个基本三维表面中的立方体作为辅助立体，在它上面绘制边界，然后再将其删除。执行边界曲面命令 EDGESURF，分别拾取绘制的四条边界，则得到如图 9-21b 所示的边界曲面。

a）　边界曲线　　　　　b）　生成的边界曲面

图 9-21　边界曲面

9.5.4 旋转曲面

【执行方式】

■ 命令行：REVSURF
■ 菜单：绘图→建模→网格→旋转网格

【操作步骤】

命令：REVSURF✓

当前线框密度：SURFTAB1=6 SURFTAB2=6

选择要旋转的对象 1：（指定已绘制好的直线、圆弧、圆或二维、三维多段线）

选择定义旋转轴的对象：（指定已绘制好的用作旋转轴的直线或是开放的二维、三维多段线）

指定起点角度<0>：（输入值或按 Enter 键）

指定包含角度（+=逆时针，-=顺时针）<360>：（输入值或按 Enter 键）

【选项说明】

■ 起点角度如果设置为非零值，平面将从生成路径曲线位置的某个偏移处开始旋转。
■ 包含角用来指定绕旋转轴旋转的角度。
■ 系统变量 SURFTAB1 和 SURFTAB2 用来控制生成网格的密度。SURFTAB1 指定在旋转方向上绘制的网格线的数目。SURFTAB2 将指定绘制的网格线数目进行等分。

图 9-22 所示为利用 REVSURF 命令绘制的花瓶。

      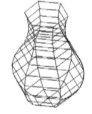

轴线和回转轮廓线   回转面   调整视角

图 9-22　绘制花瓶

9.5.5 实例——绘制弹簧

用 REVSURF 命令绘制如图 9-23 所示的弹簧。

视频文件\讲解视频\第 9 章\弹簧.MP4

01 利用 "UCS" 命令设置用户坐标系。命令行提示与操作如下：

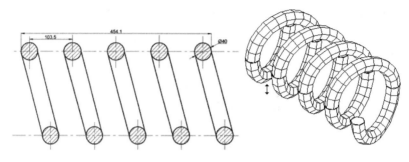

图 9-23　弹簧

命令：UCS↙

当前 UCS 名称：*世界*

指定 UCS 的原点或 [面(F)/命名(NA)/对象(OB)/上一个(P)/视图(V)/世界(W)/X/Y/Z/Z 轴(ZA)] <世界>：200,200,0↙

指定 X 轴上的点或 <接受>：↙

02 利用"多段线"命令绘制多段线。命令行提示与操作如下：

命令：PLINE↙

指定起点：0,0,0↙

当前线宽为 0.0000

指定下一个点或 [圆弧(A)/半宽(H)/长度(L)/放弃(U)/宽度(W)]：@200<15

指定下一点或 [圆弧(A)/闭合(C)/半宽(H)/长度(L)/放弃(U)/宽度(W)]：@200<165

指定下一点或 [圆弧(A)/闭合(C)/半宽(H)/长度(L)/放弃(U)/宽度(W)]：↙(*取消*)

重复上述步骤或选择复制命令，结果如图 9-24 所示。

03 利用"圆"命令绘制圆。命令行提示与操作如下：

命令：CIRCLE↙

指定圆的圆心或[三点(3P)/两点(2P)/相切、相切、半径(T)]：(点取多段线的起点)

指定圆的半径或[直径(D)]：20 ↙

结果如图 9-25 所示。

04 利用"复制"命令复制圆。结果如图 9-26 所示。重复上述步骤，结果如图 9-27 所示。

05 利用"直线"命令绘制线段，起点为第一条多段线的中点，终点的坐标为(@50<105)。重复上述步骤，结果如图 9-28 所示。

06 同样作线段，起点为第二条多段线中点，终点的坐标为 (@50<75)。重复上述步骤，如图 9-29 所示。

07 利用"SURFTAB1"和"SURFTAB2"命令修改线条密度。命令行提示与操作如下：

命令：SURFTAB1↙

输入 SURFTAB1 的新值<6>：12↙

命令：SURFTAB2↙

输入 SURFTAB2 的新值<6>：12↙

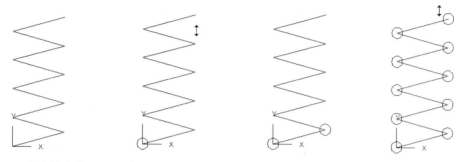

图 9-24　绘制多段线　　　图 9-25　绘制圆　　　图 9-26　复制一个圆　图 9-27　复制所有圆

08 利用"旋转网格"命令旋转上述圆。命令行提示与操作如下：

命令：REVSURF↙

选择要旋转的对象：（用鼠标点取第一个圆）

选择定义旋转轴的对象：（选中一根对称轴）

指定起点角度<0>：↙

指定包含角（+=逆时针，-=顺时针）<360>：-180↙

结果如图 9-30 所示。

09 重复上述步骤，结果如图 9-31 所示。

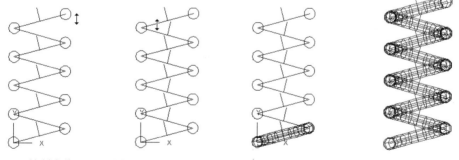

图 9-28　绘制直线 1　　　图 9-29　绘制直线 2　　　图 9-30　旋转圆　　　图 9-31　旋转所有圆

10 切换到东南视图。选择视图→三维视图→东南等轴测。

11 删去多余线条。利用"删除"命令删去多余的线条。

12 在命令行中输入"HIDE"命令对图形消隐，结果如图 9-23 所示。

9.6　编辑三维曲面

9.6.1　三维旋转

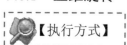

【执行方式】

- 命令行：ROTATE3D
- 菜单：修改→三维操作→三维旋转
- 工具栏：建模→三维旋转 ⊕

【操作步骤】

命令：ROTATE3D✓

当前正向角度：ANGDIR=逆时针 ANGBASE=0

选择对象：（点取要旋转的对象）

选择对象：（选择下一个对象或按 Enter 键）

指定轴上的第一个点或定义轴依据[对象(O)/最近的(L)/视图(V)/X轴(X)/Y轴(Y)/Z轴(Z)/两点(2)]：（根据需要选择输入选项）

【选项说明】

- 指定轴上的第一个点和第二个点：通过两点确定旋转轴线，指定旋转角度后将对象旋转。图 9-32 所示为一棱锥表面绕某一轴顺时针旋转 30°的情形。
- 对象：选择已经绘制好的对象作为旋转曲线。
- 最近的：以上次执行"ROTATE3D"命令时设置的旋转轴线作为旋转轴。
- 视图：以垂直于当前视图的直线作为旋转轴。
- X(Y、Z)轴：以平行于 X(Y、Z)轴的直线作为旋转直线。

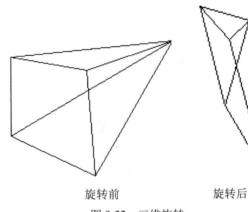

旋转前　　　　　　旋转后

图 9-32　三维旋转

9.6.2　三维镜像

【执行方式】

- 命令行：MIRROR3D
- 菜单：修改→三维操作→三维镜像

【操作步骤】

命令：MIRROR3D↙

选择对象：（选择镜像的对象）

选择对象：（选择下一个对象或按 Enter 键）

指定镜像平面（三点）的第一个点或 [对象(O)/上一个(L)/Z 轴(Z)/视图(V)/XY 平面(XY)/YZ 平面(YZ)/ZX 平面(ZX)/三点(3)] <三点>：

【选项说明】

- ■ 点：输入镜像平面上第一个点的坐标。该选项通过三个点确定镜像平面，是系统的默认选项。
- ■ Z 轴：根据平面上的一个点和平面法线上的一个点定义镜像平面。选择该选项后，出现如下提示：

在镜像平面上指定点：（输入镜像平面上一点的坐标）

在镜像平面的 Z 轴（法向）上指定点：（输入与镜像平面垂直的任意一条直线上任意一点的坐标）

是否删除源对象？[是（Y）/否（N）]：（根据需要确定是否删除源对象）

- ■ 视图：指定一个平行于当前视图的平面作为镜像平面。
- ■ XY(YZ、ZX)平面：指定一个平行于当前坐标系的 XY(YZ、ZX)平面作为镜像平面。

9.6.3 三维阵列

【执行方式】

- ■ 命令行：**3DARRAY**
- ■ 菜单：修改→三维操作→三维阵列
- ■ 工具栏：建模→三维阵列

【操作步骤】

命令：3DARRAY↙

选择对象：（选择阵列的对象）

选择对象：（选择下一个对象或按 Enter 键）

输入阵列类型[矩形（R）/环形（P）]<矩形>：

【选项说明】

- ■ 对图形进行矩形阵列复制，是系统的默认选项。选择该选项后出现如下提示：

输入行数（---）<1>：（输入行数）

输入列数（|||）<1>：（输入列数）

输入层数（...）<1>：（输入层数）

指定行间距（－－－）：（输入行间距）

指定列间距（｜｜｜）：（输入列间距）

指定层间距（…）：（输入层间距）

■ 对图形进行环形阵列复制。选择该选项后出现如下提示：

输入阵列中的项目数目：（输入阵列的数目）

指定要填充的角度（＋＝逆时针，－＝顺时针）<360>：（输入环形阵列的圆心角）

旋转阵列对象？[是(Y)/否(N)]<是>：（确定阵列上的每一个图形是否根据旋转轴线的位置进行旋转）

指定阵列的中心点：（输入旋转轴线上一点的坐标）

指定旋转轴上的第二点：（输入旋转轴上另一点的坐标）

图 9-33 所示为 3 层 3 行 3 列，间距分别为 300 的圆柱的矩形阵列，图 9-34 所示为圆柱环形阵列。

图 9-33 三维图形的矩形阵列   图 9-34 三维图形的环形阵列

9.6.4 三维移动

【执行方式】

■ 命令行： **3DMOVE**

■ 菜单：修改→三维操作→三维移动

■ 工具栏：建模→三维移动

【操作步骤】

命令： 3DMOVE✓

选择对象：找到 1 个

选择对象：✓

指定基点或 [位移(D)] <位移>：（指定基点）

指定第二个点或 <使用第一个点作为位移>：（指定第二点）

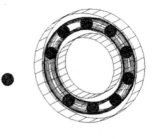

图 9-35 三维移动

其操作方法与二维移动命令类似，图 9-35 所示为将滚珠从滚珠轴承中移出的情形。

9.6.5 对齐对象

【执行方式】

- 命令行：ALIGN
- 菜单：修改→三维操作→对齐
- 工具栏：建模→三维对齐

【操作步骤】

命令：ALIGN✓

选择对象：（选择对齐的对象）

选择对象：（选择下一个对象或按 Enter 键）

指定一对、两对或三对点，将选定对象对齐：

指定第一个源点：（指定点 1）

指定第一个目标点：（指定点 2）

指定第二个源点：✓

结果如图 9-36 所示。两对点和三对点与一对点的情形类似。

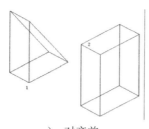 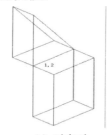

a) 对齐前   b) 对齐后

图 9-36 一点对齐

9.7 综合实例——轴承

绘制如图 9-37 所示的圆柱滚子轴承。

视频文件\讲解视频\第 9 章\轴承.MP4

01 设置线框密度，命令行提示与操作如下：

命令：surftab1✓

输入 SURFTAB1 的新值 <6>：20✓

命令：surftab2✓

输入 SURFTAB2 的新值 <6>：20✓

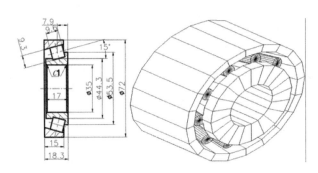

图 9-37 轴承

02 创建截面。用前面介绍的二维图形绘制方法，利用"直线"命令以及"偏移""镜像""修剪""延伸"等命令绘制如图 9-38 所示的 3 个平面图形及辅助轴线。

03 生成多段线。利用"修改"→"对象"→"多段线"命令绘制多线段。命令行提示与操作如下：

命令：_pedit

选择多段线或 [多条(M)]:

选定的对象不是多段线

是否将其转换为多段线? <Y>: y↙

输入选项 [闭合(C)/合并(J)/宽度(W)/编辑顶点(E)/拟合(F)/样条曲线(S)/非曲线化(D)/线型生成(L)/放弃(U)]: J↙

选择对象: （选择图 9-38 中图形 1 的其他线段）

这样图 9-38 中图形 1 就转换成封闭的多段线，利用相同方法，把图 9-38 中图形 2 和图形 3 也转换成封闭的多段线。

04 旋转多段线，创建轴承内外圈。命令行提示与操作如下：

命令：Revsurf↙

当前线框密度：SURFTAB1=10 SURFTAB2=10

选择要旋转的对象: （分别选取面域 1 及 3，然后按 Enter 键）

选择定义旋转轴的对象: （选取水平辅助轴线）

指定起点角度 <0>:↙

指定包含角 (+=逆时针，-=顺时针) <360>:↙

结果如图 9-39 所示。

05 创建滚动体。方法同上，以图形 2 的上边延长的斜线为轴线，旋转图形 2，创建滚动体。

06 切换到左视图。选择菜单栏中的"视图"→"三维视图"→"左视"命令。结果如图 9-40 所示。

07 阵列滚动体。命令行提示与操作如下：

命令：ARRAY

选择对象：（滚动球）

选择对象:

输入阵列类型 [矩形(R)/路径(PA)/极轴(PO)] <矩形>:PO

类型 = 矩形 关联 = 是

指定阵列的中心点或 [基点(B)/旋转轴(A)]:(选择坐标原点)

选择夹点以编辑阵列或 [关联(AS)/基点(B)/项目(I)/项目间角度(A)/填充角度(F)/行(ROW)/层(L)/旋转项目(ROT)/退出(X)] <退出>: I

输入阵列中的项目数或 [表达式(E)] <6>: 10

选择夹点以编辑阵列或 [关联(AS)/基点(B)/项目(I)/项目间角度(A)/填充角度(F)/行(ROW)/层(L)/旋转项目(ROT)/退出(X)] <退出>: F

指定填充角度(+=逆时针、-=顺时针)或 [表达式(EX)] <360>:

选择夹点以编辑阵列或 [关联(AS)/基点(B)/项目(I)/项目间角度(A)/填充角度(F)/行(ROW)/层(L)/旋转项目(ROT)/退出(X)] <退出>:

结果如图 9-41 所示。

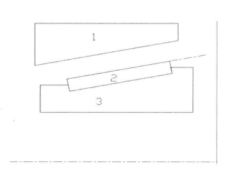

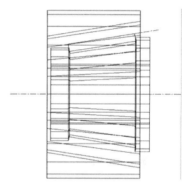

图 9-38 绘制二维图形　　　　　　　　　图 9-39 旋转多段线

08 切换视图。选择菜单栏中的"视图"→"三维视图"→"西南等轴测"命令,切换到西南等轴测图。

09 删除轴线。利用"删除"命令,删除辅助轴线,结果如图 9-42 所示。

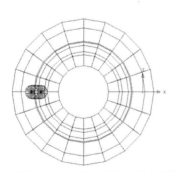

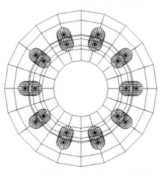

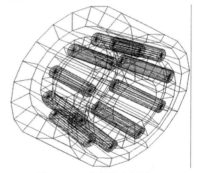

图 9-40 创建滚动体后的左视图　　　图 9-41 阵列滚动体　　　图 9-42 删除辅助轴线

10 删除与消隐。利用"渲染"命令,消隐处理后的图形,结果如图 9-37 所示。

9.8 上机实验

实验　利用三维动态观察器观察图 **9-43** 所示的泵盖。

图 9-43　泵盖

操作提示：

1）打开三维动态观察器。

2）灵活利用三维动态观察器的各种工具进行动态观察。

9.9 思考与练习

1．问答题

试分析世界坐标系与用户坐标系的关系。

2．操作题

（1）建立一个用户坐标系并命名保存。

（2）利用动态观察器观察 c：\program files\AutoCAD 2022\Sample\ Welding Fixture Model 图形。

第 10 章　实体建模

　　实体建模是 AutoCAD 三维建模中比较重要的一部分。实体模型能够完整描述对象的 3D 模型，比三维线框、三维曲面更能表达实物。利用三维实体，可以分析实体的质量特性，如体积、惯量、重心等。

学　习　要　点

◎　绘制基本三维实体

◎　特征操作

◎　特殊视图

◎　编辑实体

◎　渲染实体

10.1 布尔运算

布尔运算在数学的集合运算中已得到广泛应用，AutoCAD 也将该运算应用于实体的创建过程中。用户可以对三维实体对象进行下列布尔运算：并集、交集、差集。图 10-1～图 10-3 所示分别为并集、交集、差集示意图。布尔运算的具体操作方法在后面实例中将详细讲述。

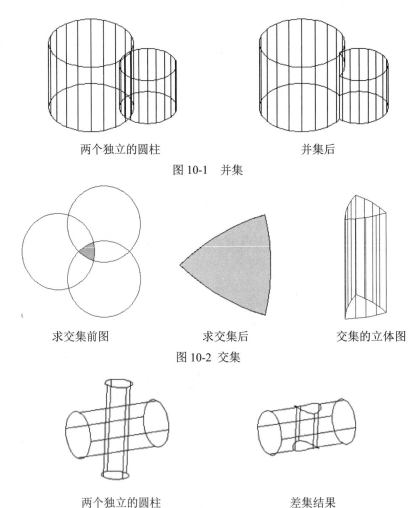

两个独立的圆柱   并集后

图 10-1 并集

求交集前图   求交集后   交集的立体图

图 10-2 交集

两个独立的圆柱   差集结果

图 10-3 差集

10.2 绘制基本三维实体

基本三维实体包括多段体、长方体、圆柱体、球体、圆环体、棱锥、圆锥等实体。

10.2.1 绘制多段体

通过"POLYSOLID"命令，用户可以将现有的直线、二维多段线、圆弧或圆转换为具有矩形轮廓的实体。多段体可以包含曲线线段，但是在默认情况下轮廓始终为矩形。

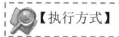【执行方式】

- 命令行：POLYSOLID
- 菜单：绘图→建模→多段体
- 工具栏：建模→多段体
- 功能区：单击"三维工具"选项卡"建模"面板中的"多段体"按钮

【操作步骤】

命令:POLYSOLID ✓

指定起点或[对象(O)/高度(H)/宽度(W)/对正(J)] <对象>:（指定起点）

指定下一个点或 [圆弧(A)/放弃(U)]:（指定下一点）

指定下一个点或 [圆弧(A)/放弃(U)]: （指定下一点）

指定下一个点或 [圆弧(A)/闭合(C)/放弃(U)]: ✓

【选项说明】

- 对象(O)：指定要转换为实体的对象。可以将直线 、圆弧、二维多段线、圆等转换为多段体，如图 10-4 所示。
- 高度(H)：指定实体的高度。
- 宽度(W)：指定实体的宽度。

二维多段线   对应的多段体

图 10-4 多段体

- 对正(J)：使用命令定义轮廓时，可以将实体的宽度和高度设置为左对正、右对正或居中。对正方式由轮廓的第一条线段的起始方向决定。

10.2.2 绘制长方体

【执行方式】

- 命令行：BOX

- 菜单：绘图→建模→长方体
- 工具栏：建模→长方体▢
- 功能区：❶单击"三维工具"选项卡❷"建模"面板中的❸"长方体"按钮▢（见图 10-5）

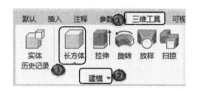

图 10-5　"建模"面板

命令：BOX↙

指定第一个角点或 [中心(C)]：（指定第一点或按 Enter 键表示原点是长方体的角点，或输入"C"代表中心点）

- 指定第一个角点：确定长方体的一个顶点的位置。选择该选项后，AutoCAD 继续提示：

指定角点或 [立方体(C)/长度(L)]：（指定第二点或输入选项）

（1）角点：指定长方体的其他角点。输入另一角点的数值，即可确定该长方体。如果输入的是正值，则沿着当前 UCS 的 X、Y 和 Z 轴的正向绘制长度。如果输入的是负值，则沿着 X、Y 和 Z 轴的负向绘制长度。图 10-6a 所示为使用角点命令创建的长方体。

（2）立方体：创建一个长、宽、高相等的长方体。图 10-6b 所示为使用立方体命令创建的正方体。

（3）长度：要求输入长、宽、高的值。图 10-6c 所示为使用长、宽和高命令创建的长方体。

（4）中心点：使用指定的中心点创建长方体。图 10-6d 所示为使用中心点命令创建的长方体。

10.2.3　圆柱体

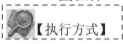

- 命令行：CYLINDER
- 菜单：绘图→建模→圆柱体
- 工具条：建模→圆柱体▢
- 功能区：单击"三维工具"选项卡"建模"面板中的"圆柱体"按钮▢

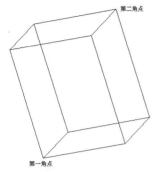

a）利用角点命令创建的长方体

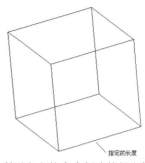

b）利用立方体命令创建的长方体

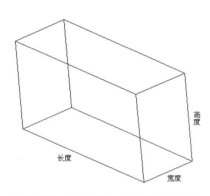

c）利用长、宽和高命令创建的长方体

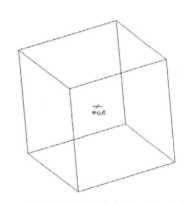

d）使用中心点命令创建的长方体

图 10-6　创建长方体

【操作步骤】

命令：CYLINDER↙

指定底面的中心点或 [三点(3P)/两点(2P)/切点、切点、半径(T)/椭圆(E)]:

【选项说明】

- 中心点：输入底面圆心的坐标，此选项为系统的默认选项。然后指定底面的半径和高度。AutoCAD 按指定的高度创建圆柱体，且圆柱体的中心线与当前坐标系的 Z 轴平行，如图 10-7 所示。也可以指定另一个端面的圆心来指定高度。AutoCAD 根据圆柱体两个端面的中心位置来创建圆柱体。该圆柱体的中心线就是两个端面的连线，如图 10-8 所示。

- 椭圆：绘制椭圆柱体。其中端面椭圆的绘制方法与平面椭圆一样，结果如图 10-9 所示。

其他的基本实体，如楔体、圆锥体、球体、圆环体等的绘制方法与上面讲述的长方体和圆柱体类似，不再赘述。

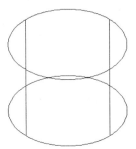

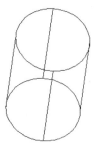
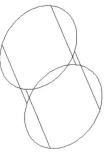

图 10-7　指定高度　　　图 10-8　指定另一个端面的中心位置　　　图 10-9　椭圆柱体

10.2.4　实例——视孔盖

视频文件\讲解视频\第 10 章\视孔盖.MP4

利用"长方体"命令绘制视孔盖主体，利用"圆柱体"命令绘制 4 个圆柱体，并用"差集"命令生成安装孔。视孔盖绘制结果如图 10-10 所示。

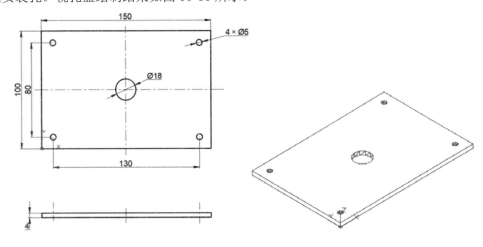

图 10-10　视孔盖

 操作步骤

1）设置线框密度。在命令行中输入 ISOLINES 命令。命令行提示与操作如下：

命令: ISOLINES✓

输入 ISOLINES 的新值 <4>: 10✓

2）将视图切换到西南等轴测。单击"三维工具"选项卡"建模"面板中的"长方体"按钮▱，采用两个角点模式绘制长方体，第一个角点为（0,0,0），第二个角点为（150,100,4）。命令行提示与操作如下：

命令: _box

指定第一个角点或 [中心(C)]: 0,0,0

指定其他角点或 [立方体(C)/长度(L)]: 150,100,4

消隐后长方体如图 10-11 所示。

3）单击"三维工具"选项卡"建模"面板中的"圆柱体"按钮，以点（10,10,-2）为圆心绘制半径为 2.5mm、高为 8mm 的圆柱体。命令行提示与操作如下：

命令: _cylinder

指定底面的中心点或 [三点(3P)/两点(2P)/切点、切点、半径(T)/椭圆(E)]: 10,10,-2

指定底面半径或 [直径(D)] <5.0000>: 2.5

指定高度或 [两点(2P)/轴端点(A)] <6.0000>:8

重复"圆柱体"命令，分别以点（10,90,-2）、（140,10,-2）、（140,90,-2）为底面圆心，绘制半径为 2.5mm，圆柱高为 8mm 的圆柱体，结果如图 10-11 所示。

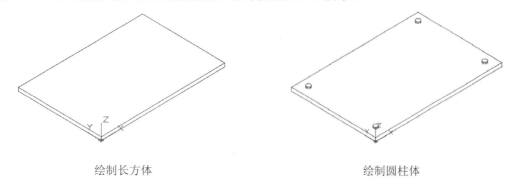

绘制长方体   绘制圆柱体

图　10-11　绘制制孔盖基体

4）单击"三维工具"选项卡"实体编辑"面板中的"差集"按钮，将视孔盖基体和绘制的 4 个圆柱体进行差集处理。命令行提示与操作如下：

命令: SUBTRACT✓

选择要从中减去的实体、曲面和面域...

选择对象:（选择视孔盖基体）

找到 1 个

选择对象: ✓

选择要减去的实体、曲面和面域...

选择对象:（选择 4 个圆柱）

找到 4 个

选择对象: ✓

结果如图 10-12 所示。

5）单击"三维工具"选项卡"建模"面板中的"圆柱体"按钮，以（75,50,-2）为圆心绘制半径为 9mm、高为 8mm 的圆柱体，结果如图 10-13 所示。

6）单击"三维工具"选项卡"实体编辑"面板中的"差集"按钮，将视孔盖基体和刚绘制的圆柱体进行差集处理，结果如图 10-10 所示。

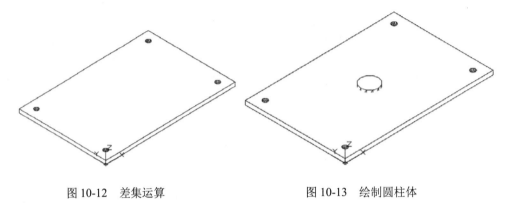

图 10-12　差集运算　　　　　　　　图 10-13　绘制圆柱体

10.3　特征操作

　　拉伸和旋转是两个最基本的三维绘制命令。在平面图形的基础上，可以通过这两个命令生成三维实体。

10.3.1　拉伸

【执行方式】

- ■　命令行：EXTRUDE
- ■　菜单：绘图→建模→拉伸
- ■　工具栏：建模→拉伸
- ■　功能区：单击"三维工具"选项卡"建模"面板中的"拉伸"按钮

【操作步骤】

命令：EXTRUDE↙

当前线框密度：ISOLINES=4 闭合轮廓创建模式 = 实体

选择要拉伸的对象或 [模式(MO)]：（选择绘制好的二维对象）

选择要拉伸的对象或 [模式(MO)]：（可继续选择对象或按 Enter 键结束选择）

指定拉伸的高度或 [方向(D)/路径(P)/倾斜角(T)/表达式(E)]：

【选项说明】

- ■　拉伸高度：按指定的高度来拉伸出三维实体对象。输入高度值后，根据实际需要，指定拉伸的倾斜角度。如果指定的角度为 0º，AutoCAD 则把二维对象按指定的高度拉伸成柱体；如果输入角度值，拉伸后实体截面沿拉伸方向按此角度变化，成为一个棱台或圆台体。图 10-14 所示为以不同角度拉伸圆的结果。

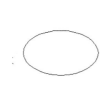   

拉伸前   拉伸角度为 0°   拉伸角度为 10°   拉伸角度为 −10°

图 10-14   拉伸圆

- ■ 方向：通过指定的两点指定拉伸的长度和方向。
- ■ 路径：以现有的图形对象作为拉伸创建三维实体对象，如图 10-15 所示为沿圆弧曲线路径拉伸圆的结果。
- ■ 倾斜角：用于拉伸的倾斜角是两个指定点间的距离。

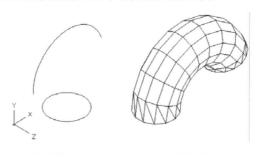

拉伸前   拉伸后

图 10-15   沿曲线路径拉伸

10.3.2   旋转

【执行方式】

- ■ 命令行：REVOLVE
- ■ 菜单：绘图→建模→旋转
- ■ 工具栏：建模→旋转 🖱
- ■ 功能区：单击"三维工具"选项卡"建模"面板中的"旋转"按钮 🖱

【操作步骤】

命令：REVOLVE↙

当前线框密度：ISOLINES=4 闭合轮廓创建模式 = 实体

选择要旋转的对象或 [模式(MO)]：（选择绘制好的二维对象）

选择要旋转的对象或 [模式(MO)]：（可继续选择对象或按 Enter 键结束选择）

指定轴起点或根据以下选项之一定义轴 [对象(O)/X/Y/Z] <对象>：

【选项说明】

■ 指定旋转轴的起点：通过两个点来定义旋转轴。AutoCAD 将按指定的角度和旋转轴旋转二维对象。

■ 对象：选择已经绘制好的直线或用多段线命令绘制的直线段为旋转轴线。

■ X(Y、Z)轴：将二维对象绕当前坐标系（UCS）的 X(Y、Z)轴旋转，如图 10-16 所示为矩形平行 X 轴的轴线旋转的结果。

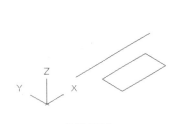 

旋转界面　　　　　　旋转后的实体

图 10-16　旋转体

10.3.3　实例——绘制带轮

绘制如图 10-17 所示的带轮。

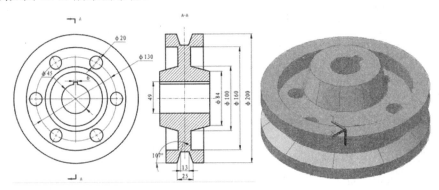

图 10-17　带轮

视频文件\讲解视频\第 10 章\皮带轮.MP4

 操作步骤

01 设置线框密度。在命令行中输入"ISOLINES"命令，将线框密度更改为10。

02 利用"圆柱体"命令，或者单击"三维工具"选项卡"建模"面板中的"圆柱体"按钮，绘制圆柱体。命令行提示与操作如下：

命令：CYLINDER✓
指定底面的中心点或 [三点(3P)/两点(2P)/切点、切点、半径(T)/椭圆(E)]:0，0，0✓
指定底面半径或 [直径(D)] <0.0000>: 100✓

指定高度或 [两点(2P)/轴端点(A)] <0.0000>: 60↙

　　重复"圆柱体"命令，以坐标原点为圆心，创建半径为80mm，高20mm的圆柱。单击"视图"选项卡"导航"面板中的"平移"按钮🖐，上下拖动鼠标对其进行适当的放大，结果如图10-18所示。

　　03 利用"复制"命令，或者单击"默认"选项卡"修改"面板中的"复制"按钮🗗，复制创建R80圆柱。命令行提示与操作如下：

命令: Copy↙

选择对象：（选取R80圆柱）

当前设置： 复制模式 = 多个

指定基点或 [位移(D)/模式(O)] <位移>: 0,0,0

指定位移的第二点或 <使用第一点作为位移>: 0,0,40↙

指定第二个点或 [阵列(A)] <使用第一个点作为位移>:0，0，40↙

指定第二个点或 [阵列(A)/退出(E)/放弃(U)] <退出>:E

　结果如图10-19所示。

图 10-18　创建圆柱

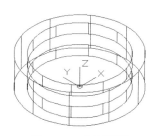
图 10-19　复制圆柱

　　04 利用"差集"命令，或者单击"三维工具"选项卡"实体编辑"面板中的"差集"按钮🗗，对R100圆柱与两个R80圆柱进行差集运算。

　　05 切换到主视图。选择菜单栏中的"视图"→"三维视图"→"前视"命令，对视图进行切换。

　　06 绘制多段线。利用"多段线"命令，或者单击"默认"选项卡"绘图"面板中的"多段线"按钮⌐，绘制多段线，如图10-20所示。

　　07 选择菜单栏中的"绘图"→"建模"→"旋转"命令，或者单击"三维工具"选项卡"建模"面板中的"旋转"按钮🔄，旋转多段线。命令行提示与操作如下：

命令: REVOLVE↙↙

选择要旋转的对象或 [模式(MO)]:（选取多段线，然后按 Enter 键）

指定轴起点或根据以下选项之一定义轴 [对象(O)/X/Y/Z] <对象>: Y↙

指定旋转角度或 [起点角度(ST)/反转(R)/表达式(EX)] <360>:↙

　　08 差集运算并消隐。利用"差集"命令，将创建的圆柱与旋转实体进行差集运算。利用"消隐"命令，或者单击"视图"选项卡"视觉样式"面板中的"隐藏"按钮🖼，对图形进行消隐处理，结果如图10-21所示。

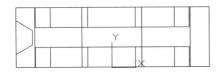

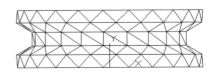

图 10-20　绘制多段线　　　　　　　图 10-21　带轮外轮廓

09 绘制圆。选择菜单栏中的"视图"→"三维视图"→"西南等轴测图"命令，切换到西南等轴测图。利用"UCS"命令，将坐标系统 X 轴旋转 90°，再将坐标系原点移动到（0，0，-20），单击"绘图"工具栏中的"圆"按钮⊙，以原点为中心，绘制半径为 50mm 的圆。

10 利用"拉伸"命令，或者单击"三维工具"选项卡"建模"面板中的"拉伸"按钮，拉伸绘制的圆，创建凸台。命令行提示与操作如下：

命令:Ext

当前线框密度：ISOLINES=4，闭合轮廓创建模式 = 实体✓

选择要拉伸的对象或 [模式(MO)]: _MO 闭合轮廓创建模式 [实体(SO)/曲面(SU)] <实体>: _SO（选取圆，然后按 Enter 键）

拉伸的高度或 [方向(D)/路径(P)/倾斜角(T)/表达式(E)] <106.7297>:T

拉伸的倾斜角度或 [表达式(E)] <0>: 15✓

拉伸的高度或 [方向(D)/路径(P)/倾斜角(T)/表达式(E)] <0.0000>:30✓

结果如图 10-22 所示。

11 利用"三维镜像"命令，三维镜像凸台。命令行提示与操作如下：

命令: Mirror3D✓

选择对象：（选取凸台，然后按 Enter 键）

指定镜像平面 (三点) 的第一个点或[对象(O)/最近的(L)/Z 轴(Z)/视图(V)/XY 平面(XY)/YZ 平面(YZ)/ZX 平面(ZX)/三点(3)] <三点>: XY✓

指定 XY 平面上的点 <0,0,0>: 0,0,-10✓

是否删除源对象？ [是(Y)/否(N)] <否>:✓

12 并集运算。利用"并集"命令，将创建的凸台与带轮外轮廓实体进行并集运算。命令行提示和操作如下：

命令: UNION✓

选择对象:（选择带轮外轮廓实体）

选择对象:（选择凸台）

选择对象:✓

结果如图 10-23 所示。

13 绘制并移动圆柱体。利用"圆柱体"命令，以坐标原点为圆心，创建半径为 10mm，高为-20mm 的圆柱。利用"移动"命令，或者单击"默认"选项卡"修改"面板中的"移动"按钮✛，将其沿 X 轴方向移动 65mm，结果如图 10-24 所示。

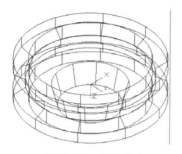

图 10-22　创建凸台　　　　　　　　图 10-23　镜像凸台

14 三维阵列圆柱。利用"三维阵列"命令，对刚创建的圆柱进行三维阵列。命令行提示与操作如下：

命令: 3Darray↙

选择对象: （选取圆柱，然后按 Enter 键）

输入阵列类型 [矩形(R)/环形(P)] <矩形>:P↙

输入阵列中的项目数目: 6↙

指定要填充的角度 (+=逆时针, -=顺时针) <360>:↙

旋转阵列对象？ [是(Y)/否(N)] <是>: N↙

指定阵列的中心点: 0,0,0↙

指定旋转轴上的第二点: 0,0,-10↙

15 差集运算。利用"差集"命令，将创建的实体与阵列的圆柱进行差集运算，结果如图 10-25 所示。

16 创建键槽结构。绘制如图 10-26 所示的键槽孔截面，并进行拉伸。

图 10-24　创建圆柱　　　　　图 10-25　阵列圆柱　　　　图 10-26　绘制键槽孔截面

17 差集运算。利用"差集"命令，将创建的实体与拉伸实体进行差集运算。

18 渲染处理。利用"渲染"命令，对带轮进行渲染。渲染后的效果如图 10-17 所示。

10.3.4　扫掠

【执行方式】

- 命令行：SWEEP
- 菜单：绘图→建模→扫掠

■ 工具栏：建模→扫掠
■ 功能区：单击"三维工具"选项卡"建模"面板中的"扫掠"按钮

 【操作步骤】

命令：SWEEP✓

当前线框密度：ISOLINES=2000

选择要扫掠的对象或 [模式(MO)]：（选择对象，如图 10-27a 所示的圆）

选择要扫掠的对象或 [模式(MO)]：✓

选择扫掠路径或 [对齐(A)/基点(B)/比例(S)/扭曲(T)]：（选择对象，如图 10-27a 所示的螺旋线）

　扫掠结果如图 10-27b 所示。

 【选项说明】

a）对象和路径　　　　　　　　　　　　　　　　b）结果

图 10-27　扫掠

■ 对齐：指定是否对齐轮廓以使其作为扫掠路径切向的法向。默认情况下，轮廓是对
　齐的。选择该项，系统提示：

扫掠前对齐垂直于路径的扫掠对象 [是(Y)/否(N)] <是>：（输入 no 指定轮廓无须对齐或按 Enter 键指
定轮廓将对齐）

■ 基点：指定要扫掠对象的基点。如果指定的点不在选定对象所在的平面上，则该点
　将被投影到该平面上。选择该项，系统提示：

指定基点：（指定选择集的基点）

■ 比例：指定比例因子以进行扫掠操作。从扫掠路径的开始到结束，比例因子将统一
　应用到扫掠的对象。选择该项，系统提示：

输入比例因子或 [参照(R)] <1.0000>：（指定比例因子、输入 r 调用参照选项或按 Enter 键指定默认值）
其中"参照"选项表示通过拾取点或输入值来根据参照的长度缩放选定的对象。

■ 扭曲：设置正被扫掠的对象的扭曲角度。扭曲角度指定沿扫掠路径全部长度的旋转
　量。选择该项，系统提示：

输入扭曲角度或允许非平面扫掠路径倾斜 [倾斜(B)] <n>：（指定小于 360°的角度值，输入 b 打开倾
斜或按 Enter 键指定默认角度值）

倾斜指定被扫掠的曲线是否沿三维扫掠路径（三维多线段、三维样条曲线或螺旋）自然倾斜（旋转）。

图 10-28 所示为扭曲扫掠示意图。

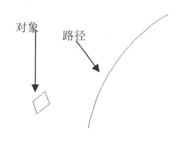
a）对象和路径

b）不扭曲

c）扭曲 45°

图 10-28　扭曲扫掠

10.3.5　放样

【执行方式】

- ■　命令行：LOFT
- ■　菜单：绘图→建模→放样
- ■　工具栏：建模→放样
- ■　功能区：单击"三维工具"选项卡"建模"面板中的"放样"按钮

【操作步骤】

命令：LOFT✓

当前线框密度:ISOLINES=4，闭合轮廓创建模式 = 实体

按放样次序选择横截面或[点(PO)/合并多条边(J)/模式(MO)]:找到 1 个（依次选择如图 10-29 所示的 3 个截面）

按放样次序选择横截面或[点(PO)/合并多条边(J)/模式(MO)]:找到 1 个，总计 2 个

按放样次序选择横截面或[点(PO)/合并多条边(J)/模式(MO)]:找到 1 个，总计 3 个

按放样次序选择横截面或[点(PO)/合并多条边(J)/模式(MO)]:

选中了 3 个横截面

输入选项[导向(G)/路径(P)/仅横截面(C)/设置(S)] <仅横截面>:

【选项说明】

- ■　仅横截面：选择该项，系统打开"放样设置"对话框，如图 10-30 所示。其中有 4 个单选按钮选项，图 10-31a 所示为选择"直纹"单选按钮的放样结果示意图，图 10-31b 所示为选择"平滑拟合"单选按钮的放样结果示意图，图 10-31c 所示为选择"法线指

向"单选按钮中的"所有横截面"选项的放样结果示意图，图 10-31d 所示为选择"拔模斜度"单选按钮并设置"起点角度"为 45°、"起点幅值"为 10、"端点角度"为 60°、"端点幅值"为 10 的放样结果示意图。

■ 导向：指定控制放样实体或曲面形状的导向曲线。导向曲线是直线或曲线，可通过将其他线框信息添加至对象来进一步定义实体或曲面的形状，如图 10-32 所示。选择该项，系统提示：

选择导向曲线：（选择放样实体或曲面的导向曲线，然后按 Enter 键）

■ 路径：指定放样实体或曲面的单一路径，如图 10-33 所示。选择该项，系统提示：

选择路径：（指定放样实体或曲面的单一路径）

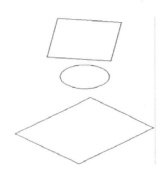

图 10-29　选择截面

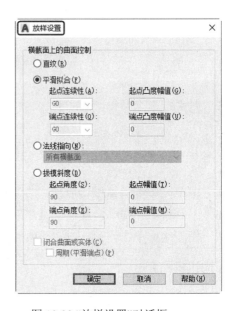

图 10-30 "放样设置"对话框

a）

b）

c）

d）

图 10-31　放样示意图

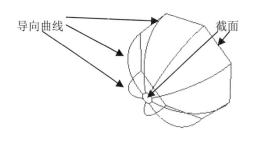

图 10-32　导向放样

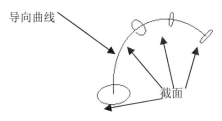
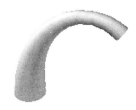

图 10-33　路径放样

10.3.6　拖动

【执行方式】

- ■　命令行：PRESSPULL
- ■　工具栏：建模→按住并拖动 📦
- ■　功能区：单击"三维工具"选项卡"实体编辑"面板中的"按住并拖动"按钮 📦

【操作步骤】

命令: PRESSPULL↙

单击有限区域以进行按住或拖动操作。

已提取 1 个环。

　选择有限区域后，按住鼠标并拖动相应的区域进行拉伸变形，如图 10-34 所示为选择圆台上表面按住并拖动的结果。

　　圆台　　　　　向下拖动　　　　向上拖动

图 10-34　按住并拖动

10.3.7 实例——锁的绘制

分析图 10-35 所示锁的图形，可以看出，该图形的结构简单。本例要求用户对锁的结构熟悉，且能灵活运用三维表面模型的基本图形的绘制命令和编辑命令。

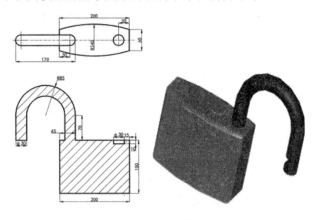

图 10-35 锁

视频文件\动画演示\第 10 章\锁.MP4

操作步骤

1）单击"默认"选项卡"绘图"面板中的"矩形"按钮□，绘制角点坐标为(-100,30)和 (100,-30)的矩形。

2）单击"默认"选项卡"绘图"面板上的"圆弧"下拉菜单中的 "三点"按钮，绘制起点坐标为（100,30）、端点坐标为(-100,30)、半径为 340mm 的圆弧。

3）单击"默认"选项卡"绘图"面板上的"圆弧"下拉菜单中的 "三点"按钮，绘制起点坐标为(-100,-30)、端点坐标为（100,-30）、半径为 340mm 的圆弧，如图 10-36 所示。

4）单击"默认"选项卡"修改"面板中的"修剪"按钮，对上述圆弧和矩形进行修剪，结果如图 10-37 所示。

5）单击"默认"选项卡"修改"面板中的"编辑多段线"按钮，将上述多段线合并为一个整体。

6）单击"可视化"选项卡"视图"面板上的"视图"下拉菜单中的"西南等轴测"按钮，切换到西南等轴测视图。

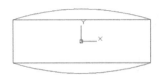

图 10-36 绘制矩形和圆弧

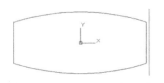

图 10-37 修剪后的图形

7）单击"三维工具"选项卡"建模"面板中的"拉伸"按钮，选择上步创建的面域，设置拉伸高度为 150mm，结果如图 10-38 所示。

8）在命令行直接输入 UCS。将新的坐标原点移动到点（0,0,150）。切换视图。在命令行中输入"plan"命令，选择当前 UCS。

9）单击"默认"选项卡"绘图"面板上的"圆"下拉菜单中的"圆心，半径"按钮⊙，指定圆心坐标为(–70,0)，半径为 15mm，绘制圆重复上述指令，在右边的对称位置再绘制一个同样大小的圆，结果如图 10-39 所示。单击"可视化"选项卡"视图"面板上的"视图"下拉菜单中的"前视"按钮⬚，切换到前视图。

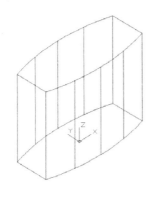

图 10-38　拉伸后的图形

图 10-39　绘制圆后的图形

10）在命令行直接输入 UCS。将新的坐标原点移动到点（0,150,0）。

11）单击"默认"选项卡"绘图"面板中的"多段线"按钮⎯⊃，绘制多段线。系统提示如下：

PLINE

指定起点: -70,-30

当前线宽为 0.0000

指定下一个点或 [圆弧(A)/半宽(H)/长度(L)/放弃(U)/宽度(W)]: @80<90

指定下一点或 [圆弧(A)/闭合(C)/半宽(H)/长度(L)/放弃(U)/宽度(W)]: A

　指定圆弧的端点(按住 Ctrl 键以切换方向)或[角度(A)/圆心(CE)/闭合(CL)/方向(D)/半宽(H)/直线(L)/半径(R)/第二个点(S)/放弃(U)/宽度(W)]: A

　指定夹角: -180

　指定圆弧的端点(按住 Ctrl 键以切换方向)或 [圆心(CE)/半径(R)]: R

　指定圆弧的半径: 70

　指定圆弧的弦方向(按住 Ctrl 键以切换方向) <0>: 0

　指定圆弧的端点(按住 Ctrl 键以切换方向)或[角度(A)/圆心(CE)/闭合(CL)/方向(D)/半宽(H)/直线(L)/半径(R)/第二个点(S)/放弃(U)/宽度(W)]:　L

　指定下一点或 [圆弧(A)/闭合(C)/半宽(H)/长度(L)/放弃(U)/宽度(W)]: 70,0

　指定下一点或 [圆弧(A)/闭合(C)/半宽(H)/长度(L)/放弃(U)/宽度(W)]:

结果如图 10-40 所示。

12）单击"可视化"选项卡"视图"面板上的"视图"下拉菜单中的"西南等轴测"按钮⬒，回到西南等轴测视图。

13）单击"三维工具"选项卡"建模"面板中的"扫掠"按钮⬟，将绘制的圆与多段线进行扫掠处

理，命令行提示如下：

命令: _SWEEP

当前线框密度: ISOLINES=4，闭合轮廓创建模式 = 实体

选择要扫掠的对象或 [模式(MO)]:找到 1 个（选择圆）

选择要扫掠的对象或 [模式(MO)]:（选择圆）

选择要扫掠的对象或 [模式(MO)]:

选择扫掠路径或 [对齐(A)/基点(B)/比例(S)/扭曲(T)]: （选择多段线）

结果如图 10-41 所示。

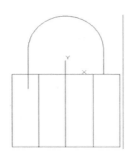

图 10-40　绘制多段线后的图形

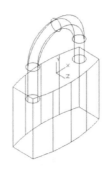

图 10-41　扫掠后的图形

14）单击"三维工具"选项卡"建模"面板中的"圆柱体"按钮 ，绘制底面中心点为（-70,0,0），底面半径为 20mm，轴端点为（-70,-30,0）的圆柱体，结果如图 10-42 所示。

15）在命令行直接输入"UCS"。将新的坐标原点绕 X 轴旋转 90°。

16）单击"三维工具"选项卡"建模"面板中的"楔体"按钮 ，绘制楔体。命令行提示如下：

命令: we

指定第一个角点或 [中心(C)]: -50,-70,10

指定其他角点或 [立方体(C)/长度(L)]: -80,70,10

指定高度或 [两点(2P)] <30.0000>: 20

17）单击"三维工具"选项卡"实体编辑"面板中的"差集"按钮 ，将扫掠体与楔体进行差集运算，结果如图 10-43 所示。

18）在命令行中输入"3DROTATE"命令，将上述锁柄绕着右边的圆的中心垂线旋转 180°。命令行提示如下：

图 10-42　绘制圆柱体

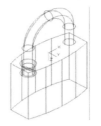

图 10-43　差集后的图形

命令: 3DROTATE

UCS 当前的正角方向: ANGDIR=逆时针 ANGBASE=0

选择对象: （选择锁柄）

选择对象: ↙

指定基点:（指定右边圆的圆心）

拾取旋转轴:（指定右边的圆的中心垂线）

指定角的起点或键入角度: 180↙

旋转的结果如图 10-44 所示。

19）单击"三维工具"选项卡"实体编辑"面板中的"差集"按钮 ⬚，将左边小圆柱体与锁体进行差集操作，在锁体上打孔。

20）单击"默认"选项卡"修改"面板中的"圆角"按钮 ⌐，设置圆角半径为 10mm，对锁体四周的边进行圆角处理。

21）单击"视图"选项卡"视觉样式"面板中的"隐藏"按钮 ⬚，或者直接在命令行输入"HIDE"后按 Enter 键，结果如图 10-45 所示。

图 10-44 旋转处理

图 10-45 消隐处理

10.4 实体三维操作

与平面图形的倒角与倒圆命令相同，三维实体也可以利用这两个命令进行倒角与倒圆编辑操作。

10.4.1 倒角

【执行方式】

- 命令行：CHAMFEREDGE
- 菜单：修改→实体编辑→倒角边
- 工具栏：实体编辑→倒角边 ⬚
- 功能区：单击"三维工具"选项卡"实体编辑"面板中的"倒角边"按钮 ⬚

【操作步骤】

命令：CHAMFEREDGE↙

距离 1 = 0.0000，距离 2 = 0.0000

选择一条边或[环(L)/距离(D)]:

【选项说明】

■ 选择第一条边：选择实体的一条边，此选项为系统的默认选项。选择某一条边以后，与此边相邻的两个面中的其中一个面的边框就变成虚线。

选择实体上要倒直角的边后，AutoCAD 出现如下提示：

基面选择...

输入曲面选择选项 [下一个(N)/当前(OK)] <当前>:

该提示要求选择基面，默认选项是当前，即以虚线表示的面作为基面。如果选择下一个（N），则以与所选边相邻的另一个面作为基面。

选择好基面后，AutoCAD 继续出现如下提示：

指定基面的倒角距离 <2.0000>:（输入基面上的倒角距离）

指定其他曲面的倒角距离 <2.0000>:（输入与基面相邻的另外一个面上的倒角距离）

选择边或 [环(L)]:

（1）选择边：指确定需要进行倒角的边，此项为系统的默认选项。选择基面的某一边后，AutoCAD 出现如下提示：

选择边或 [环(L)]:

在此提示下，按 Enter 键对选择好的边进行倒角，也可以继续选择其他需要倒角的边。

（2）选择环：指对基面上所有的边都进行倒角。

■ 其他选项：与二维斜角类似，不再赘述。

图 10-46 所示为对长方体倒角的结果。

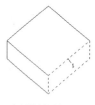 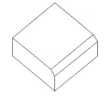 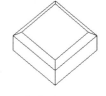

选择倒角边"1"　　　　边倒角结果　　　　环倒角结果

图 10-46　对长方体倒角

10.4.2　圆角

【执行方式】

■ 命令行：FILLETEDGE

- ■ 菜单：修改→三维编辑→圆角边
- ■ 工具栏：实体编辑→圆角边
- ■ 功能区：单击"三维工具"选项卡"实体编辑"面板中的"圆角边"按钮

 【操作步骤】

命令: FILLETEDGE✓
半径 = 1.0000
选择边或 [链(C)/环(L)/半径(R)]:（选择建模上的一条边）✓
已选定 1 个边用于圆角。
按 Enter 键接受圆角或[半径(R)]:✓

【选项说明】

选择"链"选项，表示与此边相邻的边都被选中并进行倒圆的操作。图 10-47 所示为对长方体倒圆的结果。

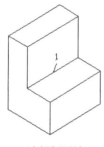
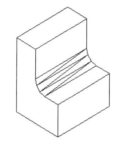
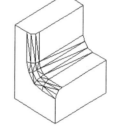

选择倒圆边 1 　　　　　　边倒圆结果 　　　　　　链倒圆结果

图 10-47　对长方体倒圆

10.4.3　实例——圆头平键 A6×6×32

本例绘制如图 10-48 所示的圆头平键 A6×6×32。

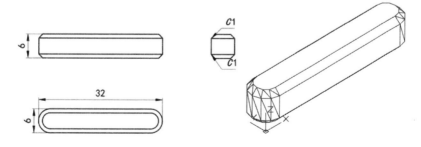

图 10-48　圆头平键 A6×6×32

视频文件\动画演示\第 10 章\圆头平键.MP4

操作步骤

1）单击"可视化"选项卡"视图"面板中的"西南等轴测"按钮，将当前视图设为西南等轴测视图。

2）单击"三维工具"选项卡"建模"面板中的"长方体"按钮，以坐标原点为角点，绘制长度为 32mm，宽度和高度为 6mm 的长方体，如图 10-49 所示。

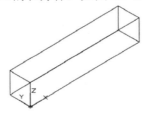

图 10-49 绘制长方体

3）单击"三维工具"选项卡"实体编辑"面板中的"圆角边"按钮，对长方体的四条棱边进行倒圆，设置圆角半径为 3mm。命令行提示与操作如下：

命令：_FILLETEDGE

半径 = 1.0000

选择边或 [链(C)/环(L)/半径(R)]: R

输入圆角半径或 [表达式(E)] <1.0000>: 3

选择边或 [链(C)/环(L)/半径(R)]:（选取如图 10-50 所示的长方体的棱边）

选择边或 [链(C)/环(L)/半径(R)]:

选择边或 [链(C)/环(L)/半径(R)]:

选择边或 [链(C)/环(L)/半径(R)]:

选择边或 [链(C)/环(L)/半径(R)]:

已选定 4 个边用于圆角。

按 Enter 键接受圆角或 [半径(R)]:

结果如图 10-51 所示。

4）单击"三维工具"选项卡"实体编辑"面板中的"倒角边"按钮，对长方体的上表面边线进行倒角，设置倒角距离为 1mm。命令行提示与操作如下：

命令：_CHAMFEREDGE

距离 1 = 2.0000，距离 2 = 2.0000

选择一条边或 [环(L)/距离(D)]: D

指定距离 1 或 [表达式(E)] <2.0000>:1

指定距离 2 或 [表达式(E)] <2.0000>:1

选择一条边或 [环(L)/距离(D)]: L

选择环边或 [边(E)/距离(D)]:（选取如图 10-52 所示的边线）

输入选项 [接受(A)/下一个(N)] <接受>: N

输入选项 [接受(A)/下一个(N)] <接受>:

选择环边或 [边(E)/距离(D)]:

按 Enter 键接受倒角或 [距离(D)]:

采用相同的方法，对下边线进行倒角处理，结果如图 10-48 所示。

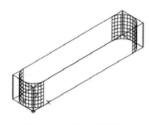 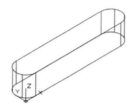 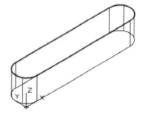

图 10-50 选取倒圆边　　　　　图 10-51　圆角处理　　　　图 10-52 选取倒角边

10.5　特殊视图

这里所说的特殊视图是指剖视图和剖切断面。利用这种特殊视图可以清楚地表达实体的内部结构以及断面形状。

10.5.1　剖视图

【执行方式】

- ■　命令行：SLICE
- ■　菜单：修改→三维操作→剖切
- ■　功能区：❶单击"三维工具"选项卡❷"实体编辑"面板中的❸"剖切"按钮 🗗 （见图 10-52）

图 10-53　"实体编辑"面板

【操作步骤】

命令：SLICE ✓

选择要剖切的对象: (选择要剖切的实体)

选择要剖切的对象：（继续选择或按 Enter 键结束选择）

指定 切面 的起点或 [平面对象(O)/曲面(S)/Z 轴(Z)/视图(V)/XY/YZ/ZX/三点(3)] <三点>:

■ 平面对象：将所选择的对象所在的平面作为剖切面。

■ 曲面：将剪切平面与曲面对齐。

■ Z 轴：通过平面上指定一点和在平面的 Z 轴（法线）上指定另一点来定义剖切平面。

■ 视图：以平行于当前视图的平面作为剖切面。

■ XY / YZ /ZX：将剖切平面与当前用户坐标系 (UCS) 的 XY 平面/ YZ 平面/ZX 平面对齐。

图 10-54 所示为剖切三维实体图。

■ 三点：以空间的三个点确定的平面作为剖切面。确定剖切面后，系统会提示保留一侧或两侧。

剖切前的三维实体   剖切后的三维实体

图 10-54　剖切三维实体

10.5.2　剖切断面

【执行方式】

■ 命令行：SLICE

【操作步骤】

命令：SLICE↙

选择要剖切的对象：（选择要剖切的实体）

指定 切面 的起点或 [平面对象(O)/曲面(S)/Z 轴(Z)/视图(V)/XY(XY)/YZ(YZ)/ZX(ZX)/三点(3)] <三点>:

图 10-55 所示为断面图形。

剖切平面与断面   移出的断面图形   填充剖面线的断面图形

图 10-55　断面图形

10.5.3　实例——方向盘

本实例绘制的方向盘如图 10-56 所示。

视频文件\动画演示\第 10 章\方向盘.MP4

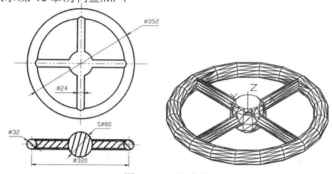

图 10-56　方向盘

操作步骤

1）设置对象上每个曲面的轮廓线数目为 10。

2）将当前视图方向设置为西南等轴测视图。单击"三维工具"选项卡"建模"面板中的"圆环体"按钮◎，在坐标原点处绘制半径为 160mm，圆管半径为 16mm 的圆环体，结果如图 10-57 所示。

3）单击"三维工具"选项卡"建模"面板中的"球体"按钮◯，以坐标原点为中心点，绘制半径为 40mm 的球体，结果如图 10-58 所示。

图 10-57　绘制圆环

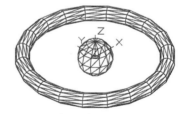

图 10-58　绘制球体

4）单击"三维工具"选项卡"建模"面板中的"圆柱体"按钮▦，以坐标原点为中心点，绘制半径为 12mm，轴端点为（160,0,0）的圆柱体，结果如图 10-59 所示。

5）选择菜单栏中的"修改"→"三维操作"→"三维阵列"命令，将上步创建的圆柱体以（0,0,0）（0,0,20）为旋转轴进行环形阵列，设置阵列个数为 4、填充角度为 360°。消隐后结果如图 10-60 所示。

6）单击"三维工具"选项卡"实体编辑"面板中的"剖切"按钮▤，对球体进行剖切处理。

命令行提示与操作如下：

命令:SLICE✓

选择要剖切的对象：（选择球体）

选择要剖切的对象：✓

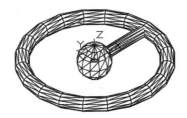

图 10-59　绘制轮辐

图 10-60　三维阵列

指定 切面 的起点或 [平面对象(O)/曲面(S)/Z 轴(Z)/视图(V)/XY(XY)/YZ(YZ)/ZX(ZX)/三点(3)] <三点>:3

指定平面上的第一个点: 0,0,30✓

指定平面上的第二个点:0,10,30✓

指定平面上的第三个点:10,10,30✓

在所需的侧面上指定点或 [保留两个侧面(B)] <保留两个侧面>:（选择圆球的下侧）

7）单击"三维工具"选项卡"实体编辑"面板中的"并集"按钮 ，将圆环、圆柱体和球体进行并集处理，结果如图 10-56 所示。

10.6　编辑实体

编辑实体是指对已经存在的实体的某些线或面进行编辑操作，从而生成新的实体。实体编辑功能主要集中在"修改"菜单的"实体编辑"子菜单中。本节将对其中的主要命令进行讲解。

10.6.1　拉伸面

【执行方式】

- 命令行：SOLIDEDIT
- 菜单：修改→实体编辑→拉伸面
- 工具栏：实体编辑→拉伸面
- 功能区：单击"三维工具"选项卡"实体编辑"面板中的"拉伸面"按钮

【操作步骤】

命令：SOLIDEDIT✓

实体编辑自动检查: SOLIDCHECK=1

输入实体编辑选项 [面(F)/边(E)/体(B)/放弃(U)/退出(X)] <退出>: _face

输入面编辑选项[拉伸(E)/移动(M)/旋转(R)/偏移(O)/倾斜(T)/删除(D)/复制(C)/颜色(L)/材质(A)/放弃(U)/退出(X)] <退出>: _extrude

选择面或 [放弃(U)/删除(R)]：（选择要进行拉伸的面）

选择面或 [放弃(U)/删除(R)/全部（ALL）]：

指定拉伸高度或[路径（P）]：

【选项说明】

- 指定拉伸高度：按指定的高度值来拉伸面。指定拉伸的倾斜角度后，完成拉伸操作。
- 路径：沿指定的路径曲线拉伸面。图 10-61 所示为拉伸长方体的顶面和侧面的结果。

10.6.2 实例——顶针

绘制如图 10-62 所示的顶针。

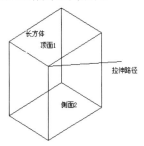
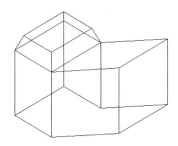

拉伸前的长方体　　　　　　　　拉伸后的三维实体

图 10-61　拉伸长方体的顶面和侧面

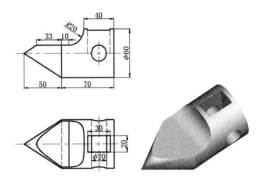

图 10-62 顶针

视频文件\动画演示\第 10 章\顶针.MP4

操作步骤

1）设置对象上每个曲面的轮廓线数目为 10。

2）将当前视图设置为西南等轴测方向，将坐标系绕 X 轴旋转 90°。以坐标原点为圆锥底面中心，创建半径为 30mm、高为-50mm 的圆锥。以坐标原点为圆心，创建半径为 30mm、高为 70mm 的圆柱，结果如图 10-63 所示。

3）单击"三维工具"选项卡"实体编辑"面板中的"剖切"按钮 🗐，选取圆锥，以 ZX 为剖切面，指定剖切面上的点为（0,10），对圆锥进行剖切，保留圆锥下部，结果如图 10-64 所示。

 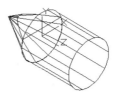

图 10-63　绘制圆锥及圆柱　　　　图 10-64　剖切圆锥

4）单击"三维工具"选项卡"实体编辑"面板中的"并集"按钮 🗐，选择圆锥与圆柱体并集运算。

5）单击"三维工具"选项卡"实体编辑"面板中的"拉伸面"按钮 🗗。命令行提示与操作如下：

```
命令: _solidedit
实体编辑自动检查:   SOLIDCHECK=1
输入实体编辑选项 [面(F)/边(E)/体(B)/放弃(U)/退出(X)] <退出>: _face
输入面编辑选项
[拉伸(E)/移动(M)/旋转(R)/偏移(O)/倾斜(T)/删除(D)/复制(C)/颜色(L)/材质(A)/放弃(U)/退出(X)] <退出>:
_extrude
选择面或 [放弃(U)/删除(R)]:　（选取如图 10-65 所示的实体表面）
指定拉伸高度或 [路径(P)]: -10
指定拉伸的倾斜角度 <0>:
已开始实体校验。
已完成实体校验。
输入面编辑选项
[拉伸(E)/移动(M)/旋转(R)/偏移(O)/倾斜(T)/删除(D)/复制(C)/颜色(L)/材质(A)/放弃(U)/退出(X)] <退出>:
实体编辑自动检查:   SOLIDCHECK=1
输入实体编辑选项 [面(F)/边(E)/体(B)/放弃(U)/退出(X)] <退出>:
```

结果如图 10-66 所示。

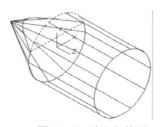 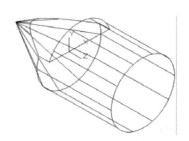

图 10-65　选取拉伸面　　　　图 10-66　拉伸后的实体

6）将当前视图设置为左视图方向，以点（10,30,-30）为圆心，创建半径为 20mm、高为

60mm 的圆柱，再以（50,0,-30）为圆心，创建半径为 10mm、高为 60mm 的圆柱，结果如图
10-67 所示。

7）单击"三维工具"选项卡"实体编辑"面板中的"差集"按钮 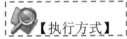，选择实体图形与两个圆柱体进行差集运算，结果如图 10-68 所示。

8）单击"三维工具"选项卡"建模"面板中的"长方体"按钮，以（35,0,-10）为角点，创建长为 30mm、宽为 30mm、高为 20mm 的长方体，然后将实体与长方体进行差集运算。消隐后结果如图 10-69 所示。

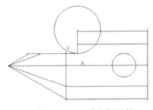  

图 10-67　创建圆柱　　　　图 10-68　差集圆柱后的实体　　　图 10-69　消隐后的实体

10.6.3　移动面

【执行方式】

- 命令行：SOLIDEDIT
- 菜单：修改→实体编辑→移动面
- 工具栏：实体编辑→移动面
- 功能区：单击"三维工具"选项卡"实体编辑"面板中的"移动面"按钮

【操作步骤】

命令:_solidedit
实体编辑自动检查: SOLIDCHECK=1
输入实体编辑选项 [面(F)/边(E)/体(B)/放弃(U)/退出(X)] <退出>: _face
输入面编辑选项[拉伸(E)/移动(M)/旋转(R)/偏移(O)/倾斜(T)/删除(D)/复制(C)/颜色(L)/材质(A)/放弃(U)/退出(X)] <退出>: _move
选择面或 [放弃(U)/删除(R)]:（选择要进行移动的面）
选择面或 [放弃(U)/删除(R)/全部(ALL)]:（继续选择移动面或按 Enter 键）
指定基点或位移:（输入具体的坐标值或选择关键点）
指定位移的第二点:（输入具体的坐标值或选择关键点）

【选项说明】

各选项的含义在前面介绍的命令中都有涉及，如有问题，可查相关命令（拉伸面、移动等）。图 10-70 所示为移动三维实体的结果。

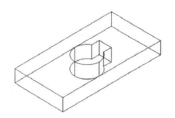
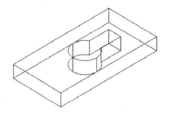

移动前的图形　　　　　　　　　　　　　　　移动后的图形

图 10-70　移动三维实体

10.6.4　偏移面

【执行方式】

- ■　命令行：SOLIDEDIT
- ■　菜单：修改→实体编辑→偏移面
- ■　工具栏：实体编辑→偏移面 ⬚
- ■　功能区：单击"三维工具"选项卡"实体编辑"面板中的"偏移面"按钮 ⬚

【操作步骤】

命令: _solidedit

实体编辑自动检查: SOLIDCHECK=1

输入实体编辑选项 [面(F)/边(E)/体(B)/放弃(U)/退出(X)] <退出>: _face

输入面编辑选项[拉伸(E)/移动(M)/旋转(R)/偏移(O)/倾斜(T)/删除(D)/复制(C)/颜色(L)/材质(A)/放弃(U)/退出(X)] <退出>: _offset

选择面或 [放弃(U)/删除(R)]:（选择要进行偏移的面）

指定偏移距离:（输入偏移的距离值）

图 10-71 所示为通过偏移命令改变哑铃手柄大小的结果。

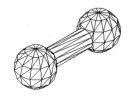

偏移前的哑铃　　　　　　　　　　　　　　　偏移后的哑铃

图 10-71　偏移对象

10.6.5　删除面

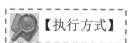【执行方式】

- 命令行：SOLIDEDIT
- 菜单：修改→实体编辑→删除面
- 工具栏：实体编辑→删除面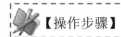
- 功能区：单击"三维工具"选项卡"实体编辑"面板中的"删除面"按钮

【操作步骤】

命令: _solidedit

实体编辑自动检查: SOLIDCHECK=1

输入实体编辑选项 [面(F)/边(E)/体(B)/放弃(U)/退出(X)] <退出>: _face

输入面编辑选项[拉伸(E)/移动(M)/旋转(R)/偏移(O)/倾斜(T)/删除(D)/复制(C)/颜色(L)/材质(A)/放弃(U)/退出(X)] <退出>: _erase

选择面或 [放弃(U)/删除(R)]:（选择要删除的面）

选择面或 [放弃(U)/删除(R) /全部(ALL)]:（继续选择面或按 Enter 键）

图 10-72 所示为删除长方体的一个圆角面后的结果。

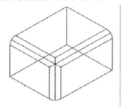
倒圆后的长方体

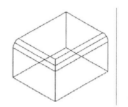
删除一个圆角面后的图形

图 10-72   删除圆角面

10.6.6   实例——镶块

绘制如图 10-73 所示的镶块。

视频文件\动画演示\第 10 章\镶块.MP4

操作步骤

1）启动 AutoCAD，使用默认设置画图。

2）在命令行中输入"ISOLINES"，设置线框密度为 10。单击"视图"选项卡"视图"面板中的"西南等轴测"按钮，切换到西南等轴测图。

3）单击"三维工具"选项卡"建模"面板中的"长方体"按钮，以坐标原点为角点，创建长 50mm，宽 100mm，高 20mm 的长方体。

4）单击"三维工具"选项卡"建模"面板中的"圆柱体"按钮，以长方体右侧面底边中点为圆心，创建半径为 50mm，高 20mm 的圆柱。

5）单击"三维工具"选项卡"实体编辑"面板中的"并集"按钮，将长方体与圆柱进行并集运算，结果如图 10-74 所示。

6）单击"三维工具"选项卡"实体编辑"面板中的"剖切"按钮，以 ZX 为剖切面，分别指

定剖切面上的点为（0,10,0）及（0,90,0），对实体进行对称剖切，保留实体中部。结果如图 10-75 所示。

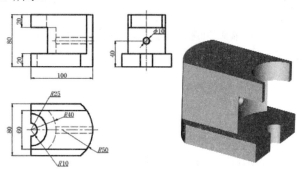

图 10-73　镶块

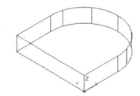

图 10-74　并集后的实体

7）单击"默认"选项卡"修改"面板中的"复制"按钮 ，将剖切后的实体向上复制一个，如图 10-76 所示。

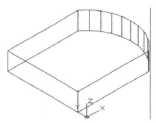

图 10-75　剖切后的实体

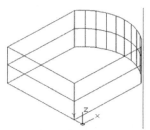

图 10-76　复制实体

8）单击"三维工具"选项卡"实体编辑"面板中的"拉伸面"按钮 ，选取实体前端面，如图 10-77 所示，设置拉伸高度为-10mm。继续将实体后侧面拉伸-10mm，结果如图 10-78 所示。

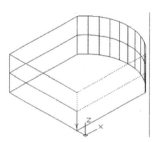

图 10-77　选取拉伸面

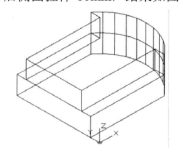

图 10-78　拉伸面后的实体

9）单击"三维工具"选项卡"实体编辑"面板中的"删除面"按钮 ，选择图 10-79 所示的面为删除面。命令行提示与操作如下：

命令: _solidedit

实体编辑自动检查:　SOLIDCHECK=1

输入实体编辑选项 [面(F)/边(E)/体(B)/放弃(U)/退出(X)] <退出>: _face

输入面编辑选项[拉伸(E)/移动(M)/旋转(R)/偏移(O)/倾斜(T)/删除(D)/复制(C)/颜色(L)/材质(A)/放弃(U)/退出(X)] <退出>: _delete

选择面或 [放弃(U)/删除(R)]: （选择图 10-79 所示的面）

选择面或 [放弃(U)/删除(R)/全部(ALL)]:

已开始实体校验。

已完成实体校验。

输入面编辑选项

[拉伸(E)/移动(M)/旋转(R)/偏移(O)/倾斜(T)/删除(D)/复制(C)/颜色(L)/材质(A)/放弃(U)/退出(X)] <退出>:

实体编辑自动检查： SOLIDCHECK=1

输入实体编辑选项 [面(F)/边(E)/体(B)/放弃(U)/退出(X)] <退出>:

继续将实体后部对称侧面删除，结果如图 10-80 所示。

10）单击"三维工具"选项卡"实体编辑"面板中的"拉伸面"按钮 ，将实体顶面向上拉伸 40mm，结果如图 10-81 所示。

11）单击"三维工具"选项卡"建模"面板中的"圆柱体"按钮 ，以实体底面左边中点为圆心，创建半径为 10mm、高 20mm 的圆柱。同理，以 R10 圆柱顶面圆心为中心点，继续创建半径为 40mm、高 40mm 及半径为 25mm、高 60mm 的圆柱。

12）单击"三维工具"选项卡"实体编辑"面板中的"并集"按钮 ，将两个实体进行并集运算。

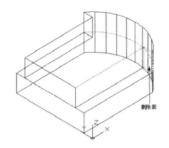

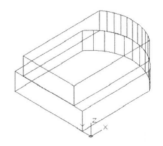

图 10-79　选取删除面　　　　　　　图 10-80　删除面后的实体

13）单击"三维工具"选项卡"实体编辑"面板中的"差集"按钮 ，将实体与 3 个圆柱进行差集运算，结果如图 10-82 所示。

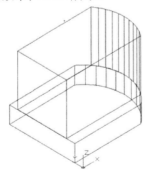

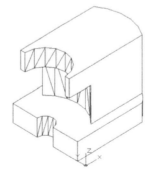

图 10-81　拉伸顶面后的实体　　　　　图 10-82　差集后的实体

14）在命令行输入"UCS"，将坐标原点移动到（0,50,40），并将其绕 Y 轴选择 90°。

15）单击"三维工具"选项卡"建模"面板中的"圆柱体"按钮 ，以坐标原点为圆心，创建半径为 5mm，高 100mm 的圆柱，结果如图 10-83 所示。

16）单击"三维工具"选项卡"实体编辑"面板中的"差集"按钮 ，将实体与圆柱进行差集

运算。采用"概念视觉样式"后结果如图 10-73 所示。

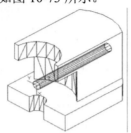

图 10-83　创建圆柱

10.6.7　旋转面

【执行方式】

- 命令行：SOLIDEDIT
- 菜单：修改→实体编辑→旋转面
- 工具栏：实体编辑→旋转面 ⊘▣
- 功能区：单击"三维工具"选项卡"实体编辑"面板中的"旋转面"按钮 ⊘▣

【操作步骤】

命令: _solidedit

实体编辑自动检查: SOLIDCHECK=1

输入实体编辑选项 [面(F)/边(E)/体(B)/放弃(U)/退出(X)] <退出>: _face

输入面编辑选项[拉伸(E)/移动(M)/旋转(R)/偏移(O)/倾斜(T)/删除(D)/复制(C)/颜色(L)/材质(A)/放弃(U)/退出(X)] <退出>: _rotate

选择面或 [放弃(U)/删除(R)]:（选择要旋转的面）

选择面或 [放弃(U)/删除(R)/全部(ALL)]: （继续选择或按 Enter 键结束选择）

指定轴点或 [经过对象的轴(A)/视图(V)/X 轴(X)/Y 轴(Y)/Z 轴(Z)] <两点>:（选择一种确定轴线的方式）

指定旋转角度或 [参照(R)]:（输入旋转角度）

图 10-84b 所示的图为将图 10-84a 中开口槽的方向旋转 90°后的结果。

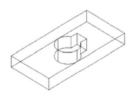
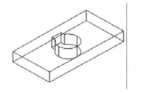

a）　旋转前　　　　　　　　　　b）　旋转后

图 10-84　开口槽旋转 90°前后的图形

10.6.8　倾斜面

【执行方式】

- 命令行：SOLIDEDIT
- 菜单：修改→实体编辑→倾斜面
- 工具栏：实体编辑→倾斜面
- 功能区：单击"三维工具"选项卡"实体编辑"面板中的"倾斜面"按钮

【操作步骤】

命令：_solidedit

实体编辑自动检查: SOLIDCHECK=1

输入实体编辑选项 [面(F)/边(E)/体(B)/放弃(U)/退出(X)] <退出>:_face

输入面编辑选项[拉伸(E)/移动(M)/旋转(R)/偏移(O)/倾斜(T)/删除(D)/复制(C)/颜色(L)/材质(A)/放弃(U)/退出(X)] <退出>:_taper

选择面或 [放弃(U)/删除(R)]:（选择要倾斜的面）

选择面或 [放弃(U)/删除(R)/全部(ALL)]:（继续选择或按 Enter 键结束选择）

指定基点:（选择倾斜的基点（倾斜后不动的点））

指定沿倾斜轴的另一个点:（选择另一点（倾斜后改变方向的点））

指定倾斜角度:（输入倾斜角度）

10.6.9　实例——机座

本例将利用长方体、圆柱体、并集等命令创建主体部分，再利用长方体、倾斜面等命令创建支撑板，最后利用圆柱体、差集等命令创建孔，绘制如图 10-85 所示的机座。

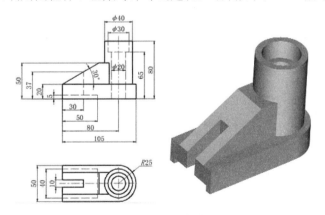

图 10-85　机座

视频文件\动画演示\第 10 章\机座.MP4

操作步骤

1）在命令行中输入"ISOLINES"，将线框密度设置为 10。命令行提示如下：

命令: ISOLINES
输入 ISOLINES 的新值 <4>: 10✓

2）单击"可视化"选项卡"视图"面板中"西南等轴测"按钮，将当前视图方向设置为西南等轴测视图。

3）单击"三维工具"选项卡"建模"面板中的"长方体"按钮，指定角点（0，0，0），长、宽、高分别为 80mm、50mm、20mm 绘制长方体。

4）单击"三维工具"选项卡"建模"面板中的"圆柱体"按钮，绘制底面中心点在长方体底面右边中点、半径为 25mm、高度为 20mm 的圆柱体。利用同样方法，指定底面中心点的坐标为（80,25,0）、底面半径为 20mm、高度为 80mm，绘制圆柱体。

5）单击"三维工具"选项卡"实体编辑"面板中的"并集"按钮，选取长方体与两个圆柱体进行并集运算，结果如图 10-86 所示。

6）设置用户坐标系。在命令行中输入"UCS"命令，新建坐标系。命令行提示如下：

命令: UCS✓
当前 UCS 名称: *世界*
指定 UCS 的原点或 [面(F)/命名(NA)/对象(OB)/上一个(P)/视图(V)/世界(W)/X/Y/Z/Z 轴(ZA)] <世界>:（用鼠标点取实体顶面的左下顶点）
指定 X 轴上的点或 <接受>:✓

7）单击"三维工具"选项卡"建模"面板中的"长方体"按钮，以（0,10）为角点，创建长 80mm、宽 30mm、高 30mm 的长方体，结果如图 10-87 所示。

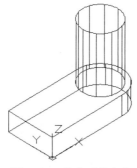

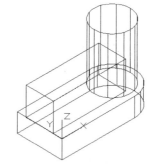

图 10-86 并集后的实体   图 10-87 创建长方体

8）单击"三维工具"选项卡"实体编辑"面板中的"倾斜面"按钮，对长方体的左侧面进行倾斜操作。命令行提示如下：

命令: SOLIDEDIT✓
实体编辑自动检查: SOLIDCHECK=1
输入实体编辑选项 [面(F)/边(E)/体(B)/放弃(U)/退出(X)] <退出>: F✓
输入面编辑选项[拉伸(E)/移动(M)/旋转(R)/偏移(O)/倾斜(T)/删除(D)/复制(C)/颜色(L)/材质(A)/放弃(U)/退出(X)] <退出>: T✓
选择面或 [放弃(U)/删除(R)]:（见图 10-88，选取长方体左侧面）

指定基点: _endp 于 （见图 10-88，捕捉长方体端点 2）

指定沿倾斜轴的另一个点: _endp 于 （见图 10-88，捕捉长方体端点 1）

指定倾斜角度: 60↙

结果如图 10-89 所示。

9）单击"三维工具"选项卡"实体编辑"面板中的"并集"按钮 ，将创建的长方体与实体进行并集运算。

10）方法同前，在命令行输入"UCS"，将坐标原点移回到实体底面的左下顶点。

11）单击"三维工具"选项卡"建模"面板中的"长方体"按钮 ，以（0,5）为角点，创建长 50mm、宽 40mm、高 5mm 的长方体；继续以（0,20）为角点，创建长 30、宽 10、高 50 的长方体。

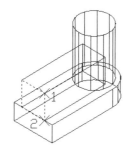
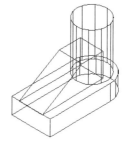

图 10-88　选取倾斜面　　　　　　　图 10-89　倾斜面后的实体

12）单击"三维工具"选项卡"实体编辑"面板中的"差集"按钮 ，将实体与两个长方体进行差集运算，结果如图 10-90 所示。

13）单击"三维工具"选项卡"建模"面板中的"圆柱体"按钮 ，捕捉 R20 圆柱顶面圆心为中心点，分别创建半径为 15mm、高-15mm 及半径为 10mm、高-80mm 的圆柱体。

14）单击"三维工具"选项卡"实体编辑"面板中的"差集"按钮 ，将实体与两个圆柱进行差集运算。消隐处理后的图形如图 10-91 所示。

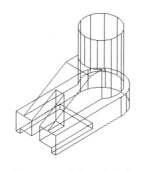
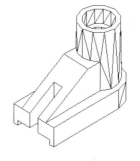

图 10-90　差集后的实体　　　　　　　图 10-91　消隐后的实体

10.6.10　复制边

【执行方式】

■　命令行：SOLIDEDIT

- ■ 菜单：修改→实体编辑→复制边
- ■ 工具栏：实体编辑→复制边
- ■ 功能区：单击"三维工具"选项卡"实体编辑"面板中的"复制边"按钮

【操作步骤】

命令: _solidedit

实体编辑自动检查: SOLIDCHECK=1

输入实体编辑选项 [面（F）/边（E）/体（B）/放弃（U）/退出（×）] <退出>: _edge

输入边编辑选项 [复制（C）/着色（L）/放弃（U）/退出（×）] <退出>: _copy

选择边或 [放弃（U）/删除（R）]:（选择曲线边）

选择边或 [放弃（U）/删除（R）]:（按 Enter 键）

指定基点或位移:（单击确定复制基准点）

指定位移的第二点:（单击确定复制目标点）

图10-92所示为复制边的图形效果。

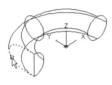

选择边   复制边

图 10-92 复制边

10.6.11 实例——摇杆

本例将利用圆柱体、实体编辑、拉伸、三维镜像、差集等命令创建了摇杆，绘制的结果如图 10-93 所示。

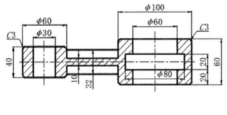

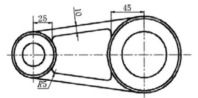

图 10-93 摇杆

视频文件\动画演示\第 10 章\摇杆.MP4

Chapter 10

実体建模

操作步骤

1）在命令行中输入"ISOLINES"，设置线框密度为 10。单击"可视化"选项卡"视图"面板中的"西南等轴测"按钮◈，切换到西南等轴测视图。

2）单击"三维工具"选项卡"建模"面板中的"圆柱体"按钮◻，以坐标原点为圆心，分别创建半径为 30mm、15mm，高为 20mm 的圆柱。

3）单击"三维工具"选项卡"实体编辑"面板中的"差集"按钮◑，将 R30 圆柱与 R15 圆柱进行差集运算。

4）单击"三维工具"选项卡"建模"面板中的"圆柱体"按钮◻，以（150,0,0）为圆心，分别创建半径为 50mm、30mm，高为 30mm 的圆柱，及半径为 40mm、高为 10mm 的圆柱。

5）单击"三维工具"选项卡"实体编辑"面板中的"差集"按钮◑，将 R50 圆柱与 R30、R40 圆柱进行差集运算，结果如图 10-94 所示。

6）单击"三维工具"选项卡"实体编辑"面板中的"复制边"按钮▢，命令行提示如下：

命令: _solidedit
实体编辑自动检查: SOLIDCHECK=1
输入实体编辑选项 [面(F)/边(E)/体(B)/放弃(U)/退出(X)] <退出>: _edge
输入边编辑选项 [复制(C)/着色(L)/放弃(U)/退出(X)] <退出>: _copy
选择边或 [放弃(U)/删除(R)]:（如图 10-94 所示，选择左边 R30 圆柱体的底边）✓
指定基点或位移: 0,0✓
指定位移的第二点: 0,0✓
输入边编辑选项 [复制(C)/着色(L)/放弃(U)/退出(X)] <退出>: C✓
选择边或 [放弃(U)/删除(R)]:（方法同前，选择如图 10-94 中右边 R50 圆柱体的底边）
指定基点或位移: 0,0✓
指定位移的第二点: 0,0✓
输入边编辑选项 [复制(C)/着色(L)/放弃(U)/退出(X)] <退出>:✓
```

7）单击"可视化"选项卡"视图"面板中的"仰视"按钮▢，切换到仰视图。单击"可视化"选项卡"视觉样式"面板中的"隐藏"按钮◈，进行消隐处理。

8）单击"默认"选项卡"绘图"面板中的"构造线"按钮✗，分别绘制所复制的 R30 及 R50 圆的外公切线，并绘制通过圆心的竖直线，结果如图 10-95 所示。

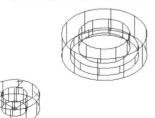 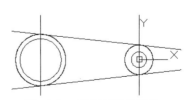

图 10-94　创建圆柱体　　　　　图 10-95　绘制辅助构造线
```

9）单击"默认"选项卡"修改"面板中的"偏移"按钮，将绘制的外公切线分别向内偏移 10mm，并将左边竖直线向右偏移 45mm，将右边竖直线向左偏移 25mm，偏移结果如图 10-96 所示。

10）单击"默认"选项卡"修改"面板中的"修剪"按钮，对辅助线及复制的边进行修剪。单击"默认"选项卡"修改"面板中的"删除"按钮，删除多余的辅助线，结果如图 10-97 所示。

11）单击"可视化"选项卡"视图"面板中的"西南等轴测"按钮，切换到西南等轴测视图。单击"默认"选项卡"绘图"面板中的"面域"按钮，分别将辅助线与圆及辅助线之间围成的两个区域创建为面域。

12）单击"默认"选项卡"修改"面板中的"移动"按钮，将内环面域向上移动 5mm。

13）单击"三维工具"选项卡"建模"面板中的"拉伸"按钮，分别将外环及内环面域向上拉伸 16mm 及 11mm。

14）单击"三维工具"选项卡"实体编辑"面板中的"差集"按钮，将拉伸生成的两个实体进行差集运算，结果如图 10-98 所示。

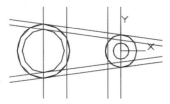

图 10-96 偏移辅助线

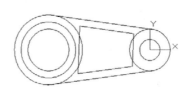

图 10-97 修剪辅助线及圆

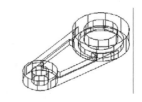

图 10-98 差集拉伸实体

15）单击"三维工具"选项卡"实体编辑"面板中的"并集"按钮，将所有实体进行并集运算。

16）单击"三维工具"选项卡"实体编辑"面板中的"圆角边"按钮，对实体中间内凹处进行倒圆操作，设置圆角半径为 5mm。

17）单击"三维工具"选项卡"实体编辑"面板中的"倒角边"按钮，对实体左右两部分顶面进行倒角操作，设置倒角距离为 3mm。单击"可视化"选项卡"视觉样式"面板中的"隐藏"按钮，进行消隐处理，结果如图 10-99 所示。

18）选取菜单命令"修改"→"三维操作"→"三维镜像"，将实体进行镜像处理，命令行提示如下：

```
命令:_mirror3d
选择对象: 选择实体✓
指定镜像平面 (三点) 的第一个点或[对象(O)/最近的(L)/Z 轴(Z)/视图(V)/XY 平面(XY)/YZ 平面(YZ)/ZX 平面(ZX)/三点(3)] <三点>: XY✓
指定 XY 平面上的点 <0,0,0>: ✓
是否删除源对象? [是(Y)/否(N)] <否>:✓
```

镜像结果如图 10-100 所示。

图 10-99　倒圆及倒角后消隐处理的实体　　　图 10-100　镜像后的实体

10.6.12　抽壳

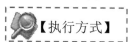【执行方式】

- 命令行：SOLIDEDIT
- 菜单：修改→实体编辑→抽壳
- 工具栏：实体编辑→抽壳▣
- 功能区：单击"三维工具"选项卡"实体编辑"面板中的"抽壳"按钮▣

【操作步骤】

命令: _solidedit

实体编辑自动检查:　SOLIDCHECK=1

输入实体编辑选项 [面(F)/边(E)/体(B)/放弃(U)/退出(X)] <退出>: _body

输入体编辑选项[压印(I)/分割实体(P)/抽壳(S)/清除(L)/检查(C)/放弃(U)/退出(X)] <退出>: _shell

选择三维实体:（选择三维实体）

删除面或 [放弃(U)/添加(A)/全部(ALL)]:(选择开口面)

输入抽壳偏移距离:（指定壳体的薄厚）

图 10-101 所示为利用抽壳命令绘制的花盆。

绘制初步轮廓　　　　　完成绘制　　　　　消隐处理

图 10-101　花盆

10.6.13　实例——子弹

　　分析图 10-102 所示的子弹，可以看出，该图形的结构比较简单。该例的具体实现过程为：绘制子弹的弹壳及绘制子弹的弹头。要求能灵活运用三维表面模型基本图形的绘制命令和编辑命令。

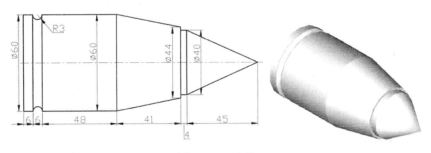

图 10-102 子弹

视频文件\动画演示\第 10 章\子弹.MP4

操作步骤

1．绘制子弹的弹体

1）单击"默认"选项卡"绘图"面板中的"多段线"按钮 ，绘制子弹弹壳的轮廓线。命令行提示与操作如下：

命令: PLINE↙
指定起点: 0,0,0↙
当前线宽为 0.0000
指定下一个点或 [圆弧(A)/半宽(H)/长度(L)/放弃(U)/宽度(W)]: @0,30↙
指定下一点或 [圆弧(A)/闭合(C)/半宽(H)/长度(L)/放弃(U)/宽度(W)]: @6,0↙
指定下一点或 [圆弧(A)/闭合(C)/半宽(H)/长度(L)/放弃(U)/宽度(W)]: A↙
指定圆弧的端点(按住 Ctrl 键以切换方向)或[角度(A)/圆心(CE)/闭合(CL)/方向(D)/半宽(H)/直线(L)/半径(R)/第二个点(S)/放弃(U)/宽度(W)]: R↙
指定圆弧的半径: 3↙
指定圆弧的端点(按住 Ctrl 键以切换方向)或 [角度(A)]: @6,0↙
指定圆弧的端点(按住 Ctrl 键以切换方向)或[角度(A)/圆心(CE)/闭合(CL)/方向(D)/半宽(H)/直线(L)/半径(R)/第二个点(S)/放弃(U)/宽度(W)]: L↙
指定下一点或 [圆弧(A)/闭合(C)/半宽(H)/长度(L)/放弃(U)/宽度(W)]: @48,0↙
指定下一点或 [圆弧(A)/闭合(C)/半宽(H)/长度(L)/放弃(U)/宽度(W)]: @40,-8↙
指定下一点或 [圆弧(A)/闭合(C)/半宽(H)/长度(L)/放弃(U)/宽度(W)]: @0,-22↙
指定下一点或 [圆弧(A)/闭合(C)/半宽(H)/长度(L)/放弃(U)/宽度(W)]: C↙

2）单击"三维工具"选项卡"建模"面板中的"旋转"按钮 ，把上一步的轮廓线旋转成弹壳的体轮廓。命令行提示与操作如下：

命令: REVOLVE↙
当前线框密度: ISOLINES=4
选择要旋转的对象或 [模式(MO)]: （选择上一步所绘制的轮廓线）↙
选择要旋转的对象或 [模式(MO)]: ↙
指定轴起点或根据以下选项之一定义轴 [对象(O)/X/Y/Z] <对象>:0,0,0↙
指定轴端点:100,0,0↙
指定旋转角度或 [起点角度(ST)/反转(R)/表达式(EX)] <360>:↙

3）单击"可视化"选项卡"视图"面板中的"东南等轴测"按钮 ，将视图切换到东南等轴测视图，如图 10-103 所示。

4）单击"三维工具"选项卡"实体编辑"面板中的"抽壳"按钮 ，抽出弹壳的空壳。命令行提示与操作如下：

```
命令: SOLIDEDIT↙
实体编辑自动检查: SOLIDCHECK=1
输入实体编辑选项 [面(F)/边(E)/体(B)/放弃(U)/退出(X)] <退出>: B↙
输入体编辑选项
[压印(I)/分割实体(P)/抽壳(S)/清除(L)/检查(C)/放弃(U)/退出(X)] <退出>: S↙
选择三维实体: （选择弹壳的小头面）
删除面或 [放弃(U)/添加(A)/全部(ALL)]: ↙
输入抽壳偏移距离: 2↙
已完成实体校验。
已完成实体校验。
输入体编辑选项
[压印(I)/分割实体(P)/抽壳(S)/清除(L)/检查(C)/放弃(U)/退出(X)] <退出>: X
实体编辑自动检查:  SOLIDCHECK=1
输入实体编辑选项 [面(F)/边(E)/体(B)/放弃(U)/退出(X)] <退出>:
```

结果如图 10-104 所示。

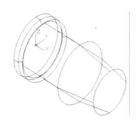

图 10-103 东南等轴测视形

图 10-104　抽壳后的图形

2．绘制子弹的弹头

1）单击"默认"选项卡"绘图"面板中的"多段线"按钮，绘制子弹弹头的轮廓线，起点为(150,0)，其余各点分别为(100,0)、(@0,20)、(@5,0)、(150,0)。

2）单击"三维工具"选项卡"建模"面板中的"旋转"按钮，把弹头的轮廓线旋转成子弹弹头的体轮廓。选择上步绘制的轮廓线，将其绕由（150,0)、(200,0）两点构成的线旋转，结果如图 10-105 所示。

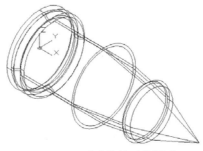

图 10-105　弹头旋转后的图形

3．合并子弹的弹壳和弹头

1）单击"三维工具"选项卡"实体编辑"面板中的"并集"按钮，将子弹弹体和弹头进行合并。

2）单击"可视化"选项卡"视图"面板中的"东南等轴测"按钮，将视图切换到东南等轴测视

图，结果如图 10-106 所示。

3）在命令行中输入"HIDE"命令，消隐上一步所绘制的图形，结果如图 10-107 所示。

图 10-106　东南等轴测的视图

图 10-107　消隐后的图形

10.6.14　夹点编辑

利用夹点编辑功能，可以很方便地对三维实体进行编辑。该功能与二维对象夹点编辑功能相似。

其方法很简单，单击要编辑的对象，系统显示编辑夹点，选择某个夹点，按住鼠标拖动，则三维对象随之改变，选择不同的夹点，可以编辑对象的不同参数，红色夹点为当前编辑夹点，如图 10-108 所示。

图 10-108　圆锥体及其夹点编辑

10.7　显示形式

AutoCAD 中，三维实体有多种显示形式，包括二维线框、三维线框、三维消隐、真实、概念、消隐等显示形式。

10.7.1　消隐

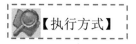【执行方式】

- 命令行：HIDE
- 菜单：视图→消隐
- 工具栏：渲染→隐藏
- 单击"视图"选项卡"视觉样式"面板中的"隐藏"按钮

【操作步骤】

命令：HIDE↙

系统将被其他对象挡住的图线隐藏起来，以增强三维视觉效果，如图 10-109 所示。

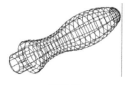　　　　　　　

消隐前　　　　　　　　　　　　　　　消隐后

图 10-109　消隐效果

10.7.2　视觉样式

【执行方式】

- 命令行：VSCURRENT
- 功能区：①单击"视图"选项卡②"视觉样式"面板中的③"视觉样式"下拉菜单（见图 10-110）

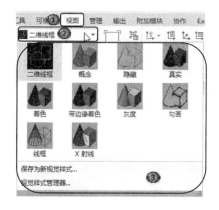

图 10-110　"视觉样式"下拉菜单

- 菜单：视图→视觉样式→二维线框等
- 工具栏：视觉样式→二维线框⬚等

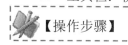【操作步骤】

命令: VSCURRENT

输入选项 [二维线框(2)/线框(W)/隐藏(H)/真实(R)/概念(C)/着色(S)/带边缘着色(E)/灰度(G)/勾画(SK)/X 射线(X)/其他(O)] <二维线框>:

正在重生成模型。

命令:VSCURRENT↙

输入选项 [二维线框(2)/线框(W)/隐藏(H)/真实(R)/概念(C)/着色(S)/带边缘着色(E)/灰度(G)/勾画(SK)/X射线(X)/其他(O)] <二维线框>:

【选项说明】

- 二维线框：用直线和曲线表示对象的边界。光栅和 OLE 对象、线型和线宽都是可见的。即使将 COMPASS 系统变量的值设置为 1，它也不会出现在二维线框视图中。图 10-111 所示为 UCS 坐标和手柄的二维线框图。

- 线框：显示用直线和曲线表示边界的对象。显示着色三维 UCS 图标。可将 COMPASS 系统变量设定为 1 来查看坐标球。图 10-112 所示为 UCS 坐标和手柄的三维线框图。

- 隐藏：显示用线框表示的对象并隐藏表示后向面的直线。图 10-113 所示为 UCS 坐标和手柄的消隐图。

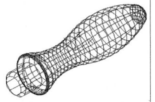

图 10-111　UCS 坐标和手柄的二维线框图　　　　图 10-112　UCS 坐标和手柄的三维线框图

- 真实：着色多边形平面间的对象，并使对象的边平滑化。如果已为对象附着材质，将显示已附着到对象的材质。图 10-114 所示为 UCS 坐标和手柄的真实图。

- 概念：着色多边形平面间的对象，并使对象的边平滑化。着色使用冷色和暖色之间的过渡。 效果缺乏真实感，但是可以更方便地查看模型的细节。图 10-115 所示为 UCS 坐标和手柄的概念图。

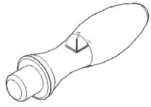

图 10-113　UCS 坐标和手柄的　　　图 10-114　UCS 坐标和手柄的　　　图 10-115　UCS 坐标和手柄的
　　　　　　　消隐图　　　　　　　　　　　　　　真实图　　　　　　　　　　　　　概念图

- 着色：产生平滑的着色模型。

- 带边缘着色：产生平滑、带有可见边的着色模型。

- 灰度：使用单色面颜色模式，可以产生灰色效果。

- 勾画：使用外伸和抖动产生手绘效果。

- X 射线：更改面的不透明度，使整个场景变成部分透明。

10.7.3　视觉样式管理器

【执行方式】

- 命令行：VISUALSTYLES
- 菜单：视图→视觉样式→视觉样式管理器或工具→选项板→视觉样式
- 工具栏：视觉样式→管理视觉样式
- 功能区：单击"视图"选项卡"视觉样式"面板上"视觉样式"下拉菜单中的"视觉样式管理器"按钮或单击"视图"选项卡"视觉样式"面板中的"对话框启动器"按钮 ⌐ 或单击"视图"选项卡"选项板"面板中的"视觉样式"按钮

【操作步骤】

命令: VISUALSTYLES✓

执行该命令后，系统打开视觉样式管理器，可以对视觉样式的各参数进行设置，如图 10-116 所示。

图 10-117 所示为按图 10-116 所示进行设置的概念图的显示结果，读者可以与图 10-115 进行比较，感觉一下它们之间的差别。

图 10-116　视觉样式管理器

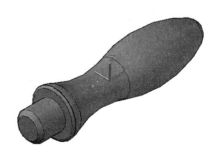

图 10-117　显示结果

10.7.4　渲染

1．高级渲染设置

【执行方式】

- ■　命令行：RPREF
- ■　菜单：视图→渲染→高级渲染设置
- ■　工具栏：渲染→高级渲染设置
- ■　功能区：单击"视图"选项卡"选项板"面板中的"高级渲染设置"按钮

【操作步骤】

命令：RPREF✓

系统打开如图 10-118 所示的"渲染预设置管理器"选项板。通过该选项板，可以对渲染的有关参数进行设置。

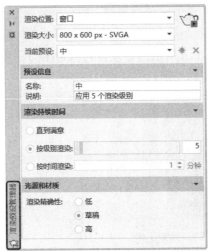

图 10-118　"渲染预设置管理器"选项板

2．渲染

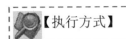【执行方式】

- ■　命令行：RENDER
- ■　功能区：单击"可视化"选项卡"渲染"面板中的"渲染到尺寸"按钮

【操作步骤】

命令：RENDER✓

AutoCAD 弹出如图 10-119 所示的"渲染"对话框，显示渲染结果和相关参数。

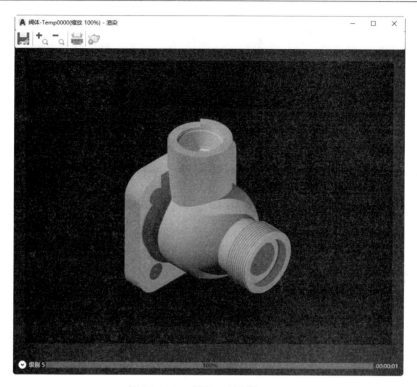

图 10-119 "渲染"对话框

10.7.5 实例——阀体

本实例绘制的阀体如图 10-120 所示。本实例的制作思路是：首先绘制一长方体，作为阀体的左端部，然后绘制圆柱体和球体，作为阀体的腔体，然后再绘制阀体的右端部，再绘制阀体的上部，最后绘制左端部的连接螺纹。

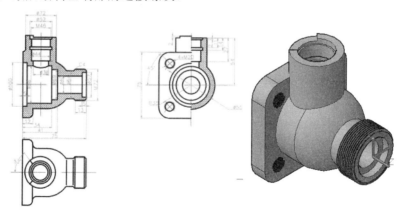

图 10-120 阀体

视频文件\讲解视频\第 10 章\阀体.MP4

01 启动 AutoCAD 2022，使用默认设置绘图环境。选择"文件"→"新建"命令，打开"选择样板"对话框，单击"打开"按钮右侧的下拉按钮▼，以"无样板打开－公制"（毫米）方式建立新文件，将新文件命名为"阀体立体图.dwg"并保存。

02 选择"格式"→"图形界限"命令，设置对象上每个曲面的轮廓线数目。默认设置是 4，有效值的范围是 0~2047。将该设置保存在图形中。命令行操作如下：

命令: ISOLINES↙

输入 ISOLINES 的新值 <8>: 10↙

03 设置视图方向。选择"视图"→"三维视图"→"西南等轴测"命令，将当前视图方向设置为西南等轴测视图。

04 选择菜单栏"工具"→"新建 UCS"→"X"命令，创建新的坐标系统。命令行操作如下：

命令: UCS↙

当前 UCS 名称: *世界*

指定 UCS 的原点或 [面(F)/命名(NA)/对象(OB)/上一个(P)/视图(V)/世界(W)/X/Y/Z/Z 轴(ZA)] <世界>: _x

指定绕 X 轴的旋转角度 <90>:

05 利用"长方体"命令，以坐标原点为中心点绘制长度为 75mm、宽度 75mm、高度为 12mm 的长方体，结果如图 10-121 所示。

06 利用"圆角"命令，对上一步绘制的长方体的 4 个竖直边进行圆角处理，设置圆角的半径为 12.5mm，结果如图 10-122 所示。

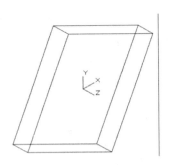　　　　　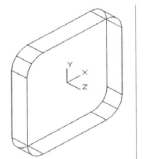

图 10-121　绘制长方体　　　　　图 10-122　圆角处理后的图形

07 利用"圆柱体"命令，以坐标（0,0,6）为圆心，绘制直径为 55mm，高度为 17mm 的圆柱体，结果如图 10-123 所示。

08 利用"球体"命令，以坐标（0,0,23）为球心，绘制直径为 55mm 的球体，结果如图 10-124 所示。

09 利用"圆柱体"命令，绘制圆柱体。命令行操作如下：

命令: _cylinder

指定底面的中心点或 [三点(3P)/两点(2P)/切点、切点、半径(T)/椭圆(E)]: 0,0,69

指定底面半径或 [直径(D)] <16.0000>: 36

指定高度或 [两点(2P)/轴端点(A)] <-34.0000>: -15

同样，以坐标（0,0,69）为圆心，绘制直径为32mm，高度为-34mm 的圆柱体。

10 利用"并集"命令，将视图中所有的图形合并为一个实体，结果如图 10-125 所示。

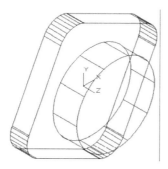

图 10-123　绘制圆柱体后的图形

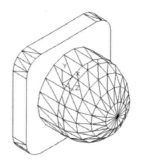

图 10-124　绘制球体后的图形

11 利用"圆柱体"命令，以底面圆心分别为（0,0,-6）、（0,0,-1）、（0,0,28）、（0,0,35）和（0,0,64），半径分别为 25mm、21.5mm、17.5mm、10mm 和 14.25mm，高度分别为 5mm、29mm、7mm、29mm 和 5mm，绘制 5 个圆柱体。

12 利用"UCS"命令，创建新的坐标系统。新的坐标原点为（0,56,15）。

13 利用"圆柱体"命令，绘制上端的圆柱体，命令行操作如下：

命令: _CYLINDER

指定底面的中心点或 [三点(3P)/两点(2P)/切点、切点、半径(T)/椭圆(E)]: 0,0,0

指定底面半径或 [直径(D)] <18.0000>: 18

指定高度或 [两点(2P)/轴端点(A)] <-50.0000>: A

指定轴端点: @0,-50,0

14 同样，利用"圆柱体"命令，分别以（0,0,0）、（0,-4,0）、（0,-13,0）、（0,-16,0）和（0,-29,0）为底面圆心，半径为 13、12、12.15、11 和 9，轴端点为（@0,-4,0）、（@0,-9,0）、（@0,-13,0）、（@0,-13,0）和（@0,-27,0），绘制上端内部圆柱体。

15 利用"并集"命令，将实体与 $\phi36$ 外形圆柱体进行并集运算。

16 利用"差集"命令，将实体与内形圆柱体进行差集运算。

17 输入"HIDE"命令，消隐后的结果如图 10-126 所示。

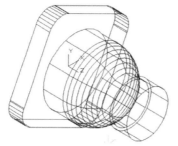

图 10-125　并集后的图形

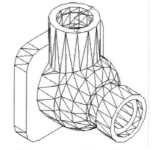

图 10-126　消隐后的实体

18 在命令行中输入"UCS"命令，将坐标系统 X 轴旋转-90°。

19 利用"圆"命令,以(0,0)为圆心,分别绘制半径为 13mm 及 18mm 的圆。

20 利用"直线"命令,绘制两个直线段。命令行操作如下:

命令: LINE ✓

指定第一个点: 0,0✓

指定下一点或 [放弃(U)]: @18<45✓

指定下一点或 [放弃(U)]: ✓

命令:LINE ✓

指定第一个点: 0,0✓

指定下一点或 [放弃(U)]: @18<135✓

指定下一点或 [放弃(U)]: ✓

21 利用"修剪"命令,将上两步绘制的两个圆和两条直线进行修剪,结果如图 10-127 所示。

22 利用"面域"命令,将绘制的二维图形创建为面域,结果如图 10-128 所示。

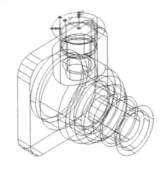 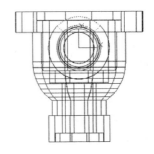

图 10-127　修剪后的图形　　　　　　　　　图 10-128　创建面域

23 利用"拉伸"命令,将上一步创建的面域拉伸为实体,设置拉伸高度为-2mm。

24 利用"差集"命令,将阀体与拉伸实体进行差集运算,结果如图 10-129 所示。

25 调用左视图命令 ⬚,将视图设置为左视图方向。在命令行中输入"UCS"命令,将坐标原点移动到右端,并将其绕 X 轴旋转 90°,结果如图 10-130 所示。

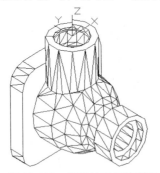 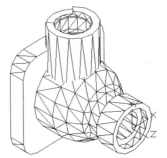

图 10-129　差集处理后的图形　　　　　　　　图 10-130　改变坐标系

26 利用"图层"命令,创建新图层 1。将创建的实体放置在图层 1 中,并关闭该层。

27 利用"螺旋"命令,以(0,0,0)为底面中心点,绘制底面和顶面半径为 17.9mm、圈数为 10、螺旋高度为-15mm 的螺旋线，结果如图 10-131 所示。

[28] 绘制截面三角形。利用"直线"命令，绘制尺寸如图 10-132 所示的截面三角形，结果如图 10-133 所示。

图 10-131　螺旋线

图 10-132　截面三角形尺寸图

[29] 创建面域。利用"面域"命令，将上步绘制的三角形创建为面域。

[30] 创建螺纹。利用"扫掠"命令，根据系统提示旋转扫掠对象和扫掠路径，生成螺纹。执行"视觉样式"工具栏中的"三维隐藏视觉样式"命令，结果如图 10-134 所示。

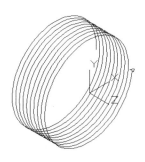

图 10-133　绘制截面三角形

图 10-134　创建螺纹

[31] 打开关闭的图层 1。利用"并集"命令，将视图中的所有图形合并为一个实体，消隐后的结果如图 10-135 所示。

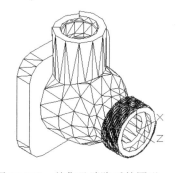

图 10-135　并集及消隐后的图形

[32] 利用"螺旋"命令，以（100,100,100）为底面中心点，绘制底面和顶面半径为 5mm、圈数为 12、螺旋高度为-12mm 的螺旋线，结果如图 10-136 所示。

[33] 绘制截面三角形。利用"直线"命令，绘制尺寸如图 10-137 所示的截面三角形，结果如图 10-138 所示。

[34] 创建面域。利用"面域"命令，将上步绘制的三角形创建为面域。

35 创建螺纹。利用"扫掠"命令，根据系统提示旋转扫掠对象和扫掠路径，生成螺纹。执行"视觉样式"工具栏中的"三维隐藏视觉样式"命令，结果如图 10-139 所示。

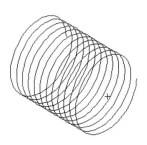

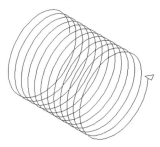

图 10-136　螺旋线　　　　图 10-137　截面三角形尺寸图　　　　图 10-138　绘制截面三角形

36 绘制螺纹内部圆柱体。利用"圆柱体"命令，以（100,100,100）为圆心创建半径为5mm，高度为-12mm 的圆柱体，结果如图 10-140 所示。

37 并集运算。利用"并集"命令，将上一步创建的圆柱体与螺纹合并为一个实体，消隐后的结果如图 10-141 所示。

图 10-139　创建螺纹　　　　图 10-140　创建圆柱体　　　　图 10-141　并集及消隐后的图形

38 复制对象。利用"复制"命令，将上一步并集后的螺纹从点（100,100,100）分别复制到（-25,25,-63）、（-25,-25,-63）、（25,25,-63）、（25,-25,-63），并删除源对象，结果如图 10-142 所示。

39 差集运算。利用"差集"命令，将实体与复制后的 4 个螺纹进行差集运算，消隐后的结果如图 10-143 所示。

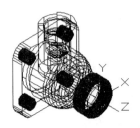

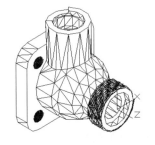

图 10-142　复制对象后的图形　　　　图 10-143　差集及消隐后的图形

40 着色实体。利用"着色面"命令，对实体进行着色，"概念"显示后的结果如图 10-120所示。

10.8　综合实例——阀盖

本例绘制的阀盖如图 10-144 所示。本实例的制作思路是：首先绘制阀盖的外部螺纹，然后绘制阀盖的外部轮廓，进行并集处理，再绘制阀盖内部轮廓，最后绘制连接螺纹孔，得出阀盖立体图。

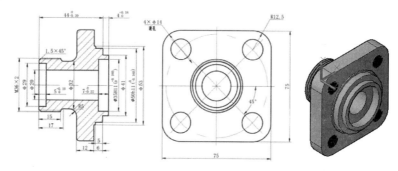

图 10-144　阀盖

视频文件\讲解视频\第 10 章\阀盖.MP4

01 建立新文件。启动 AutoCAD 2022，使用默认设置绘图环境。利用"文件"中的 "新建"命令，打开"选择样板"对话框，单击"打开"按钮右侧的下拉按钮■，以"无样板打开—公制"（M）方式建立新文件，将新文件命名为"阀盖三维设计.dwg"并保存。

02 设置线框密度。在命令行中输入"isolines"命令，更改设定值为 10。

03 设置视图方向。将当前视图方向设置为西南等轴测视图。

04 绘制外部轮廓。

❶改变坐标系。在命令行中输入"UCS"命令，将坐标原点绕 X 轴旋转 90°。

❷利用"螺旋"命令，绘制螺旋线，设置指定底面的中心点为（0,0,0）、底面半径为 17mm、顶面半径为 17，圈数为 8，螺旋高度为 16mm，如图 10-145 所示。

❸利用"直线"命令，捕捉螺旋线的上端点绘制牙型截面轮廓，尺寸如图 10-146 所示。绘制结果如图 10-147 所示。

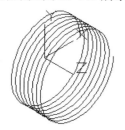

图 10-145　螺纹线

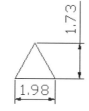

图 10-146　牙型截面尺寸

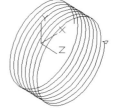

图 10-147　绘制截面三角形

❹利用"面域"命令，将其创建成面域。

❺执行"扫掠"命令。命令行提示与操作如下：

命令: _sweep

当前线框密度: ISOLINES=8，闭合轮廓创建模式 = 实体

选择要扫掠的对象或 [模式(MO)]: _MO 闭合轮廓创建模式 [实体(SO)/曲面(SU)] <实体>: _SO

选择要扫掠的对象或 [模式(MO)]:选择三角牙型轮廓

选择要扫掠的对象或 [模式(MO)]: 按 Enter 键

选择扫掠路径或 [对齐(A)/基点(B)/比例(S)/扭曲(T)]:选择螺纹线

"概念"显示后的结果如图 10-148 所示。

❻改变坐标系。在命令行输入"UCS"，将当前坐标系绕 X 轴旋转-90°。

❼绘制圆柱体。利用"圆柱体"命令，绘制以点（0,0,0）为底面圆心、半径为 17mm、轴端点为（@0,-16,0）的圆柱体。消隐后的结果如图 10-149 所示。

图 10-148　扫掠结果后图形　　　　图 10-149　绘制圆柱体

❽绘制长方体。利用"长方体"命令，绘制以点（0,-32,0）为中心点、长度为 75mm、宽度为 12mm、高度为 75mm 的长方体，结果如图 10-150 所示。

❾圆角处理。利用"圆角"命令，对上一步绘制的长方体的 4 个竖直边进行圆角处理，设置圆角的半径为 12.5mm，结果如图 10-151 所示。

 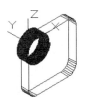

图 10-150　绘制长方体后的图形　　图 10-151　圆角处理后的图形

❿绘制圆柱体。利用"圆柱体"命令，绘制一系列圆柱体：

底面中心点为（0,-16,0），半径为 14mm，顶圆中心点为（0,-26,0）；

底面中心点为（0,-38,0），半径为 26.5mm，顶圆中心点为（@0,-1,0）；

底面中心点为（0,-39,0），半径为 25mm，顶圆中心点为（@0,-5,0）；

底面中心点为（0,-44,0），半径为 20.5mm，顶圆中心点为（@0,-4,0）。

⓫并集运算。利用"并集"命令，将视图中所有的图形合并为一个实体，消隐后的结果如图 10-152 所示。

[05] 绘制内部轮廓。

❶绘制圆柱体。利用"圆柱体"命令，绘制内部一系列圆柱体：

底面中心点为（0,0,0），半径为 14.25mm，顶圆中心点为（@0,-5,0）；

底面中心点为（0,-5,0），半径为 10mm，顶圆中心点为（@0,-36,0）；

底面中心点为（0,-41,0），半径为 17.5mm，顶圆中心点为（@0,-7,0）。

图 10-152　绘制圆柱体后的图形

❷差集运算。利用"差集"命令，将实体和上一步绘制的三个圆柱体进行差集运算，消隐后结果如图 10-153 所示。

06 绘制连接螺纹孔。

❶在 10.7 节中已经提到螺纹孔的绘制，本节将不再做详细介绍，只针对本图做相应的调整。

❷利用 UCS 命令，将坐标系绕 X 轴旋转 90°。利用"螺旋"命令，以点（100,100,100）为中心点绘制半径为 5mm、圈数为 12、高度为-12mm 的螺旋线；绘制边长为 0.98mm、高为 0.85mm 的三角形。利用"扫掠"命令，创建螺纹。利用"圆柱体"命令，以点（100,100,100）为圆心创建半径为 5mm，高度为-12mm 的圆柱体。将两者进行并集。利用"复制"命令，将这段螺纹从点（100,100,100）分别复制到点（25,25,38）、（-25,-25,38）、（25,-25,38）、（-25,25,38），将初始的螺纹删除后，与实体进行差集运算，消隐后的结果如图 10-154 所示。

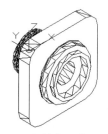

图 10-153　差集后的图形

图 10-154　差集处理后的图形

07 着色实体。利用"着色面"命令对实体进行着色，"概念"显示后的结果如图 10-144 所示。

10.9　上机实验

实验 1　绘制如图 10-155 所示的轴。

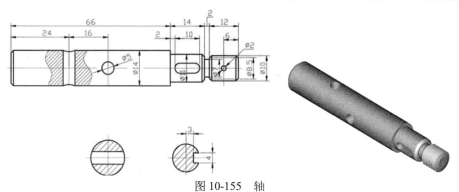

图 10-155　轴

操作提示：

1）顺次创建直径不等的 4 个圆柱。

2）对 4 个圆柱进行并集处理。

3）转换视角，绘制圆柱孔。

4）镜像并拉伸圆柱孔。

5）对轴体与圆柱孔进行差集处理。

6）用同样方法绘制键槽结构。

7）绘制螺纹结构。

8）对轴体进行倒角。

9）渲染处理。

实验 2　绘制如图 10-156 所示的连接盘。

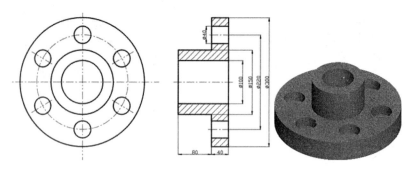

图 10-156　连接盘

操作提示：

1）顺次创建直径不等的两个圆柱。

2）对两个圆柱进行并集处理。

3）创建大直径的圆柱孔。

4）对主体与圆柱孔进行差集处理。

5）创建小直径的圆柱孔，并进行阵列处理。

6）对主体与圆柱孔进行差集处理。

7）渲染处理。

10.10　思考与练习

操作题：

1．绘制如图 10-157 所示的三通管。

2．绘制如图 10-158 所示的弯管接头。

3．绘制如图 10-159 所示的内六角螺钉。

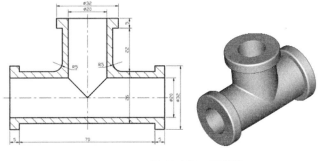

图 10-157　三通管

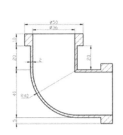

图 10-158　弯管接头　　　图 10-159　　内六角螺钉